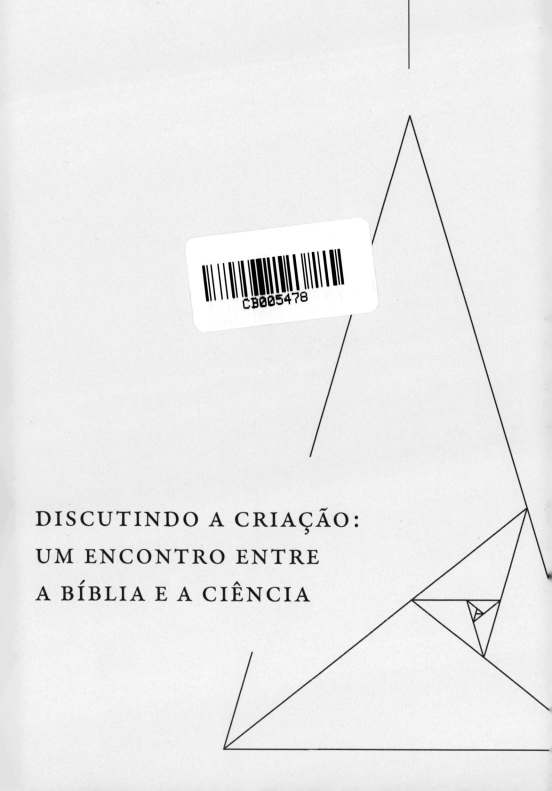

DISCUTINDO A CRIAÇÃO:
UM ENCONTRO ENTRE
A BÍBLIA E A CIÊNCIA

MARK HARRIS
COLEÇÃO FÉ, CIÊNCIA & CULTURA

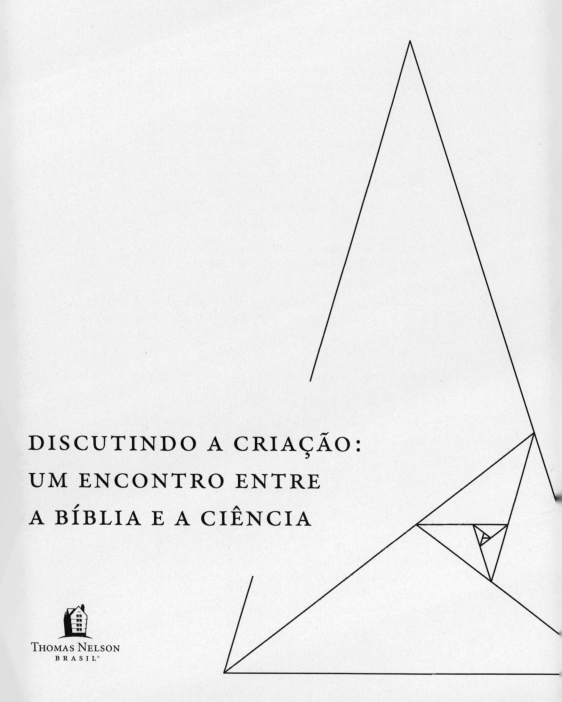

DISCUTINDO A CRIAÇÃO:
UM ENCONTRO ENTRE
A BÍBLIA E A CIÊNCIA

THOMAS NELSON
BRASIL

Título original: *The nature of Creation: examining the Bible and science.*
Copyright © 2013, de Mark Harris. Edição original de Routledge. Todos os direitos reservados.
Copyright de tradução © 2023, de Vida Melhor Editora LTDA.

Todos os direitos desta publicação são reservados por Vida Melhor Editora LTDA.

As citações bíblicas são da Nova Versão Internacional (NVI), da Bíblica, Inc., a menos que seja especificada outra versão da Bíblia Sagrada.

Os pontos de vista desta obra são de responsabilidade de seus autores e colaboradores diretos, não refletindo necessariamente a posição da Thomas Nelson Brasil, da HarperCollins Christian Publishing ou de sua equipe editorial.

PUBLISHER *Samuel Coto*
EDITOR *André Lodos Tangerino*
PRODUÇÃO EDITORIAL *Fabiano Silveira Medeiros*
TRADUÇÃO *Emerson Martins Soares*
PREPARAÇÃO *Gabriel Rocha Carvalho*
REVISÃO *Gabriel Braz*
DIAGRAMAÇÃO *Aldair Dutra de Assis*
CAPA *Rafael Brum*

Dados Internacionais de Catalogação na Publicação (CIP)
(BENITEZ Catalogação Ass. Editorial, MS, Brasil)

H26d
1.ed.
	Harris, Mark
	    Discutindo a Criação: um encontro entre a Bíblia e a ciência / Mark Harris ; tradução Emerson Martins Soares. — 1.ed. — Rio de Janeiro: Thomas Nelson Brasil, 2023.
	    272 p.; 15,5 x 23 cm.
	
	    Título original: The nature of Creation: examining the Bible and science.
	
	    ISBN: 978-65-5689-541-3
	
	    1. Bíblia e ciência. 2. Criação. 3. Religião e ciência. I. Soares, Emerson Martins. II. Título.

01-2023/74	CDD 231.765

Índice para catálogo sistemático

1. Bíblia e ciência   231.765

Bibliotecária: Aline Graziele Benitez - CRB-1/3129

Thomas Nelson Brasil é uma marca licenciada à Vida Melhor Editora LTDA.
Todos os direitos reservados. Vida Melhor Editora LTDA.
Rua da Quitanda, 86, sala 218 — Centro
Rio de Janeiro, RJ — CEP 20091-005
Tel.: (21) 3175-1030
www.thomasnelson.com.br

SUMÁRIO

Coleção fé, ciência e cultura 7

Prefácio à edição brasileira 9

Prefácio 11

Lista de reduções 13

Introdução 15

1. Criação de acordo com a ciência moderna 31

2. Criação de acordo com a Bíblia (I): Gênesis 57

3. Criação de acordo com a Bíblia (II): o padrão da criação 85

4. A estrutura da criação bíblica 113

5. Criador-criação: como esse relacionamento pode ser descrito? . . 149

6. A Queda 175

7. O sofrimento e o mal 195

8. Escatologia científica e nova criação 213

Conclusões 243

Bibliografia 255

Índice de passagens bíblicas e de fontes antigas 262

Índice remissivo 267

Coleção fé, ciência e cultura

Há pouco mais de sessenta anos, o cientista e romancista britânico C. P. Snow proferia na *Senate House*, em Cambridge, sua célebre conferência sobre "As Duas Culturas" — mais tarde publicada como "As Duas Culturas e a Revolução Científica" —, em que, não só apresentava uma severa crítica ao sistema educacional britânico, como ia muito além. Na sua visão, a vida intelectual de toda a sociedade ocidental estava dividida em *duas culturas*, a das ciências naturais e a das humanidades,[1] separadas por "um abismo de incompreensão mútua", para enorme prejuízo de toda a sociedade. Por um lado, os cientistas eram tidos como néscios no trato com a literatura e a cultura clássica, enquanto os literatos e humanistas — que furtivamente haviam passado a se autodenominar *intelectuais* — revelavam-se completos desconhecedores dos mais basilares princípios científicos. Esse conceito de *duas culturas* ganhou ampla notoriedade, tendo desencadeado intensa controvérsia nas décadas seguintes.

O próprio Snow retornou ao assunto alguns anos mais tarde, no opúsculo traduzido para o português como *As duas culturas e uma segunda leitura* em que buscou responder às críticas e aos questionamentos dirigidos à obra original. Nessa segunda abordagem, Snow amplia o escopo de sua análise ao reconhecer a emergência de uma *terceira cultura*, na qual envolveu um apanhado de disciplinas — história social, sociologia, demografia, ciência política, economia, governança, psicologia, medicina e arquitetura — que, à exceção de uma ou outra, incluiríamos hoje nas chamadas ciências humanas.

O debate quanto ao distanciamento entre essas diferentes culturas e formas de saber é certamente relevante, mas nota-se nessa discussão a "presença de uma ausência". Em nenhum momento são mencionadas áreas como teologia ou ciências da religião. É bem verdade que a discussão passa ao largo

---

[1] Aqui, deve-se entender o termo "humanidades" como o campo dos estudos clássicos, literários e filosóficos.

desses assuntos, sobretudo por se dar em ambiente em que o conceito de laicidade é dado de partida. Por outro lado, se a ideia de fundo é diminuir a distância entre as diferentes formas de cultivar o saber e conhecer a realidade, faz sentido ignorar algo tão presente na história da humanidade — por arraigado no coração humano — quanto a busca por Deus e pelo transcendente?

Ao longo da história, testemunhamos a existência quase inacreditável de polímatas, pessoas com capacidade de dominar em profundidade várias ciências e saberes. Leonardo da Vinci talvez tenha sido a mais célebre dessas pessoas. Como essa não é a norma entre nós, a especialização do conhecimento tornou-se uma estratégia indispensável ao seu avanço. Se, por um lado, isso é positivo do ponto de vista da eficácia na busca por conhecimento novo, é também algo que destoa profundamente da unicidade da realidade em que existimos.

Disciplinas, áreas de conhecimento e as *culturas* aqui referidas são especializações necessárias em uma era em que já não é mais possível — nem mesmo necessário — deter um repertório enciclopédico de todo o saber. Mas, como a realidade não é formada de compartimentos estanques, precisamos de autores com a capacidade de traduzir e sintetizar diferentes áreas de conhecimento especializado, sobretudo nas regiões de interface em que se sobrepõem. Um exemplo disso é o que têm feito respeitados historiadores da ciência ao resgatarem a influência da teologia cristã da criação no surgimento da ciência moderna. Há muitos outros.

Assim, é com grande satisfação que apresentamos a coleção *Fé, Ciência e Cultura*, através da qual a editora Thomas Nelson Brasil disponibilizará ao público-leitor brasileiro um rico acervo de obras que cruzam os abismos entre as diferentes culturas e os modos de saber, e que certamente permitirá um debate informado sobre grandes temas da atualidade, examinados pela perspectiva cristã.

Marcelo Cabral e Roberto Covolan
Editores

Prefácio à edição brasileira

Na época em que era um hábito colecionar aforismos, Abraham Lincoln era frequentemente lembrado por suas palavras: "Dê-me seis horas para derrubar uma árvore e eu passarei as quatro primeiras afiando o machado". Com o tempo, essa máxima ganhou diferentes versões, mas o ensinamento de fundo permanece o mesmo: se temos uma missão a cumprir, é melhor garantir que dispomos de instrumentos próprios e indivíduos habilitados para executá-la. Dependendo da tarefa em questão, os instrumentos adequados nem sempre serão de natureza material, podendo, eventualmente, consistir em arcabouços teóricos e conceitos abstratos, com a demanda adicional de indivíduos especialmente "afiados" para utilizá-los.

Essa última consideração afeta, de maneira especial, o diálogo contemporâneo entre teologia e ciência, inaugurado há algumas décadas por alguns pensadores singulares, como Ian Barbour, Arthur Peacocke, John Polkinghorne e o padre Stanley Jaki, todos muito competentes em ambos os campos. Contudo, o nível de maestria e erudição acadêmica desses pensadores está longe de ser a norma. Raros são os indivíduos detentores de expertise intelectual relevante tanto em teologia como em ciência em um nível que os habilite a emitir juízos academicamente informados acerca das questões fundamentais que emergem da interação entre esses campos. Mark Harris, autor da presente obra, é um desses raros indivíduos.

Após ter obtido o PhD em física pela Universidade de Cambridge e ter desenvolvido trabalhos de impacto em física do magnetismo, Harris estudou teologia em Oxford, como preparação para ser ordenado ministro anglicano, especializando-se, então, em estudos bíblicos. Hoje é professor de ciências naturais e teologia, além de diretor de pós-graduação na Universidade de Edimburgo, tendo sido eleito recentemente (2022) presidente da Sociedade Europeia para Estudos de Ciências e Teologia.

A presente obra, *Discutindo a criação: um encontro entre a Bíblia e a ciência*, preenche uma lacuna importante nos estudos da relação teologia-ciência, ao trazer as Escrituras para o cerne do debate. Conforme o próprio título anuncia, a discussão está centrada na questão da criação, mas não está confinada aos capítulos iniciais de Gênesis, estendendo-se por toda a Bíblia, de

Gênesis a Apocalipse. Ao longo desse percurso, temas como queda, pecado original, a questão do sofrimento e do mal, e até mesmo a "nova criação" em confronto com "escatologias científicas" ganham abordagens originais e multifacetadas.

Muitos dos estudos nessa área concentram-se em explorar o confronto entre teorias científicas e elaborações teológicas, tomando a Bíblia de forma literalista ou apenas marginal. O tema da criação é extremamente complexo, perpassa toda a Bíblia e agrega múltiplas camadas de significado. Não será demais enfatizar que, mais do que a um início temporal, ele se refere à origem ontológica de todas as coisas.

Harris faz um sério esforço intelectual para conjugar, em bases elevadas, hermenêutica trinitária com conhecimento científico genuíno. Reconhece as dificuldades de aproximação entre um campo e outro quando elas se apresentam e não se deixa levar por aparências primárias de concordismo nascidas do cotejo simplista entre texto bíblico e ciência.

Ao buscar uma visão não propriamente una — nosso conhecimento ainda não chegou a tanto —, mas articulada entre a erudição bíblica contemporânea e o que a ciência tem de mais avançado, dentro de uma estrutura teológica trinitária, Mark Harris nos oferece o que de melhor podemos ter em termos de um engajamento construtivo entre ciência e teologia bíblica da criação.

Marcelo Cabral e Roberto Covolan

PREFÁCIO

A ciência não tem feito muitos favores à Bíblia ultimamente; é bastante comum ouvir que até mesmo, na verdade, refutou a Bíblia. Em minha opinião, isso deturpa tanto a Bíblia como a ciência. Este livro, que explora a relação entre ambas, concentrando-se no tema teológico da Criação, é minha primeira tentativa de sugerir como a Bíblia pode manter seu *status* normativo em um mundo científico.

Como muitos que trabalham no campo da ciência-religião, comecei a estudar esse tema por um caminho parcialmente direto, e tenho certeza de que isso enfeita minha apresentação. Isso quer dizer que o assunto também não é totalmente direto. Após um histórico de muitos anos de experiência com pesquisa em física experimental, segui um chamado para o ministério oficial na Igreja da Inglaterra, mediante treinamento teológico. Ao descobrir que este era tão animador quanto a física, prossegui e passei vários anos ensinando estudos bíblicos em universidades. Se isso me deixou com uma personalidade um tanto quanto ao estilo *O médico e o monstro*[2] — às vezes me aproximo da ciência como se fosse uma epifania religiosa (veja "Conclusões") e da Bíblia como se fossem dados experimentais (veja "Introdução") —, espero não ser mais excêntrico ou eclético do que muitos de meus colegas no campo de estudos da ciência-religião. O que é incomum, eu sei, é meu interesse pela Bíblia. Mas é minha convicção de que ela foi negligenciada por muito tempo no campo da ciência, e deixada aos cuidados daqueles que demonstraram pouco interesse em revelar suas riquezas à ciência dominante e à teologia crítica. Falo, é claro, do criacionismo e do fundamentalismo cristão, que foram bem-sucedidos em reivindicar a Bíblia como seu território soberano quando a ciência está em vista, algo que o restante de nós muitas vezes julga prudente deixar de lado. Este livro é o início da minha tentativa de recuperar, para aqueles que estão fora do campo fundamentalista, o território

---

[2] *O médico e o monstro*, originalmente *Strange case of dr. Jekyll and mr. Hyde*, é um livro de ficção escrito por Robert Louis Stevenson, publicado em 1886. A obra é conhecida por sua representação vívida do fenômeno de múltiplas personalidades, quando em uma mesma pessoa existem tanto uma personalidade boa como uma personalidade má, ambas muito distintas entre si. É considerada até hoje uma das maiores obras de ficção em língua inglesa (https://pt.wikipedia.org/wiki/Strange_Case_of_Dr_Jekyll_and_Mr_Hyde). (N. E.)

bíblico que tem sido tão fundamental por dois mil anos, a saber: os textos da Bíblia sobre a Criação.

Devo muitos favores a diversas pessoas pelo tempo e o espaço que dedicaram para eu escrever este livro. Recebi valiosa inspiração de meus colegas do Bible and Society Group, especialmente de John Rogerson, Walter Houston, Dagmar Winter, John Vincent e Stephen Barton. Este último me encorajou vigorosamente a ter uma visão teológica muito mais desavergonhada do que eu estava inicialmente disposto a ter. Este livro é esperançosamente mais honesto por sua contribuição, mesmo que se afaste ainda mais dos caminhos convencionais da pesquisa acadêmica bíblica do que teria sido o caso. Agradeço a John Rogerson, por seus comentários inestimáveis em um rascunho inicial, à minha esposa, Harriet, que leu todo o manuscrito em vários rascunhos, e a Tristan Palmer, que tem sido um editor tanto solidário como encorajador. A meus filhos, Ben, Isaac, Reuben e Susanna, porém, é que devo meu maior agradecimento, por sua paciência comigo. Escrevi as primeiras mil palavras deste livro poucos dias antes do nascimento da minha filha, Susanna. Ela contava dois anos de idade antes de eu conseguir escrever as milhares de palavras seguintes, e agora ela tem seis. Não consigo pensar em nenhuma razão melhor para atrasar a escrita de um livro; é a Susanna e a seus três irmãos que dedico esta obra, na esperança de que, quando eles tiverem idade suficiente para entendê-la, já teremos passado para uma compreensão mais clara do papel da Bíblia em fornecer os dados da fé.

As citações bíblicas são retiradas da NVI. Utilizei minhas próprias traduções em algumas seções para maior ênfase; estas são mostradas em itálico.

LISTA DE REDUÇÕES

AOP   Antigo Oriente Próximo

J   O segundo relato da criação de Gênesis (Gênesis 2:4b—3:24)

KJB   King James Bible (Versão Autorizada)

BJ   Bíblia de Jerusalém

NVI   Nova Versão Internacional

P   O primeiro relato da criação de Gênesis (Gênesis 1:1—2:4a)

VP   Versões em língua portuguesa

Introdução

CIÊNCIA E RELIGIÃO: CONFLITO OU NEGLIGÊNCIA?

A relação entre a ciência moderna e a crença religiosa tornou-se um dos assuntos mais debatidos do nosso tempo. É impossível não ter uma opinião a respeito disso. Embora haja muitos que afirmam que a ciência tornou a crença religiosa redundante, há pelo menos o mesmo número de pessoas insistindo em que a fé está viva e passa bem.

Ao mesmo tempo, surgiu uma florescente disciplina acadêmica que tentou encontrar um caminho adiante por meio da construção de pontes. Esse campo — "ciência e religião", ou "teologia e ciência" — tende a se concentrar em discussões *históricas* sobre como as duas áreas interagiram no passado, e em investigações *filosóficas* que buscam compreender como ambas podem beneficiar-se mutuamente. Com isso, a história e a filosofia assumiram papéis mediadores entre a ciência e a teologia. Mas isso significou que o diálogo entre ciência e religião operou, em certa medida, em um "metanível", pelo menos com a remoção dos dados básicos e das observações centrais que os fundamentam. A discussão tem sido, portanto, em grande parte sobre como relacionar interpretações científicas e religiosas de nível superior entre si, e não sobre os principais dados e *sua* respectiva interpretação. Grande parte do diálogo ciência-religião se deu no mundo ocidental, em que a metade sob a alcunha "religião" do par foi o cristianismo. Nesse caso, os principais dados são definidos, em grande parte, por um conjunto de escrituras, a Bíblia. É esse livro fundamental, acima de tudo, que sofreu de uma falta geral de envolvimento no diálogo ciência-religião.

De maneira irônica, parte da razão para essa negligência relativa sobre a Bíblia decorre do criacionismo, que tende a insistir em que os textos sobre a Criação na Bíblia — os mais relevantes para grande parte do diálogo ciência-religião — devem ser lidos à luz de uma hermenêutica literalista. Para aqueles que aderem à sua forma mais rígida — o criacionismo da "terra jovem" —, isso significou a rejeição (ou revisão) de grandes partes da ciência moderna, a fim de manter a crença de que a terra foi criada ao longo de seis dias literais, alguns poucos milhares de anos atrás. Consequentemente, o debate tendeu a ocorrer sob bases científicas, com enfoque na interpretação de dados científicos e teorias, e não na interpretação da Escritura. Nesse ponto, a verdadeira agenda foi perdida, a saber: a convicção fundamentalista de que a Bíblia é "inerrante" e transcende todas as considerações da ciência e da história (McCalla, 2006:199). E a ferocidade do debate tem sido tamanha, especialmente na América do Norte, que o diálogo ciência-religião evitou em grande parte as principais áreas bíblicas de controvérsia para, em vez disso, envolver-se com a criação em um nível mais filosófico, no qual, em qualquer caso, os principais estudiosos acreditam que as verdadeiras questões de interesse repousam. Isso significou que as muitas profundidades sutis e complexas nos textos desenterrados pelo academicismo e pela crítica bíblica passaram amplamente despercebidas, ou foram obscurecidas por debates intermináveis sobre questões como a real existência de Adão e Eva (cap. 6).

O objetivo deste livro é envolver-se com o aparente conflito entre a ciência e a religião, abordando a negligência bastante real da Bíblia pelo campo de estudos ciência-religião. Alguns estudos recentes de estudiosos bíblicos pavimentaram o caminho. Houve uma ampliação considerável em nossa compreensão das teologias da Criação do Antigo Testamento (Fretheim, 2005) e nas maneiras pelas quais os textos do Antigo Testamento sobre a Criação podem ser apropriados imaginativamente na cosmovisão científica moderna (W. P. Brown, 2010). Este livro traz duas novas perspectivas. Em primeiro lugar, considera o impacto da ciência na interpretação crítica de *toda* a Bíblia cristã, de modo que importantes discussões no campo da ciência-religião sejam levadas em consideração, como, por exemplo, o papel de Cristo na criação. Em segundo lugar, assume uma perspectiva *teológica* abrangente: Deus como Trindade é visto, em última análise, como a ponte entre o academicismo e a crítica bíblica e a ciência. Isso significa, claro, cobrir bastante terreno tanto a respeito do academicismo bíblico como da teologia cristã, para não mencionar a ciência. O escopo desse projeto significa, portanto, que por vezes vamos passar bem depressa por algumas questões tortuosas, especialmente na interpretação bíblica. Isso não é assim porque estamos tentando fornecer uma visão geral de um campo de estudos já existente, mas, sim, porque estamos tentando estabelecer os parâmetros para um novo campo.

Não se deve esperar que essa abordagem por si só mude a percepção popular de que ciência e religião estão em guerra entre si. E também não vai resolver o debate criacionista. O que se espera é que revele algo dos níveis

INTRODUÇÃO

mais profundos subjacentes aos debates, demonstrando em um nível mais fundamental o que a ciência e a religião podem compartilhar por intermédio de seus pontos de vista da Criação, e como diferem e *devem* diferir.

A QUESTÃO DA REALIDADE

Grande parte do perceptível conflito entre ciência e religião surge por causa de reivindicações concorrentes em relação ao que se diz constituir a realidade. A crítica bíblica tem tradicionalmente visto a si mesma como "científica" em sua metodologia, buscando descobrir algo da realidade *histórica* subjacente aos textos bíblicos, sem necessariamente fazer afirmações religiosas de forma direta. Em vez disso, tais reivindicações são a tarefa da teologia que, em seu objetivo de descobrir as realidades *divinas* e seu papel na criação, incide mais diretamente nas ciências naturais. Contudo, o estudo bíblico não escapa, uma vez que a teologia tem interesse particular nas realidades históricas subjacentes aos textos bíblicos, na medida em que essas realidades orientaram os testemunhos das comunidades originais de fé. Seus testemunhos — parte da Bíblia *Sagrada* — são considerados pela igreja cristã santificados: veículos da revelação divina, e são fundamentais e autoritativos; acima de tudo, apontam para a única realidade que a teologia cristã deseja descobrir e apreender.

Walter Brueggemann disse isso de forma provocativa: "O Deus da Bíblia não está 'em outro lugar', mas é dado apenas no, com e sob o próprio texto" (Brueggemann, 1997:19). Isso não quer dizer que não haja uma realidade divina fora do texto ou que o texto seja um "sacramento". E também não é uma declaração do princípio da Reforma de que o conhecimento salvífico só pode ser encontrado nas páginas da Escritura (*sola Scriptura*). Pelo contrário, nosso acesso "objetivo" ao Deus da Bíblia acontece mediante o processo hermenêutico de interpretação e reinterpretação do texto à luz da tradição da igreja, ou seja, a interpretação teológica. Um cético pode interpretar isso como fazer Deus parecer uma construção psicológica ou retórica, mas, por sua própria natureza, as reivindicações religiosas sempre foram vulneráveis a tal reducionismo.

Esse não é simplesmente um detalhe acadêmico. Nossa compreensão de quem Deus é influenciará nossa compreensão do que é a criação, como a esfera da atividade criativa de Deus. O mesmo é válido no sentido inverso. No cristianismo, a Bíblia sempre foi um dos principais pontos de acesso ao relacionamento Criador-criação. Ao investigarmos os vários textos bíblicos sobre a Criação, veremos, repetidas vezes, que falar de "criação" é sugerir imediatamente um ponto de origem — um Criador — e uma relação entre criação e Criador. Também veremos que os textos bíblicos fornecem muitas perspectivas diferentes sobre essa relação.

A DOUTRINA CRISTÃ DA CRIAÇÃO

Antes do desenvolvimento da ciência moderna, havia um consenso de longa data na cultura cristã ocidental sobre a maneira como o mundo natural deveria ser visto, com base, principalmente, nos textos da Bíblia sobre a Criação. Deus era visto como central para o mundo natural, tanto em sua criação original como em sua existência contínua. A doutrina consensual da Criação pode ser resumida em uma série de declarações simples:

- Quando Deus criou o mundo, ele o fez *ex nihilo*; ou seja, Deus criou o mundo "a partir do nada". Deus, portanto, não é dependente do mundo, nem é necessariamente uma parte dele.
- Por outro lado, uma vez que o mundo foi criado por Deus a partir do nada, é *totalmente* dependente (contingente) dele, e não de qualquer outro ser ou coisa.
- Deus é, portanto, tanto o Criador inicial do mundo como seu sustentador contínuo.
- Deus criou o mundo como algo bom; ele reflete a natureza de Deus como seu Criador.
- No entanto, o mal se tornou presente no mundo, embora não tenha derivado de Deus.
- Ao criar e sustentar o mundo, Deus também providenciou seu fim, quando haverá um "novo céu e uma nova terra".
- Enquanto isso, por meio da "providência", Deus sustenta e cuida da vida do mundo criado: ações divinas especiais de orientação e milagres, realizadas no tempo e na história.

Esse breve resumo representa a visão cristã generalizada do mundo natural que durou, aproximadamente, até os últimos séculos. Mas, desde então, muitos dos valores culturais, estéticos e intelectuais que caracterizaram os tempos pré-modernos têm sido questionados e constantemente corroídos. Mais precisamente, os avanços na compreensão científica do mundo natural

INTRODUÇÃO

têm sido imensos, empurrando constantemente a teologia para fora do território sobre o qual outrora governou suprema. Muitas características do mundo que antes só podiam ser explicadas invocando Deus agora têm uma explicação científica.

A ASCENSÃO DA CIÊNCIA E A QUEDA DA RELIGIÃO

A mudança nessa perspectiva intelectual geralmente remonta ao século 17 e ao Iluminismo do século 18. Afirma-se que esse é o início da era "moderna", quando emergiu gradualmente uma nova confiança na capacidade do pensamento racional e do procedimento científico para extrair a verdade objetiva e universal. Poderíamos associar essa revolução a pensadores como Descartes e Kant, mas essas figuras, em grande parte filosóficas, estavam, pelo menos em parte, construindo bases estabelecidas por cientistas experimentais. As descobertas astronômicas de Copérnico (1473-1543), Kepler (1571-1630) e Galileu (1564-1642) foram majoritariamente ignoradas ou suprimidas no período da vida deles, mas sua importância foi ganhando, aos poucos, impulso, e questionou amplamente a lógica comum de que a terra (e, portanto, a humanidade) estava no centro do universo conhecido, e que os céus eram a escada para Deus.

As consequências religiosas das descobertas científicas estabelecidas no *Principia* de Newton (1687) foram especialmente profundas. À medida que eram gradualmente debatidas e assimiladas à cultura corrente, essas descobertas mudaram a maneira pela qual o Deus criador era visto em relação à criação. Embora Newton entendesse seu trabalho como totalmente harmonioso com a teologia, a completude de seu sistema surtiu o efeito inevitável de marginalizar Deus. Se o mundo natural pudesse ser explicado racionalmente sem recorrer à intervenção divina, então, no final das contas, talvez Deus não estivesse tão envolvido assim. Certamente, na época de Laplace, um século depois de Newton, o mundo natural poderia ser visto como existindo sem a necessidade de invocar Deus como explicação ou causa (Brooke, 1996:18).

Além de influenciarem a maneira pela qual o relacionamento de Deus com o mundo era interpretado, esses desenvolvimentos tiveram profunda influência sobre a doutrina cristã. A doutrina da encarnação — em Jesus de Nazaré, coexistem tanto a natureza plenamente humana como a totalmente divina — foi correspondentemente enfraquecida para muitos, assim como a doutrina da Trindade. Desse modo, Deus subsiste e coexiste em três pessoas:

Pai, Filho e Espírito Santo. O unitarismo (a ideia de que apenas o Pai é totalmente divino) surgiu como uma opção religiosa reconhecida, assim como o deísmo — a crença de que Deus não intervém no mundo após sua criação e, portanto, essa razão (não crer na revelação ou em milagres) deve ser a base para a fé (McGrath, [2002]2006a:181-4). O deísmo surgiu na Grã-Bretanha nos séculos 17 e 18, tendo sido fortemente influenciado pela convicção crescente de que o universo era governado e determinado por "leis" físicas. Embora o deísmo não tenha historicamente se saído tão bem desde o século 18, as ideias por trás dele têm sido influentes no pensamento religioso moderno, como abordaremos em várias passagens ao longo deste livro.

Para muitos, esses desenvolvimentos religiosos levaram à conclusão lógica de que não apenas o envolvimento de Deus no mundo deve ser posto em questão, como também a existência básica de Deus. E assim o ateísmo passou de intelectual e moralmente repreensível nos séculos anteriores para ser visto como um ponto de vista que recebe amplo interesse e aceitação, em especial sob a forma do "novo ateísmo".

É altamente relevante que muitas pessoas no mundo ocidental hoje citem desastres naturais, fome e doenças como fortes razões para não acreditarem em Deus. A sugestão é que, de forma irônica, Deus deve ser um Deus fortemente intervencionista do tipo judaico-cristão tradicional para ser crível — alguém que opera a salvação diretamente no mundo. Mas as ocorrências de desastres e sofrimento, que antes teriam sido interpretadas, segundo o paradigma judaico-cristão tradicional, como sinais do juízo divino, são agora tomadas como evidência da inexistência de Deus. Em tais casos, o ateísmo é visto, de forma implícita, como moralmente elevado, enquanto a crença teísta tradicional precisa se defender.

No entanto, sempre houve aqueles que apontaram para a beleza e a ordem do mundo natural como evidência de um Criador divino: o "argumento do design". Para muitos daqueles que trabalham especialmente nas ciências físicas, há um profundo apelo na simetria e na elegância das leis matemáticas que parecem sustentar o universo. Como o físico John Barrow explicou em uma entrevista:

> As leis [da natureza] são altamente matemáticas, mas muito misteriosas. Você não pode vê-las ou tocá-las. Há simetrias misteriosas no universo. Não é por acaso que biólogos como [Richard] Dawkins se sentem tão desconfortáveis com a religião e com perguntas sem resposta, porque estão lidando com as complexidades

INTRODUÇÃO

confusas da natureza [...] Há uma diferença cultural real entre biólogos e físicos (Garner, 2009:33).

Essa citação aborda uma diferença de perspectiva entre as ciências físicas e biológicas que não deve ser posta de lado. A ciência não é de modo algum um empreendimento unido em sua atitude em relação à religião, e observa-se com frequência que os biólogos parecem ser mais céticos do que os físicos. Como o bioquímico Arthur Peacocke (1996a:4) diz: "Ainda hoje não é considerado profissionalmente respeitável para um biólogo admitir ser cristão".

No entanto, existem outras complexidades, e é muito fácil dizer que os físicos têm uma abordagem da religião, enquanto os biólogos têm outra. Por um lado, muitos físicos são persuadidos pela beleza e a ordem do mundo natural, a ponto de afirmar exatamente o *oposto* do argumento do design, sentindo que a ciência tem sido tão bem-sucedida em explicar o mundo natural que não faz sentido invocar um Criador. Essa postura foi expressa de maneira eloquente na introdução de Carl Sagan ao *best-seller* de Stephen Hawking *A brief history of time* [Uma breve história do tempo]:

Este também é um livro sobre Deus [...] ou talvez sobre a ausência de Deus. A palavra Deus enche estas páginas. Hawking parte em busca da resposta à famosa pergunta de Einstein sobre Deus ter alguma escolha na criação do universo. Hawking tenta, como explicitamente afirma, entender a mente de Deus. E isso torna ainda mais inesperada a conclusão do seu esforço, pelo menos até agora: um universo sem limites no espaço, sem princípio ou fim no tempo, e sem nada para um Criador fazer (Hawking, 1988:x).

Declarações radicais dessa natureza capturaram a imaginação popular, reforçando a percepção (já difundida) de que a ciência substituiu a religião, ou, na melhor das hipóteses, está em desacordo com ela. No entanto, muitos cientistas e teólogos argumentaram que isso é um mal-entendido e que, na verdade, o quadro é consideravelmente mais complexo: a ciência e a teologia não estão necessariamente em conflito entre si, porque existem outras maneiras válidas de olhar para essa relação. Ian Barbour vê quatro maneiras, e cada uma delas coloca a relação sob uma ótica progressivamente mais positiva (Barbour, 1997:77-105). Em primeiro lugar, há a noção generalizada e popular de que ciência e religião estão em *conflito*. No entanto, em segundo lugar, pode-se dizer que elas operam de maneiras totalmente *independentes* entre si: usam métodos contrastantes e linguagens diferentes para falar de diferentes tipos de realidade. Em terceiro lugar, pode-se dizer que ciência e religião estão em *diálogo* entre si: podem beneficiar-se tanto de suas diferenças como de suas semelhanças, de modo que uma informe a outra. A quarta abordagem vê uma relação ainda mais otimista entre ciência e religião, sugerindo que elas podem *integrar-se* mutuamente, talvez até mesmo convergindo, tendo em vista uma vantagem comum. Os estudos holísticos de Teilhard de Chardin, os quais veem o Cristo ressuscitado como o objetivo da evolução biológica (cap. 7), são um bom exemplo dessa abordagem.

No entanto, muitos estudiosos acreditam que a relação entre ciência e religião é consideravelmente mais complexa do que qualquer um desses quatro modelos pode indicar, e que é muito simplista isolar qualquer um deles como a "resposta". A relação é altamente dependente (por um lado) de quais perguntas científicas ou religiosas estão sendo feitas. Em consequência, não apenas a relação entre ciência e religião mudou drasticamente ao longo da história, como também é tão complexa que nem sequer encontramos um fundamento robusto em pensadores individuais (Brooke, 1991:42).

A BÍBLIA E A HISTÓRIA

E quanto à Bíblia? Antes do Iluminismo e do desenvolvimento da geologia e da biologia evolucionária no século 19, o *status* da Bíblia como um registro incontestável de verdades religiosas era igualado, por sua autoridade, a uma fonte confiável de verdades *históricas*. As datas da Criação e do Dilúvio publicadas por James Ussher, em 1648, são frequentemente citadas como os principais exemplos dessa maneira de pensar. Ao comparar várias listas genealógicas e datas fornecidas na Bíblia, e compará-las a outros registros do AOP, Ussher calculou que a Criação ocorreu na noite de sábado de 22 de outubro de 4004 a.C., e o Dilúvio, num domingo, 7 de dezembro de 2349 a.C. (Cohn, 1996:95-6).

A confiança de Ussher na precisão do registro bíblico é muitas vezes tratada com espanto atualmente (embora observemos que essas datas ainda são mantidas em boa conta por muitos criacionistas da terra jovem). Mas, em sua época, a abordagem de Ussher era típica do elevado grau de autoridade que fora concedido à Bíblia como fonte precisa de relatos históricos, e outros antes dele haviam tentado calcular a idade do mundo a partir de dados bíblicos de forma semelhante. A atenção singular dispensada ao cálculo de Ussher surgiu,

INTRODUÇÃO   23

em grande parte, porque suas datas foram impressas em edições do século 18 da Bíblia King James, efetivamente tornando-os "imutáveis". Porém, no início do século 19, com o nascimento da nova ciência da geologia, sérias dúvidas foram lançadas sobre as datas propostas por Ussher, e estava se tornando claro que a terra era muito mais antiga.

Ao mesmo tempo, estavam sendo feitos novos tipos de perguntas históricas sobre grande parte do texto bíblico. A ideia de que talvez precisemos de uma maneira especializada de ler a Bíblia, de um método "crítico", com suas próprias convenções, objetivos e metas, não é nova; Fílon e Orígenes, para citar apenas dois pensadores, foram pioneiros em uma metodologia particular (exegese alegórica) nos primeiros séculos da era comum. Mas, para muitos estudiosos bíblicos dos últimos cem anos, a ideia de "crítica bíblica" tem sido praticamente sinônimo de "crítica histórica", um método intelectualmente rigoroso de estudar o texto bíblico que destaca a investigação histórica como a lente mais apropriada para ver e estudar o texto bíblico. Assim, o método histórico-crítico faz a afirmação direta de que, uma vez que o texto surgiu em contextos históricos particulares muito diferentes do nosso, a interpretação deve ser embasada por uma compreensão tão completa quanto possível desses contextos. Em suas formulações mais confiantes, o método vai muito além, afirmando que, antes de começarmos a compreender o significado teológico do texto, devemos primeiro apreciar seu cenário histórico e as intenções originais de seu autor. O academicismo bíblico na era moderna foi, portanto, dominado por questões históricas.

Um dos exemplos mais famosos (e com especial relevância para este livro) é a "hipótese documental". Tanto Witter, em 1711, como Astruc, em 1753, perceberam de modo independente que o Pentateuco parecia constituir-se em várias fontes paralelas ("documentos") tecidas em conjunto. Especialmente em Gênesis e no Êxodo, há muitas repetições e relatos duplos que são substancialmente o mesmo material, embora, com frequência, contraditórios entre si. Por exemplo, a história do Dilúvio de Gênesis 6—9 parece ser composta de duas fontes editadas em conjunto, que discordam em vários detalhes, como, por exemplo, o número de animais levados para a arca. Essas fontes também usam uma terminologia diferente. Talvez o exemplo mais óbvio sejam os dois relatos da Criação em Gênesis 1—2: além de muitas diferenças de estilo e conteúdo, o primeiro relato da criação (Gênesis 1—2:4a) usa o nome hebraico *Elohim* exclusivamente para Deus, enquanto o segundo relato (Gênesis 2:4b-25) usa YHWH *Elohim*. Os estudiosos, portanto, atribuíram isso a duas fontes diferentes, conhecidas como as fontes "Sacerdotal" e "Javista", respectivamente. Com o tempo, quatro fontes vieram a ser detectadas dentro do texto do Pentateuco: J (a fonte "Javista"), E ("Eloísta"), D ("Deuteronomista") e P ("Sacerdotal"). A história definitiva por trás dessas quatro fontes foi reconstruída por Wellhausen, em 1878, e ainda reforça muitos estudos históricos modernos sobre o Pentateuco, embora tenha sido infinitamente debatida e revisada, e até mesmo abertamente rejeitada por alguns.

No entanto, o campo dos estudos bíblicos percorreu um longo caminho desde Wellhausen. Além da crítica da fonte, outras formas de crítica histórica se desenvolveram, as quais se concentram na *forma* (ou seja, o gênero) da literatura que compõe a Bíblia, nas tendências de *redação* (ou seja, editorial) dos escribas e editores que a uniram, bem como em seus contextos *sociais* e *políticos*. Todas essas formas de crítica buscam desvendar algo do que os textos *originalmente* queriam dizer quando surgiram, trabalhando com a premissa de que *o significado histórico original é o significado mais autêntico*, o que deveria estabelecer os limites para as interpretações posteriores. Entretanto, a ascensão do pós-modernismo desde a década de 1970 levou a alguma desilusão com a busca do significado original — uma "crise de objetividade" —, e muitos tipos alternativos de crítica proliferaram, tipos que não têm uma intenção essencialmente histórica. Algumas críticas são extraídas da teoria literária, como a crítica da estética da recepção, a crítica retórica e a crítica narrativa. Porém, ao mesmo tempo, desenvolveram-se formas teológicas mais explícitas (por exemplo, as críticas canônicas), ao lado de tipos de críticas motivadas por preocupações políticas e sociais, especialmente aquelas extraídas de perspectivas feministas e de libertação. Embora essa mudança de enfoque tenha inevitavelmente moderado algumas das reivindicações mais fidedignas do método histórico feitas por estudiosos no passado, também teve o efeito de que muitas novas riquezas e perspectivas estejam sendo descobertas nos textos bíblicos. A perspectiva histórica ainda permanece central, se bem que mais cautelosa do que antes. Isso desempenha uma tarefa altamente valiosa na manutenção do testemunho histórico desse documento fundamental para um mundo que muitas vezes o distorceu e moldou para seu próprio fim:

> A igreja precisa, vez ou outra, ouvir a mensagem bíblica em toda a sua estranheza, com sua inovação não embotada pela familiaridade das santificadas expectativas religiosas. Um academicismo histórico que se distancia do diálogo diário da igreja com sua Escritura cumpre função valiosa (Morgan; Barton, 1988:179).

INTRODUÇÃO   **25**

Esse é um ponto de extrema importância para este livro. Se até agora o procedimento do diálogo ciência-religião consistia em se envolver pouco com a Escritura, isso talvez se deva ao fato de que a Escritura não tem sido aplicada com precisão suficiente (Hebreus 4:12). Portanto, este livro pretende ser uma investigação histórica sustentada daquilo que os textos da Bíblia sobre a Criação têm a dizer, e como isso se relaciona com a ciência moderna, na esperança de que possa ajudar a elucidar e realinhar.

CRIAÇÃO NA BÍBLIA

Os primeiros capítulos da Bíblia (Gênesis 1—3) são justificadamente memoráveis. Eles contam a história da criação do mundo em uma prosa ressonante, desde os primórdios dos tempos ("no princípio") até a história dos primeiros seres humanos e de suas fraquezas. Quando falamos de criação e Bíblia, são invariavelmente esses capítulos que nos vêm à mente. Entretanto, há uma grande riqueza de material adicional sobre a criação espalhado por toda a Bíblia, e boa parte dele não mostra consciência dessa seção inicial. Por exemplo, alguns dos salmos e profetas falam sobre a criação a partir de uma perspectiva de uma batalha mitológica entre Deus e o mar, enquanto o livro de Provérbios fala por meio da figura divina personificada da Sabedoria. Portanto, um dos primeiros pontos que devem ser mencionados ao abordar os textos da Bíblia sobre a Criação é que não há uma única compreensão teológica, mas uma diversidade de compreensões, e não está claro se essa diversidade pode (ou deve) ser reunida em uma única unidade harmônica. Em todo caso, não é como se Gênesis 1—3 apresentasse um quadro uniforme. Como apontamos na seção anterior, Gênesis 1—3 contém pelo menos duas tradições distintas sobre a criação, provavelmente oriundas de diferentes estágios da história de Israel, e que representam diferentes pressupostos teológicos. Em suma, a Bíblia mantém vários entendimentos em tensão a respeito do assunto.

Um segundo ponto a respeito do material bíblico sobre a criação é que, embora o tema seja teológico, não pode ser visto como uma série de proposições metafísicas facilmente digeríveis, como a doutrina cristã da Criação (veja a seção "A doutrina cristã da criação", acima). Em vez disso, o material bíblico sobre a Criação contém uma diversidade de temas narrativos e poéticos que nem sempre se relacionam entre si. Além disso, enquanto alguns desses temas sobre a criação aparecem com frequência na Bíblia, outros surgem muito raramente. De maneira um pouco contraintuitiva, grande parte do material nas célebres histórias da criação de Gênesis se enquadra na última categoria.

Um terceiro ponto igualmente importante é que esse corpo variado de material (ao qual vamos chamar de "o padrão da criação" [veja "Criação e narrativa", no cap. 3]) é central para tudo que a Bíblia tem a dizer sobre quem Deus é. Isso não é facilmente separável de outras questões teológicas, como, por exemplo, a redenção, nem deve ser. Podemos ver isso a partir do simples fato de que a Bíblia tem início com o relato de uma criação (Gênesis 1) e termina com outro, que é apenas uma visão da redenção, a visão da *nova* criação (Apocalipse 21 e 22). Com relação à forma canônica da Bíblia cristã, então, a criação é a primeira e a última declaração teológica, e isso é teologicamente fundamental; ela inicia e encerra todas as outras declarações sobre Deus que podem ser feitas. E é com base nessa imagem fundamental de Deus como Criador que as teologias bíblicas de redenção, ética e escatologia são construídas. Portanto, ao olharmos, neste livro, para o material sobre a criação e para como ele foi interpretado cientificamente, veremos, com frequência, que ele é mais bem interpretado com base no que aprendemos sobre Deus do que naquilo que aprendemos sobre o mundo.

Assim, é preciso ainda afirmar que a ciência moderna fez toda a diferença na leitura dos textos sobre a Criação. Embora o material da Bíblia sobre o assunto mostre evidências do que poderíamos chamar de pensamento científico (uma cosmologia, ao lado de menções a estruturas e mecanismos na natureza), esse material está, em sua maioria, longe do pensamento científico de nosso tempo. Os criacionistas da terra jovem resolvem esse dilema rejeitando a ciência moderna e utilizando-se de uma leitura literal de Gênesis 1—3 para informar seu ponto de vista sobre as origens do mundo. Essa é uma abordagem popular à questão das origens, especialmente nos Estados Unidos. De acordo com Lamoureux (2008:22), talvez até 60% dos adultos americanos acreditam que o mundo foi criado em seis dias e que Gênesis 1 é "literalmente verdadeiro, o que significa que aconteceu palavra por palavra". É claro que muitos outros cristãos têm uma visão mais ampliada e metafórica de Gênesis 1—3, preferindo deixar a ciência moderna influenciar seus pontos de vista sobre as origens físicas do mundo. Mas a sensibilidade dessa questão significa que ela se tornou a questão interpretativa central em Gênesis 1—3 para milhões de cristãos e ateus, de modo que é infinitamente discutida. Se há apologias notáveis escritas a partir de uma perspectiva cristã conservadora que tentam resolver

INTRODUÇÃO 27

o problema, também há ataques ridículos dos novos ateus, os quais se encontram perplexos pelo fato de alguém levar um texto religioso antigo tão a sério a ponto de questionar as descobertas da ciência moderna com base nesse texto. Barton e Wilkinson destacaram bem essa questão:

> Do criacionismo de seis dias ao livro *The God delusion* [*Deus, um delírio*], de Richard Dawkins, o diálogo público sobre ciência e religião usa os primeiros capítulos do Gênesis de maneira ingênua e simplista ou rejeita sua relevância para as questões contemporâneas. Isso é reforçado pelo mito de que Darwin minou qualquer possibilidade de uma leitura inteligente de Gênesis 1; desse momento em diante, a maior parte da teologia cristã perdeu a confiança nesses textos (Barton; Wilkinson, 2009:xi).

Realmente houve perda de confiança: aqueles cristãos que preferem afastar-se do debate geralmente recorrem a uma leitura mais poética/metafórica de Gênesis 1—3, evitando pensar no texto em termos científicos/concretos. Mas veremos que isso ignora pontos importantes sobre os objetivos do autor ao escrever. Em outras palavras, embora o debate criacionista tenha conseguido pouco além de uma polarização de opiniões, descobriremos que realmente temos de nos envolver com ideias científicas modernas e antigas, com o fim de apreciar esses textos bíblicos. Mas também descobriremos que rapidamente vamos além das ideias científicas. Por exemplo, Gênesis 1 parece descrever algo como um retrato do desenvolvimento dos primórdios, algo que tem sido comparado com as ideias evolucionárias modernas, mas o texto se preocupa em ilustrar de que forma a criação é *ordenada* por Deus em termos morais e estéticos. Com frequência, Deus vê que o que foi feito é "bom" (Gênesis 1:4,10,12,18,21,25,31). Essa é uma declaração de aprovação e satisfação, um juízo de valor mais do que uma declaração científica. E, se olharmos mais amplamente para a imagem da criação na Bíblia, descobrimos que ela aponta repetidas vezes para valores morais, estéticos e espirituais sobre qualquer coisa que possamos interpretar como "científica". Descobrimos que ela demonstra a fecundidade, a constância e a fidelidade de Deus ao mundo. Qualidades semelhantes são, portanto, recomendadas na relação da humanidade com o mundo. Os seres humanos estão inseridos em um ambiente o mais amplo possível, e são instruídos a trabalhar e cuidar dele. Dessa forma, colherão suas recompensas e se deleitarão com algo semelhante ao que Deus faz. Vista desse ângulo, a

Bíblia propôs um importante desafio ecológico para a humanidade, muito antes de nossa superexploração moderna do mundo natural tornar necessária sua redescoberta.

"CRIAÇÃO" À LUZ DA "CIÊNCIA"

Nos círculos religiosos, é comum referir-se a todo o mundo — não apenas à terra, mas a todo o universo — como "criação", o que implica a existência de um "criador". Os cientistas, porém, até mesmo aqueles religiosamente persuadidos, tendem a evitar usar tal terminologia em contextos científicos. As modernas ciências naturais, por definição, não podem dizer absolutamente nada sobre a possibilidade de um criador, de um ser *sobre*natural. Elas assumem que existem outras formas mais comuns e mundanas de explicar o mundo. E têm sido enormemente bem-sucedidas nessa tarefa, o que tem fornecido aos novos ateus argumentos contra a existência de Deus: se o mundo pode ser explicado sem a necessidade de Deus, então isso pode sugerir que Deus não existe. Muitas vezes não se reconhece, ou talvez não se perceba, mas esse argumento é nitidamente falacioso: por definição, as ciências naturais não podem discernir a possibilidade ou a impossibilidade do sobrenatural; elas não dispõem de meios para fazê-lo. Essa é, ao contrário, a tarefa da teologia, aquilo que no passado foi chamado de "a rainha das ciências".

Contudo, não mais. Westermann (1974) fez algumas críticas importantes à teologia, sugerindo que ela sofreu em relação à ciência porque apresentou uma compreensão inadequada do material bíblico sobre a Criação na Reforma. Isso porque as principais questões teológicas em debate diziam respeito à *salvação*, e não à criação, deixando o caminho livre para a ciência invadir progressivamente o território da teologia, enquanto suas costas estavam, por assim dizer, viradas. Preocupada com a relação salvífica entre Deus e a humanidade, a teologia negligenciou os textos bíblicos fundamentais que têm uma amplitude muito maior, vendo a relação do ponto de vista do Criador e de sua criação. Assim, se as relações de Deus com o mundo são vistas de forma míope, relativamente ao perdão do pecado humano ou à justificação, então é somente nesse contexto que Deus lida com o mundo, e vice-versa. "Isso significa que Deus não está preocupado com um verme sendo pisoteado na terra ou com o aparecimento de uma nova estrela na Via Láctea" (ibidem:3,4).

O objetivo principal deste livro é apresentar uma análise teológica do material bíblico da Criação em termos que assumam uma perspectiva mais

INTRODUÇÃO 29

ampla e, portanto, envolvida com a ciência moderna. Nesse sentido, este livro faz parte de uma tendência mais ampla na publicação teológica contemporânea de desenvolver teologias modernas da criação, tendência que é, em parte, motivada por nossa crescente sensibilidade às questões ambientais e ecológicas. Talvez seja demais esperar que as críticas de Westermann possam ser corrigidas por este exercício, mas vale a pena considerar o que pode ser alcançado por ele. Certamente, uma das objeções mais frequentes à crença religiosa em um criador é que as histórias bíblicas sobre a criação não são plausíveis, porque foram substituídas pela ciência. E o criacionismo da terra jovem serve para aprofundar ainda mais o distanciamento entre teologia e ciência. Então, uma tentativa como a deste livro, que olha para os textos sobre a Criação em um nível mais profundo do que apenas o tanto que eles concordam com a ciência moderna, pode ajudar a desfazer esse afastamento.

Na verdade, pode fazer até mais. A ciência moderna tornou-se tão especializada e fragmentada que, embora seja comum falar de "ciência" como uma entidade unificada e que ultrapassou a teologia, ainda assim nenhum cientista é capaz de apreender *toda* a realidade científica do mundo além de um nível superficial. Em outras palavras, podemos tornar-nos especialistas em um ramo da ciência, mas nunca a dominaremos por completo. Se a "ciência" se tornou o arcabouço intelectual segundo o qual entendemos o mundo, então está se tornando um arcabouço cada vez mais desconcertante e incompreensível. Mas considere o seguinte: se, para os antigos autores bíblicos, o conceito religioso de "criação" conferiu significado e compreensão a uma realidade de outra forma desconcertante e incompreensível, então também lhes concedeu um quadro compreensível, abrangente e unificado para apreender essa realidade. Westermann (1974:36-7) afirma que esse conceito pode voltar a fazer isso: o conceito religioso de "criação" pode, mais uma vez, fornecer a estrutura mais apropriada para situar as vastas complexidades das ciências naturais. Mas devemos começar com os textos da Bíblia sobre a criação, e trabalhar na direção de uma teologia da ciência, para a qual este livro fornece um possível ponto de partida (veja "Conclusões").

Não se faz isso, contudo, para tornar novamente a teologia a rainha das ciências em qualquer sentido pré-moderno. Claramente, o material bíblico sobre a criação não pode recuperar seu lugar central girando o relógio para trás. Em vez disso, a criação deve ser vista mediante os *insights* da ciência e do academicismo bíblico moderno, e deve ser vista teologicamente. Argumentamos, por conseguinte, que a ciência e os estudos bíblicos podem ser reunidos para permitir que o Deus vivo fale dentro de nossa estrutura crítica e modernista.

Neste livro, depois de analisar brevemente algumas das ideias científicas mais relevantes (cap. 1), voltaremos a atenção para os textos de Gênesis sobre a criação (cap. 2) e para outros elementos consonantes com o padrão bíblico da criação (cap. 3), assegurando-nos de que o Novo Testamento seja completamente representado. Construiremos, então, um arcabouço científico para compreender esse material, enfatizando distinções e paralelos entre formas antigas e modernas de pensar (cap. 4). Isso será usado para explorar de que forma o padrão bíblico da criação estabelece a relação entre o Criador e a criação (cap. 5), antes de examinarmos as perspectivas bíblicas sobre algumas das áreas mais difíceis da controvérsia entre ciência e teologia, especialmente a evolução (cap. 6), o problema do mal (cap. 7) e o futuro longínquo (cap. 8). A seção "Conclusões" não resumirá tanto o assunto, mas reunirá os vários elementos do argumento para apresentar um modelo bíblico da natureza da criação.

CAPÍTULO 1

Criação de acordo com
a ciência moderna

A ESTRUTURA CIENTÍFICA

Espaço, tempo e matéria

Nossa compreensão em relação ao espaço e ao tempo está profundamente arraigada, e raramente a questionamos. Santo Agostinho disse, em suas *Confissões,* que, em nossas conversas cotidianas, nenhuma palavra é mais familiar ou mais facilmente conhecida que "tempo". Mas, se nos perguntarmos o que é o "tempo", logo nos veremos perplexos. "O que é o tempo, então? Se ninguém me perguntar, eu sei", diz Agostinho (*Confissões*, XI:14). Quando tenta definir o tempo, ele o faz considerando eventos e acontecimentos relativos a si mesmo: "Mas é com segurança que afirmo saber que, se nada passasse, não haveria tempo passado; se nada sobreviesse, não haveria tempo futuro; e, se nada fosse, não haveria tempo presente." Isso é significativo, pois Agostinho tem alguma sensação do tempo *absoluto* como uma entidade universal, uma ideia que talvez nos seja mais familiar em decorrência das conclusões de Isaac Newton.

Para ele, tanto o espaço como o tempo eram absolutos e independentes de qualquer quadro de referência local. Eles eram universais, razão pela qual Newton foi capaz de definir o movimento de um objeto em relação a um quadro fixo de referência, tanto de espaço como de tempo. O espaço e o tempo se tornaram efetivamente uma matriz fixa segundo a qual todos os acontecimentos e seres podiam ser vistos como existindo, movendo-se e atuando. Newton, no entanto, não chegou a pensar no espaço e no tempo como intrinsecamente conectados em uma entidade, o "espaço-tempo". Isso aconteceria mais tarde, com Albert Einstein, cuja teoria geral da relatividade revolucionou a física do espaço e do tempo. Para Newton, porém, a universalidade abrangente de seus

CRIAÇÃO DE ACORDO COM A CIÊNCIA MODERNA 33

quadros de referência de espaço e tempo não podia deixar de assumir atributos quase divinos. Essa foi a crítica de um de seus contemporâneos, o Bispo Berkeley (1685-1753), que se queixou da ideia newtoniana da concepção do espaço como algo imutável, infinito e eterno; o que então pode impedi-lo de ser Deus? Ou Deus é reduzido ao espaço, ou o espaço é exaltado à condição de Deus (Buckley, 1987:118). A resposta de Newton é que o espaço não é uma coisa em si, e não existe por si só, mas, sim, uma consequência de Deus, emanando da existência divina em todos os lugares. Para que um ser exista, deve haver espaço e, portanto, diz-se que Deus está presente em todos os tempos e em todos os lugares do mundo; então, deve haver um espaço eterno por toda parte (ibidem:137-8). Isso significa que o tempo e o espaço não são *realidades* próprias no pensamento de Newton — sejam coisas a serem criadas ou divinas contendo existência própria —, mas, sim, *efeitos*, fluindo da própria existência de Deus. Isso tem importantes implicações para a compreensão de Newton a respeito de Deus, que é visto como o ser cujas próprias existência e onipresença tornam possível toda a existência e todo o movimento do mundo. Aliás, Newton enxergou seu famoso desenvolvimento da lei da gravidade como uma descrição do poder divino: os objetos não são atraídos uns pelos outros por qualquer força inata própria, mas, sim, pela vontade de Deus.

Outra consequência da compreensão de Newton do espaço e do tempo é que eles são lineares. Em outras palavras, progridem de forma estável, contínua e regular, e sempre o farão; não há saltos, nódulos, ciclos ou irregularidades locais. Teologicamente, esse quadro reflete um Deus confiável e previsível, um Deus de lei e regularidade. Talvez não seja surpresa que, dentro dessa visão de mundo, a ideia de que existem "leis da natureza" fixas e universais possa consolidar-se tão firmemente, como abordaremos em breve.

Por outro lado, o desenvolvimento da relatividade por Einstein no início do século 20 apresentou uma perspectiva completamente diferente. Para ele, o espaço e o tempo não são mais absolutos, porque é a velocidade da luz que se torna o novo ponto de referência absoluto. As medições do espaço e do tempo se tornam relativas ao observador que faz a medição e, de modo semelhante, não há sentido no qual elas sejam experimentadas universalmente. Além disso, espaço e tempo se relacionam entre si em uma entidade quadrimensional chamada "espaço-tempo", mas também se relacionam com a própria matéria. Por conseguinte, dificilmente se pode dizer que o espaço e o tempo sejam quadros de referência independentes. Eles também não são lineares, uma vez que a matéria faz com que o espaço-tempo se curve, o que, por sua vez, faz com que as trajetórias dos objetos em movimento se curvem. Foi assim que Einstein incorporou a gravidade em sua teoria geral da relatividade — a gravidade deixa de ser uma força como as outras, mas uma consequência do fato de que o espaço-tempo é curvado de acordo com a distribuição de matéria e energia nele. Além disso, não apenas o espaço-tempo se curva, como também apresenta singularidades em determinadas condições, como, por exemplo, a singularidade inicial do *Big Bang*, além da qual não podemos ver. De um modo bastante claro, o espaço-tempo não é mais fixo e absoluto como era para Newton.

A relatividade traz muitos desafios para nossa visão de "senso comum" do mundo, principalmente a respeito de nossa compreensão do tempo. Em particular, nosso conceito de "agora", uma parte tão importante de nossa experiência humana comum, não é uma verdadeira propriedade científica do mundo, porque depende do quadro de referência do observador. Com efeito, nossa experiência do presente torna-se ilusória na cosmovisão relativista. Por essa razão, tem-se sugerido que o conceito de "bloco de tempo" oferece uma visão mais útil, segundo a qual todo o tempo, do início ao fim, é visto como existindo "de uma só vez". Isso advém da ideia de que, se não houvesse mentes como a nossa para distinguir o passado, o presente e o futuro, haveria simplesmente o universo do espaço-tempo quadrimensional, como uma única entidade. Se esse for o caso, nosso conceito mais familiar de "fluxo de tempo", segundo o qual há um passado que cresce linearmente, à medida que vamos nos movendo para o futuro em aberto, é uma ilusão subjetiva de nossa consciência humana (Copan & Craig, 2004:160-1; Ward, 2008:120).

Tudo isso é teologicamente relevante, e tem-se argumentado que a experiência divina no universo é essencialmente uma visão de "bloco", segundo a qual Deus percebe tudo simultaneamente. Esse tipo de abordagem tem algum mérito (Polkinghorne, 2011:62-5), porque resolve paradoxos que surgem em nosso discurso sobre Deus e o tempo (cap. 4).

Assim como aconteceu com a física relativista, o início do século 20 assistiu ao desenvolvimento de um novo paradigma científico que abalou as ideias aceitas sobre a realidade: a mecânica quântica. A visão quântica do mundo surgiu da constatação de que as entidades físicas básicas em nível atômico e subatômico, como elétrons ou fótons, podem ser descritas matematicamente como ondas ou partículas, dependendo do tipo de experimento realizado. Por exemplo, os elétrons podem ser difratados tanto quanto as ondas do oceano que passam pelos paredões estreitos de um porto são difratadas para se espalhar e encher todo o porto. Mas os elétrons também podem ser espalhados,

CRIAÇÃO DE ACORDO COM A CIÊNCIA MODERNA

como bolas de bilhar saltando umas sobre as outras. Tudo depende do tipo de medição realizado. Se você olhar para um elétron como se fosse uma onda, verá propriedades de onda; se olhar para ele como se fosse uma partícula, verá propriedades de partícula. Mas ambas as categorias — onda e partícula — devem ser mutuamente excludentes, de acordo com a física clássica de Newton e seus sucessores. Essa constatação, de que a matéria em seu nível mais básico não se comporta da maneira clássica, levou ao desenvolvimento da visão quântica do mundo, resumida, de forma sucinta, pelo princípio da incerteza de Heisenberg: se tentarmos medir certas propriedades de um objeto quântico (como um elétron) de modo cada vez mais preciso, descobriremos que outras propriedades se tornam cada vez mais incertas. Em suma, o elétron desafia uma descrição precisa em termos clássicos. Isso levou os físicos eventualmente a falar da natureza "difusa" e imprecisa do mundo quântico. Não está claro se tal linguagem é justa, uma vez que o mundo quântico pode muito bem ser matematicamente descrito. Mas os problemas surgem quando tentamos entendê-lo nas simples imagens conceituais da física clássica do mundo cotidiano (p. ex., ondas ou partículas, mas não ambas). Essa dificuldade levou a muitas discussões filosóficas e perguntas não respondidas sobre a natureza da realidade e sobre nossa capacidade de entendê-la em termos que façam sentido conceitual para nós. Mesmo agora, passado um século desde o primeiro desenvolvimento da mecânica quântica, ainda não está claro se podemos falar de algo como uma "realidade objetiva" quando estamos considerando entidades quânticas como os elétrons. Uma das tentativas mais conhecidas de responder a essa pergunta — a interpretação de "Copenhague" — destacou o papel do observador em influenciar o resultado de uma observação em nível quântico e, portanto, negou nossa capacidade de falar de uma realidade independente como tal:

> Nos experimentos sobre acontecimentos atômicos, estamos lidando com coisas e fatos, com fenômenos que são tão reais quanto qualquer fenômeno da vida diária. Mas os átomos ou as próprias partículas elementares não são tão reais; eles formam um mundo de potencialidades ou possibilidades, e não um mundo de coisas ou fatos (Heisenberg, 1989:174).

De maneira bastante simples, segundo essa visão do mundo quântico, temos observações e medições, e as respectivas interpretações, mas não está claro que temos "coisas" concretas e objetivas.

Existem, no entanto, outras interpretações da mecânica quântica além da interpretação de Copenhague. Talvez a mais conhecida seja a interpretação de muitos mundos. Em vez de sugerir que a realidade quântica subjacente é elusiva e, como tal, talvez nem mesmo seja uma "realidade" objetiva concreta, a interpretação de muitos mundos tenta explicar os enigmas postulando a existência de diversos mundos, de forma semelhante à ideia de universos paralelos. Quando, em um acontecimento quântico, ocorre, por exemplo, a observação de um elétron se comportando como uma onda, então existe outro universo no qual ele se comporta como uma partícula. O resultado é que, de acordo com essa interpretação da mecânica quântica, há uma árvore de universos que se prolifera rapidamente à medida que cada eventualidade quântica vai-se desenrolando. Dificilmente é preciso apontar a altíssima especulação envolvida nessa ideia. No entanto, é tamanha a estranheza do mundo quântico que muitos cientistas estão dispostos a aceitar tais ideias como uma tentativa de dar algum sentido a ele. Se a interpretação de Copenhague coloca em dúvida algumas noções científicas básicas, como realidade, causalidade e determinismo, a interpretação de muitos mundos e outras semelhantes são capazes de resgatá-las, embora ao preço de introduzir muitas outras incógnitas na forma de múltiplos universos. Na verdade, a interpretação de muitos mundos está relacionada a uma importante opção interpretativa na pesquisa cosmológica moderna sobre as origens de nosso universo, em que universos adicionais são postulados como existentes lado a lado com o nosso, em um grande conjunto conhecido como "multiverso". Não escapou à atenção dos teólogos que tais ideias são tão especulativas e experimentalmente não testáveis quanto qualquer coisa na teologia, e não está claro como elas podem, além de tudo, contar como proposições científicas; em outras palavras, elas exigem uma grande quantidade de fé (p. ex., Ellis, 2008). Há mais em comum com a física moderna e a teologia do que muitas vezes imaginamos.

A ideia de multiverso também tem sido uma das principais respostas ao desafio proposto pelo chamado "princípio antrópico". À medida que o pensamento sobre a evolução do universo foi-se desenvolvendo, percebeu-se que, se constantes físicas fundamentais, como a velocidade da luz e a carga dos elétrons, fossem ligeiramente diferentes, então o tipo de universo em que existimos, com um planeta como o nosso — fértil e habitável —, poderia não ter existido. Em outras palavras, as constantes físicas existentes parecem ser as mais adequadas à nossa existência — "elegantemente afinadas". Para os teístas, esse "princípio antrópico" sugere a existência de um Criador que sintonizou

CRIAÇÃO DE ACORDO COM A CIÊNCIA MODERNA

as constantes físicas para que nosso tipo de planeta e nossa forma de vida correspondessem exatamente ao resultado pretendido. Aqueles que não estão dispostos a aceitar tal explicação devem encontrar outra que não envolva um Criador divino. A principal alternativa é dizer que existem muitos universos, com constantes físicas cujos valores são diferentes, e nós simplesmente nos encontramos naquele em que elas são adequadas à vida. Tem havido amplo debate sobre o princípio antrópico e a ideia de multiverso, e essas questões ainda estão em aberto, até porque chegam às raízes do que constitui a realidade, tanto física como teológica, e vão além daquilo que a racionalidade humana é capaz de perceber (Ward, 2008:120-3, 233-9).

Se agora estamos nos movendo para muito além do escopo do que é necessário à interpretação das narrativas bíblicas, isso pelo menos destaca o estado especulativo ao qual a pesquisa cosmológica moderna tem chegado. Essa é a mesma pesquisa cosmológica que tantas vezes é utilizada nas leituras modernas de Gênesis 1 e em outras passagens da Bíblia sobre a Criação, algumas vezes para refutar essas leituras, outras vezes para apoiá-las, mas raramente com um olhar voltado às questões metafísicas subjacentes mais profundas.

As leis da natureza

Um dos resultados do nascimento das ciências naturais no século 17 foi a forte noção de que o universo segue princípios matemáticos ou conceituais que podem ser descobertos pela pesquisa científica — "as leis da natureza". Quando articulada pela primeira vez, essa ideia foi sustentada pela noção mais profunda de um Deus Criador, que fez o mundo refletir a natureza divina; o mundo era, portanto, inteligível, confiável e consistente (Harrison, 2008). A ironia é que foi a própria firmeza dessas leis que, com o tempo, tornou Deus cada vez mais irrelevante para a ciência. Embora a ciência não se baseie mais em seus fundamentos teológicos originais para realizar seus afazeres diários, ainda assim a linguagem da lei divina permanece em grande parte de sua compreensão do mundo, com tudo o que isso implica. Para muitos cientistas, especialmente nas ciências biológicas, uma "lei" pode ser uma observação estatística das regularidades em relação à vida na terra, mas não necessariamente uma reivindicação de verdades profundas sobre o universo mais amplo (Lucas, [1989] 2005:38). Para muitos físicos, porém, falar de "lei" tem um significado mais profundo, algo mais semelhante a uma estrutura fixa e inalterável que governa o modo que o universo *deve* comportar-se, e não simplesmente uma aproximação heurística das regularidades do mundo (McGrath, [2002] 2006a:227-8). Nesses casos, falar sobre uma lei aponta para um princípio mais profundo, uma razão por trás da qual o mundo encontra-se regulado como está. Então, quando começamos a fazer perguntas como "Por que existem leis?", "Por que as leis são tão frequentemente matemáticas em sua forma?", "Por que as leis devem ser universais e não apresentar exceções?" ou "Por que essa lei em vez daquela?", descobrimos que chegamos aos limites da ciência, aos seus pressupostos mais básicos além dos quais não podemos ir, ou ao ponto no qual a teologia deve assumir seu lugar (Harrison, 2008:27-8). Aqueles que argumentam que, em si mesmas, as leis da natureza são uma explicação suficiente para tudo o que existe (p. ex., Hawking & Mlodinow, 2010:180) estão involuntariamente fazendo uma alegação teológica (e não científica) sobre o *status* dessas leis. Isso está particularmente claro na retórica adotada na física teórica quanto à busca por uma "teoria de tudo", cujo estudo de "supercordas" hipotéticas (também conhecidas como "teoria-M") tenta responder. Os detalhes são menos importantes para nossos propósitos do que as afirmações, pois existe o perigo de exaltar a lei a um *status* tão alto que ela efetivamente se torne mais "real", em um sentido ontológico, do que a realidade que tenta apresentar. Como Ward diz:

> Esta é a ironia última das ciências modernas, que começa por tentar explicar e compreender o abundante, particular e concreto mundo da forma como ele é experimentado pelos seres humanos, e termina por ver esse mundo fenomênico como uma ilusão [...] Essa falácia tem enganado filósofos de Platão a Leibniz e mais além, e ainda engana muitos físicos importantes (Ward, 1996a:28).

Ward está sugerindo a abordagem filosófica conhecida como platonismo. Nota-se, com frequência, que a matemática tem uma capacidade surpreendente de espelhar os padrões da natureza e apontar um caminho para modelar as regularidades da natureza, o que seria impossível em qualquer outro sentido. O sucesso da matemática sugere que há um núcleo profundamente racional no mundo, a ponto de muitas vezes nos perguntarmos se a matemática é menos uma invenção humana do que uma descoberta científica. Físicos como Roger Penrose e Paul Davies foram convencidos pela abordagem do platonismo, que sugere que a verdade matemática não é uma construção humana, mas um fato profundo, absoluto e eterno do mundo. Segundo essa concepção, a matemática forma uma espécie de realidade por si só, algum tipo de fato externo do

CRIAÇÃO DE ACORDO COM A CIÊNCIA MODERNA

mundo que, no entanto, não depende de objetos físicos para sua existência (McGrath, [2002] 2006a:212-4). Nesse caso, considera-se que os matemáticos *descobrem* os teoremas matemáticos, e não os *inventam*. Isso sugere que a matemática representa uma realidade organizacional subjacente ao mundo que é mais profunda do que aquela acessível à ciência. Por isso, não causa surpresa que essa compreensão da matemática seja atraente para os teístas, porque pode ser vista fluindo diretamente da ideia do Deus Criador, de maneira que reflete a mente divina. A uniformidade, a regularidade e a inteligibilidade da natureza, vistas mediante leis ou por meio da matemática, são características-chave da doutrina cristã da Criação (McGrath, [2002] 2006b:154).

Já sugerimos que os cientistas que trabalham com as ciências biológicas podem ter uma visão diferente do *status* das leis da natureza daqueles que trabalham com as ciências físicas. De modo geral, estes últimos são provavelmente mais propensos a ver as leis como reflexo de uma verdade profunda e objetiva sobre o universo, quer eles possam ou não interpretá-la relativamente a um Deus Criador. A física, de maneira particular, pode ser responsável por uma espécie de imperialismo cultural, pois, assumindo-se que a física é a ciência mais fundamental (na medida em que lida com a matéria em seu nível mais básico e com suas propriedades físicas mais fundamentais), então toda a ciência eventualmente termina em física. Em outras palavras, todas as leis da natureza, sejam elas relativas à matéria complexa ou simples, viva ou inanimada, reduzem-se, por fim, às leis da física.

Os matemáticos às vezes dão um passo adiante, argumentando que, em última análise, a física se reduz à matemática. Por outro lado, os biólogos argumentam que esse reducionismo simplesmente não é útil: a física pode descrever a matéria em seu nível mais básico, mas isso não significa que temos de reduzir todas as entidades de ordem superior aos seus componentes mais básicos antes que possamos entendê-las. Por exemplo, um dia talvez sejamos capazes de relatar as propriedades de cada partícula subatômica fundamental em um pássaro, como uma andorinha, mas isso não significa que seremos capazes de *entender* mais facilmente seus padrões de migração ou hábitos alimentares. Nas ciências de ordem superior, quando fenômenos complexos estão em vista, muitas vezes é simplesmente irrelevante apontar que toda a natureza se reduz às leis da física.

Isso conduz a uma distinção crucial, que se torna especialmente importante quando comparamos uma ciência como a biologia evolutiva (que enfatiza a importância dos detalhes acidentais e contingentes) a uma ciência como a física (que, ao contrário, tende a buscar comportamentos regulares e semelhantes àqueles das leis da natureza). Sem muita exatidão, a primeira está preocupada com o acaso; a segunda, com a lei. Não é que essas abordagens se contradigam; elas são complementares. A biologia evolutiva pode, inclusive, em última instância, reduzir-se às leis da física, mas são as ocorrências fortuitas que proporcionam interesse em tentar compreender os caminhos escolhidos no desenvolvimento da vida. Como explica o biólogo evolucionista Stephen Jay Gould, "a lei da gravidade nos diz como uma maçã cai, mas não por que a maçã caiu naquele momento e por que Newton estava sentado lá, em um momento tão oportuno, a ponto de ser inspirado" (Gould, [1990] 2000:278).

É uma questão de enfoque. A vida biológica é tão importante para as leis da física quanto a colisão de galáxias (em uma extremidade da escala física de tamanho) ou a colisão de partículas subatômicas (na outra extremidade), ambas de interesse perene para os físicos. Agora, o físico tenderia a ver além da miríade de acontecimentos aleatórios envolvidos em ambos os tipos de colisões, tanto de galáxias como de partículas subatômicas, e tentaria extrair comportamento semelhante às leis da natureza, pensando com base em médias estatísticas em relação a muitos desses acontecimentos. Mas exatamente os acontecimentos fortuitos individuais é que são importantes para o biólogo, porque são eles que nos contam a história da vida e como ela se adapta ao seu ambiente. Talvez o exemplo mais conhecido seja a dramática extinção dos dinossauros, no final do período cretáceo, há cerca de 65 milhões de anos. Acredita-se que a colisão de um enorme meteorito com a Terra levou a uma mudança acentuada no clima, à qual os dinossauros não foram capazes de se adaptar. Por consequência, hoje são os mamíferos que dominam o planeta, e não os répteis. A colisão do meteorito pode ser explicada inteiramente dentro das leis da física, mas foi um evento fortuito que afetou por completo o caminho da vida na Terra. É evidente que a evolução da vida no planeta deve seguir as leis físicas em sentido bem amplo, da mesma forma que os meteoros seguem as leis físicas, e pode ser que precisemos olhar em uma escala ainda maior do que os últimos 65 milhões de anos, e do que o nosso planeta, para ver além dos eventos fortuitos e construir um painel das regularidades semelhantes às leis da natureza. Para o biólogo, porém, os detalhes das contingências são pelo menos tão importantes quanto as regularidades. O mesmo pode ser dito ainda mais enfaticamente de assuntos como a história — os eventos contingentes e inesperados constituem alguns dos maiores interesses, não tanto a busca de princípios gerais e inabaláveis.

CRIAÇÃO DE ACORDO COM A CIÊNCIA MODERNA

41

Teremos a chance de analisar novamente a interação entre o acaso e a lei, pois esse é um tema importante que perpassa grande parte do diálogo entre a ciência e a teologia. Essa interação não é mais evidente do que nos dois modelos científicos de desenvolvimento e evolução que passaram a dominar todas as interações entre a ciência e a teologia: o modelo do *Big Bang* e a evolução biológica. Vamos mencioná-los brevemente, prestando especial atenção às questões que são relevantes para a interpretação da Bíblia; apresentações mais abrangentes que destacam questões de interesse geral para o campo da ciência-teologia podem ser encontradas em Polkinghorne (1994, 1998), Dobson (2005) e Hodgson (2005).

DESCRIÇÕES CIENTÍFICAS MODERNAS DOS PRIMÓRDIOS

O modelo do Big Bang

Uma das descobertas mais conhecidas — e mais surpreendentes — da astronomia observacional do século passado é que o universo parece estar se expandindo. Na verdade, parece fazê-lo em uma velocidade fenomenal: as galáxias mais distantes estão se afastando de nós a velocidades superiores a 100.000 km/s, um terço da velocidade da luz (Dobson, 2005:300). A consequência dessa descoberta para nossa compreensão da história inicial do cosmo tem sido igualmente assustadora. Assumindo que essa expansão vem ocorrendo ao longo da história do universo, a melhor explicação é que começou aproximadamente quatorze bilhões de anos antes dos dias atuais, com toda a matéria, energia e até mesmo o próprio espaço se expandindo de um único ponto. Esse ponto, a "singularidade inicial", é um conceito matemático oriundo da teoria geral da relatividade de Einstein. Descreve um aglomerado infinitamente denso e infinitesimalmente minúsculo de matéria ou energia em um estado extremamente instável. De acordo com esse modelo, o universo teria, portanto, começado como uma explosão tremendamente poderosa a partir desse ponto inicial, um *"Big Bang"*, em que a energia e as partículas mais fundamentais foram lançadas para fora, arrefecendo lentamente e condensando-se em partículas subatômicas mais complexas e em núcleos atômicos básicos. À medida que o universo — e, com ele, o espaço — se expandia, a força da gravidade teria começado a se fazer sentir: a matéria teria começado a se agrupar, e estrelas e galáxias teriam sido formadas, o que, por sua vez, começou a gerar átomos de complexidade crescente e, finalmente, planetas.

Esse retrato geral é compreendido, em grande parte, pelos cosmólogos, e constatado por uma série de observações experimentais, principalmente a descoberta feita por Penzias e Wilson, em 1964, da "radiação cósmica de fundo em micro-ondas" — a descoberta de que todo o espaço é preenchido por radiação eletromagnética de energia relativamente baixa, desde os estágios iniciais do *Big Bang*, quando os primeiros e mais simples átomos vieram a ser formados. O estudo mais aprofundado dessa radiação de fundo tem sido uma espécie de *tour de force*[1] experimental das últimas décadas, especialmente a medição de pequenas irregularidades na distribuição do fundo no céu. Essas irregularidades foram interpretadas como uma confirmação retumbante do modelo do *Big Bang*, um retrato das flutuações que o universo primevo estava sofrendo logo após o *Big Bang*; com o tempo, essas flutuações se tornaram as galáxias que conhecemos hoje.

O modelo do *Big Bang* parece uma parte tão fixa do cenário científico hoje que é surpreendente saber que foi altamente controverso em suas primeiras décadas. Inicialmente sugerido, na década de 1920, pelo padre e físico Georges Lemaître (1894-1966), muitos cosmólogos estavam céticos em relação a esse modelo porque era considerado demasiadamente "religioso", muito semelhante às ideias judaico-cristãs sobre a Criação, em que o tempo tem um começo absoluto (veja "Gênesis 1 e ciência moderna", no cap. 2). A evidência experimental a seu favor fez toda a diferença, e o modelo do *Big Bang* é tão bem-sucedido que encontramos hoje a irônica inversão pela qual alguns cientistas (p. ex., Stephen Hawking, Lawrence Krauss) usam tal modelo como evidência *contra* as ideias religiosas a respeito da Criação: o *Big Bang* é visto como a explicação das origens do mundo, bem como o modelo que mina as afirmações religiosas.

Apesar de sua ampla aceitação atual, é importante lembrar que boa parte dos detalhes do modelo do *Big Bang* é bastante escassa, especialmente em relação aos primeiros momentos cruciais do universo. Na verdade, na singularidade inicial, as leis da física da forma como as conhecemos se desfazem. Por outro lado, os desdobramentos de um ramo de pesquisa conhecido como "cosmologia quântica" sugerem que nunca houve uma verdadeira singularidade no sentido de um universo infinitamente pequeno e infinitamente denso. O estado inicial pode ter sido minuciosamente pequeno e extremamente

---

[1] *Tour de force* é uma locução francesa que significa "amostra de força". O termo expressa um grande esforço para alcançar um fim (https://dicionario.priberam.org/tour%20de%20force). (N. E.)

CRIAÇÃO DE ACORDO COM A CIÊNCIA MODERNA

denso e quente, mas, em caso de temperaturas que excedem a chamada temperatura de Planck (10^{32} K), a física da relatividade geral (que fornece essa descrição) não é mais estritamente aplicável, uma vez que os efeitos quânticos assumem o controle (Stoeger, 2010:175-6).

Os detalhes do estado quântico inicial são altamente misteriosos. Não apenas a física da "era Planck" está além das capacidades experimentais atuais, como também não se sabe como desenvolver um tratamento quântico do espaço-tempo e da gravidade segundo uma teoria bem fundamentada do universo primevo. Deposita-se grande dose de esperança na existência hipotética de supercordas como um caminho a ser seguido ("teoria-M"), embora não esteja claro como ou se podem ser experimentalmente verificadas.

Uma medida do intrigante pensamento em jogo na física da era Planck é fornecida por um de seus modelos mais conhecidos, a "proposta sem limite de Hartle-Hawking". De acordo com esse modelo, o tempo na era Planck se comporta como uma dimensão espacial. Isso significa que o universo não tem nenhuma fronteira inicial no tempo ou no espaço — nenhum ponto de "criação" — e torna-se tão sem sentido falar do tempo tendo um começo estrito quanto dizer que o Polo Sul é o início espacial da terra (Stoeger, 2010:178; Hawking & Mlodinow, 2010:134-5). Embora, notoriamente, se tenha argumentado que tais explicações dispensam a necessidade de um Criador (p. ex., Hawking, 1988:136), elas são incapazes de explicar a origem última da física quântica, na qual se baseiam. Isso significa que pelo menos uma contingência básica permanece sem explicação, e a ideia teológica de *creatio ex nihilo* (cap. 5) é deixada, em grande parte, intacta como uma explicação ainda mais fundamental para o porquê de haver algo em vez de nada.

Infelizmente, a história primeva do universo só pode ser o tema de especulações mal fundamentadas, e muitas questões permanecem sem resposta. É possível que, uma vez que os físicos tenham aprendido completamente como integrar todas as quatro forças da natureza em uma única teoria consolidada, e tenham feito avanços significativos nas técnicas experimentais, a situação se torne cada vez mais clara. Por outro lado, é possível que surjam outras possibilidades intrigantes. No momento, porém, o modelo do *Big Bang* é o consenso entre os cosmólogos para entender a evolução física do universo.

Darwin e a evolução biológica

O modelo de evolução mediante seleção natural de Darwin é indiscutivelmente ainda mais inovador do que o modelo do *Big Bang*. A realização de

Darwin tem estado na vanguarda da consciência popular por consideravelmente mais tempo, e tem sido mais combatida de forma duradoura nos confrontos vociferantes entre ciência e religião. A ideia de Darwin é bem conhecida: a vida se desenvolveu (evoluiu) ao longo de milhões de anos, desde as formas unicelulares mais simples, passando por plantas simples e animais de corpo mole que vivem no mar, e pelas primeiras plantas terrestres e insetos, peixes ósseos, anfíbios, animais terrestres, os grandes dinossauros, até os modernos pássaros, peixes e mamíferos do mundo contemporâneo. O aumento da complexidade e da diversidade são características importantes desse modelo.

Em retrospecto, é possível argumentar que, até certo ponto, o quadro evolutivo era inevitável. Uma vez que a ciência começou a tomar o lugar da religião na explicação do mundo, tornou-se muito difícil sustentar a visão segundo a qual as espécies surgiram de forma milagrosa, já completamente formadas, de modo que uma perspectiva desenvolvimentista era mais ou menos a única opção (Farrer, [1966] 2009:42-3). A nova ciência da geologia já havia começado a desenvolver essas ideias, desde a obra de Hutton, no século 18, até o monumental *Princípios de geologia*, de Lyell, no século 19. Eles são, em grande parte, os responsáveis pelo princípio conhecido como uniformitarismo, a ideia de que a terra foi moldada ao longo de sua história pelos mesmos processos geológicos lentos e graduais que vemos em curso hoje. Nesse contexto, não é surpreendente que visões gradualmente evolutivas, como as de Darwin, também se tenham desenvolvido na biologia.

Darwin começou seu trabalho principal, *On the origin of species by means of natural selection* [A origem das espécies por meio da seleção natural] (1859), observando a grande variedade de animais domesticados e como haviam sido gerados de maneira que apresentassem certas características-chave — "variação sob domesticação", como Darwin a chamou. Ele, então, passou a analisar o mundo natural mais amplo e relatou uma situação comparável — "variação na natureza". Isso o levou a apresentar seus principais argumentos sobre a "luta pela existência" e a "seleção natural". Na medida em que as espécies lutam para sobreviver em ambientes diversos e muitas vezes hostis, e também em competição entre si, vencem e sobrevivem aquelas que têm vantagem biológica sobre seus adversários, aquelas que são mais bem-adaptadas ao contexto específico no qual são efetivamente selecionadas para continuar. A grande variedade de contextos no mundo é a razão da grande variedade de espécies vistas hoje e no registro geológico.

CRIAÇÃO DE ACORDO COM A CIÊNCIA MODERNA

Muitas vezes salienta-se que a ideia de Darwin é uma interação entre o *acaso* e a *necessidade* (p. ex., Dobson, 2005:342). O *acaso* dá origem a um alto nível de variação entre as espécies, mas apenas algumas são dotadas das qualidades *necessárias* à sobrevivência. É por isso que, de todas as espécies que já existiram na terra, cerca de 99,9% estão extintas. A capacidade de sobreviver em um ambiente de intensa competição é, portanto, uma necessidade crítica que dá origem à ideia de seleção natural. Desse ponto de vista, a seleção natural tem algo da qualidade de uma lei da natureza, e a interação entre o acaso e a necessidade na evolução pode ser vista como relacionada à nossa abordagem anterior sobre o acaso e as leis da natureza. Existe uma lei geral que rege o quadro geral da evolução da vida, mas os relacionamentos individuais e seus resultados parecem ser governados pelo acaso.

A interação entre o acaso e a necessidade, que permite que a evolução forneça continuamente soluções férteis para os problemas da existência em ambientes em transformação, é mantida sob um equilíbrio muito delicado — "à beira do caos" (Polkinghorne, 2011:59). Se o equilíbrio fosse deslocado em favor do acaso, e não da necessidade, então haveria muitas soluções aleatórias possibilitando que importantes novidades estáveis surgissem, mas, se o equilíbrio mudasse na direção oposta, então as regularidades dominantes sufocariam a criatividade necessária para sobreviver a novos desafios (Peacocke, 2001:26).

O modelo do *Big Bang* do cosmo também é uma ideia evolutiva, uma vez que apresenta o crescimento e a fruição do universo. E também incorpora a interação entre o acaso e as leis da natureza. Mas esses dois modelos — o *Big Bang* e a evolução biológica — têm sido usados em direções teológicas opostas entre si. O primeiro modelo é com frequência comparado à narrativa bíblica da criação em Gênesis 1, e seu sucesso do ponto de vista da física fundamental significa que ele é visto como imbuindo o universo de uma beleza e de uma inteligibilidade inerentes. Isso tem sido tomado por alguns como apoio à ideia de design (ou seja, um Criador divino), especialmente quando combinado com o princípio antrópico. Por outro lado, a evolução biológica tem sido usada com frequência para *desacreditar* a imagem cristã da criação, especialmente como descrita em Gênesis 2 e 3 na história de Adão e Eva no jardim, os quais desobedecem a Deus e introduzem o pecado no mundo. Essa história bíblica em particular pode ser elaborada de forma que coincida com a ideia científica da evolução, mas apenas mediante a introdução de algumas interpretações imaginativas (cap. 6).

A biologia desempenhou, mais do que qualquer outro ramo do pensamento, papel relevante para rebaixar a humanidade e nos lembrar que o antropocentrismo da era pré-moderna era enganoso e tinha sido alimentado, em certa medida, pelas visões cristãs tradicionais da criação e da encarnação, as quais pareciam colocar a humanidade no auge universal da existência. Em vez disso, a evolução introduz uma mudança no pensamento não muito diferente da revolução copernicana — a ideia de que a terra não está no centro do universo, nem os seres humanos. O retrato de luta e competição que o darwinismo pinta é substancialmente mais difícil de igualar aos alegados propósitos de um Deus amoroso. O acaso, a violência, o sofrimento e a morte vêm a ser colocados diretamente no coração da existência, assim como o princípio da sobrevivência dos mais aptos, em vez da providência, da paz e da benevolência divinas. Essa descoberta teve forte impacto na teologia cristã, embora reconhecidamente talvez não mais do que a necessidade de explicar os ultrajes puramente *humanos* no século 20, como o Holocausto, que representam desafio semelhante às visões tradicionais dos propósitos amorosos de Deus. E o novo ateísmo das últimas décadas faz uso explícito de argumentos evolucionários para desafiar a crença religiosa tradicional.

Tudo isso significa que a evolução biológica ainda é, mais de 150 anos desde a publicação da *Origem das espécies*, de Darwin, uma questão altamente controvertida em certos círculos cristãos, mais ainda do que o *Big Bang*. Isso se deve, em grande parte, à resistência de várias formas de criacionismo à evolução biológica. Ainda assim, a resistência se deve menos às credenciais científicas da evolução do que à visão de que ela compromete a integridade da Bíblia como a palavra divinamente inspirada de Deus. Houve grande desenvolvimento nas ciências biológicas desde a época de Darwin, ressaltando fortemente a exatidão básica da corrente principal de sua visão evolucionária. O modelo específico de *seleção natural* proposto por Darwin ainda é objeto de intenso debate, e a importância de forças adicionais (ou alternativas) que impulsionam a evolução tem sido proposta, notadamente a auto-organização (Kauffmann) e o acaso puramente contingente (Gould). Mas a maioria dos cientistas adere a uma nova síntese de ideias evolutivas baseadas no darwinismo (muitas vezes referido como "neo-darwinismo"), que tem cimentado muitas das ideias de Darwin enquanto expande e adapta outras. A moderna ciência da genética tem sido especialmente importante, uma vez que é capaz de explicar as variações entre as espécies, mediante mutações nos genes. Darwin não poderia ter antecipado,

CRIAÇÃO DE ACORDO COM A CIÊNCIA MODERNA

nem tinha qualquer ideia da existência do DNA, muito menos da enorme revolução que a descoberta de sua estrutura de dupla hélice trouxe para nossa compreensão dos processos bioquímicos que estão na base tanto do acaso como da necessidade da evolução, ao lado das possíveis origens da própria vida.

As ciências biológicas modernas reuniram um impressionante edifício de evidências para apoiar a ideia geral de Darwin de que a vida na terra evoluiu de formas de vida simples para formas mais complexas, e em grande parte por meio dos princípios gêmeos do acaso e da necessidade. Não há razão para acreditar que o processo tenha chegado ao seu ponto culminante conosco, seres humanos. Não somos, portanto, aparentemente o produto de uma criação única nos primórdios do mundo, mas, sim, o elo de uma longa cadeia de vida; um elo que só apareceu muito recentemente na história da vida, e é o resultado de miríades de outros desenvolvimentos evolutivos diante de nós. O modelo do *Big Bang* também apresenta desafios para a teologia, mas os desafios do retrato biológico são mais imediatos.

ACASO E LEI, CONTINGÊNCIA E EMERGÊNCIA

A essa altura, vale destacar a ideia de *contingência*, pois ela não só nos ajuda a analisar as questões envolvidas no acaso e nas leis da natureza, como também é um conceito geral importante nas perspectivas filosóficas e teológicas sobre a criação. Definido de maneira simples, um acontecimento é contingente se for uma possibilidade, e não uma certeza ou uma necessidade; se não for necessário que ocorra de determinada maneira. Existe uma forma teológica básica de contingência que surge da doutrina cristã da criação, uma vez que insiste que o mundo é dependente de Deus para sua própria existência, desde o primeiro momento da criação até os dias de hoje. O mundo é totalmente dependente de Deus; mas Deus, que não é contingente, não depende de nada. Somente Deus é o ponto fixo e certo.

Existem outras formas científicas de dizer que o mundo é contingente, e uma delas surge dos modelos evolutivos que acabamos de ver. Se for verdade dizer que o mundo existe em um estado de contínuo "vir a ser" (que é a essência da palavra "evolução"), então a forma exata do mundo pode ser dita como indeterminada e contingente a cada passo. Já destacamos a interação do acaso e da necessidade (lei), e apontamos a importância do acaso na evolução biológica. Ela apresenta, de forma clara, uma visão altamente contingente da vida na terra. Mas e o que dizer do modelo do *Big Bang*? Até que ponto o acaso e esse tipo de contingência são importantes em escala universal?

Pensemos nisso com cuidado. Diz-se com frequência que o modelo do *Big Bang* é evolucionário, mas, se ele descreve a evolução do universo em matéria de leis e princípios precisamente definidos em cada estágio, então dificilmente pode-se dizer que o universo evolui de forma contingente; em vez disso, apenas se desenvolve de acordo com um plano fixo predeterminado. Se esse for o caso, então o conhecimento do estado primevo do universo especificaria cada estágio seguinte, uma vez que as leis são totalmente conhecidas. Essa é a visão do universo que dominou a física clássica após o desenvolvimento da mecânica newtoniana, e foi em grande parte a razão pela qual o deísmo se tornou uma importante forma de crença em Deus, logo após a época de Newton: uma vez que Deus criou o mundo, viu-se que não havia necessidade de envolvimento divino em seu desenvolvimento e em sua história posteriores. Esse tipo de universo é conhecido como *determinista*: todo processo e acontecimento físico são determinados pelo que veio antes deles.

Essa visão "mecânica" do universo é agora amplamente questionada, embora a física newtoniana ainda continue a ser extremamente valiosa e as tendências deístas permaneçam nas crenças cristãs modernas. Mas, como vimos, uma revolução surpreendente ocorreu em muitas áreas da ciência ao longo do século passado, o que provou, vez após vez, as deficiências do determinismo; o desenvolvimento da relatividade, da mecânica quântica e da teoria do caos são três exemplos fundamentais na física do século 20 que desempenharam papel relevante no desaparecimento de maneiras deterministas de olhar para o mundo. Em consequência dessa revolução, as ciências naturais estão muito mais vivas do que as novas e recentes possibilidades da natureza, que muitas vezes desafiam uma previsão precisa.

Muitos cientistas suspeitam que, mesmo que entendêssemos completamente as leis mais básicas da física que têm vigorado desde o *Big Bang*, essas leis provavelmente não nos permitiriam prever com precisão como o mundo evoluirá, exceto nos termos mais gerais — e essa é a questão fundamental. Se entendêssemos completamente as leis da física, talvez fôssemos capazes de mostrar a evolução do universo em escalas muito amplas, uma vez que os efeitos estatísticos provavelmente seriam ponderados, mas, quando nos concentrássemos em escalas cada vez menores, em estrelas e planetas individuais, descobriríamos que os papéis do acaso e das indeterminações sutis se tornam cada vez mais importantes. Há também a questão mais básica de

CRIAÇÃO DE ACORDO COM A CIÊNCIA MODERNA

algum dia sermos capazes de entender completamente as leis da física. À luz disso, o famoso teorema de Gödel tem sido usado para sustentar que nenhum sistema matemático completo (como as hipotéticas leis completas da física) jamais poderia conter sua própria prova de consistência. Isso significa que sempre haverá proposições dentro do sistema que não podem ser provadas nem refutadas, mas devem ser tomadas como garantidas. Se essa maneira de pensar estiver correta (o que é discutível), então uma "teoria de tudo" seria uma contradição de termos, pois nunca seria capaz de explicar exatamente porque o mundo é como é (Hodgson, 2005:186). De qualquer forma, Barbour (1997:212) está pelo menos parcialmente correto ao dizer que "o cosmo é uma sequência única e irreversível de acontecimentos. Nossa descrição do universo deve assumir uma forma histórica, não subsistindo apenas com base em leis".

O jogo de xadrez oferece uma excelente analogia aqui: as regras podem ser enunciadas apenas em um punhado de princípios, mas entende-se que são possíveis mais jogos de xadrez do que o número de átomos no universo (Sharpe & Walgate, 2003:422). O conhecimento das regras nos fornece a estrutura para cada jogo, mas não nos ensina como nos tornarmos um grande mestre, nem nos diz como cada jogo se desenrolará, exceto em termos genéricos. Certos padrões de jogo são mais prováveis ou mais favoráveis do que outros, e um jogador habilidoso será capaz de recriá-los ou utilizá-los, mas isso se move para um nível de experiência que transcende o conhecimento das regras básicas. E não é de forma alguma claro qual será o resultado quando o jogo for travado por dois jogadores de mesmo nível. Em suma, no jogo de xadrez vemos emergir uma realidade não determinista (ou seja, não preditiva) que é muito mais complexa do que suas regras poderiam indicar. Sem dúvida, o mesmo é verdadeiro no caso da evolução do universo, e por isso não está claro se, mesmo que uma "teoria de tudo" se revele viável, seja capaz de prever e explicar a forma do mundo de forma satisfatória. Redução não é o mesmo que explicação.

Além disso, é improvável que uma "teoria de tudo" tenha muito a oferecer às ciências da vida. A existência biológica surge de propriedades complexas da natureza que não são facilmente reduzidas aos princípios mais básicos da física e da química. O conhecimento da matéria em seu nível mais básico (como as partículas subatômicas) não leva necessariamente à compreensão plena de níveis mais elevados da realidade (como os organismos vivos). Isso nos conduz a um princípio científico final que se tornou imensamente importante na pesquisa científica moderna, a saber, a ideia de "emergência", que se tornou uma espécie de área crescente na pesquisa científica, conectando muitas áreas de pensamento anteriormente díspares em padrões coerentes. A emergência funciona exatamente na direção oposta ao reducionismo; enfatiza o aparecimento de propriedades complexas que não são facilmente previstas por leis e princípios simples.

As propriedades emergentes da natureza envolvem, em geral, muitas entidades agindo cooperativamente, de tal forma que o resultado não é obviamente explicado pelas propriedades dessas entidades individuais, mesmo que se comportem individualmente, de acordo com leis bem compreendidas. Uma estrutura de nível superior torna-se clara, o que não é evidente simplesmente pelo conhecimento da ciência de nível inferior; há um sentido segundo o qual o resultado é "maior do que a soma das partes". Em outras palavras, as entidades individuais podem ser razoavelmente bem compreendidas até certo ponto, e até mesmo a natureza das relações e interações locais entre elas, mas seu comportamento, quando combinado, pode ser surpreendentemente novo, de modo que coisas fundamental e irredutivelmente novas ocorram. Existem muitos exemplos de emergência tanto no mundo natural como no humano. Os anéis de Saturno, as formas das nuvens no céu, as estruturas na paisagem terrestre e o comportamento cooperativo de peixes ou pássaros quando reunidos em cardumes ou bandos são todos exemplos de estruturas que não podem ser facilmente explicadas por (ou reduzidas a) seus componentes individuais.

O simples fato da vida biológica oferece um dos melhores exemplos de emergência. A vida emergiu da matéria inanimada, mas formas de vida unicelulares relativamente simples já são tão imensamente complexas que não podem ser explicadas de forma ordenada pelas leis da física e da química, o que, de outro modo, poderia denotar bem muitas propriedades e características da matéria inanimada. Porém, apesar de sua complexidade, essas formas de vida operam como entidades únicas e organizadas e, portanto, são passíveis de uma abordagem científica, embora operem em um nível "mais elevado" do que grande parte da física e da química: a biologia. Essa emergência dos níveis inferiores de explicação para os superiores também pode ser vista em um único objeto biológico: o corpo humano. As células individuais no corpo humano podem ser descritas, categorizadas e compreendidas em termos biológicos, mas isso não significa que o comportamento de todos os seres humanos será necessariamente entendido da mesma maneira, até porque a psicologia e outras disciplinas de ordem superior entram em cena. O corpo humano é um bom exemplo de comportamento emergente que

CRIAÇÃO DE ACORDO COM A CIÊNCIA MODERNA

opera de maneiras que transcendem as de suas células individuais. E, quando nos voltamos para o mundo humano, encontramos muitos outros exemplos, como, por exemplo, o campo da economia: a compreensão dos princípios monetários fundamentais não permite uma previsão precisa dos mercados de ações globais (em especial durante a quebra das bolsas), pois eles representam o tipo de comportamento cooperativo de alto nível que não está facilmente relacionado a princípios de nível inferior. Todos esses são exemplos de como estruturas e formas de organização radicalmente novas e coerentes podem aparecer no mundo de maneiras que transcendem as leis básicas; esses são sinais de que o mundo está envolvido em um processo contínuo de "vir a ser". O mundo é verdadeiramente evolucionário.

Não apenas a biologia evolutiva, portanto, mas também muitas outras ciências, apontam para propriedades emergentes e para o fato de que existe um nível básico de contingência científica para o mundo, apesar da contingência teológica ainda mais básica que lhe é subjacente. A implicação é que o mundo não precisava ter-se transformado no que é. Outros padrões poderiam ter ocorrido dentro dos parâmetros dos modelos científicos e dentro das constantes físicas do universo e das leis da natureza; e, até certo ponto, esses padrões poderiam ter resultado em diferentes tipos de mundos.

Mas quão diferentes eles seriam? Há um argumento sutil em curso atualmente, em especial na biologia evolutiva, a respeito do equilíbrio entre o acaso e as leis da natureza, a contingência e a inevitabilidade. Também há uma dimensão religiosa no debate, e aqueles que defendem o princípio antrópico como uma versão contemporânea do argumento do design tendem a colocar o equilíbrio em favor da lei em detrimento do acaso, de modo que a vida inteligente sempre foi inevitável, "projetada" pelo propósito divino (*telos*, em grego).

Desconsiderando a dimensão religiosa momentaneamente, o argumento relativo ao equilíbrio do acaso em relação às leis da natureza na biologia evolutiva é ilustrado por uma discordância bem conhecida entre dois paleontólogos evolucionários: Stephen Jay Gould e Simon Conway Morris. Ambos os cientistas estudaram e escreveram extensivamente sobre os xistos de Burgess, um depósito de rocha encontrado nas montanhas rochosas canadenses, rico em fósseis muito incomuns e que mostram formas peculiares de desenvolvimento. Esses fósseis demonstram que, no início do Período Cambriano (570 milhões de anos atrás), a natureza estava passando por uma explosão sem precedentes de formas de vida experimentais, muitas das quais nunca mais apareceram em um estágio posterior. Ao interpretar essas observações, tanto Gould como Conway Morris tiveram acesso aos mesmos dados experimentais, mas chegaram a conclusões radicalmente distintas. Por um lado, Gould concluiu que o processo evolutivo é inteiramente aleatório. A natureza dotou os fósseis de Burgess com muitas características diferentes, quase como uma loteria, e era apenas em razão do acaso do meio ambiente que eles sobreviveram ou não. Muitos deles foram experimentos fracassados. E, segundo Gould, isso é verdade até certo ponto em todas as etapas seguintes do processo evolutivo, sendo algo "totalmente imprevisível e impossível de repetir". Como disse Gould de modo célebre ([1990] 2000:14), "se você rebobinar o vídeo da vida até os primeiros dias dos xistos de Burgess, e der o *play* novamente em um ponto de partida idêntico, as chances de que algo como a inteligência humana honre a repetição se tornam infinitamente pequenas".

Conway Morris, por outro lado, chega à conclusão oposta: "Repita o vídeo da vida quantas vezes quiser, e o resultado final será o mesmo" (Conway Morris, 2003:282). Para Conway Morris, a evolução pode ser conduzida pelo acaso, mas é obrigada a seguir um caminho claro. Esse é o princípio da "convergência evolutiva", que diz que há apenas algumas soluções para os problemas da vida que funcionam bem, e as experiências evolutivas da vida irão se chocar com elas repetidas vezes. Na verdade, essas soluções podem ser obtidas de forma independente, a partir de diferentes direções, e é por isso que, como aponta Conway Morris, a título de exemplo, o globo ocular evoluiu de forma independente diversas vezes em animais bastante diferentes, não apenas em vertebrados como os seres humanos, mas também em vários tipos de lulas, caramujos, medusas e até mesmo aranhas. Não é por acaso que esse tipo de olho é preferido por animais com mobilidade ativa e predadores, argumenta Conway Morris (ibidem:157): essa é a solução convergente para a visão em face de determinado estilo de vida. Existem muitas dessas convergências, e Conway Morris está suficientemente confiante na herança evolutiva de certas características, incluindo a inteligência, a ponto de acreditar que nós, seres humanos, somos quase inevitáveis, diante do resultado do processo evolutivo que encontramos na terra (ibidem:xv-xvi).

Assim, descobrimos que Gould enfatiza o papel do acaso, enquanto Conway Morris destaca a necessidade. Eles apresentam seus pontos de vista independentemente de quaisquer argumentos teológicos, e tentam raciocinar inteiramente a partir das evidências científicas (embora Conway Morris não se mostre avesso a tirar conclusões teístas de seu trabalho). Mas, ao avaliar

CRIAÇÃO DE ACORDO COM A CIÊNCIA MODERNA

suas abordagens, inevitavelmente descobrimos que ideias filosóficas de alto nível entram em jogo. Não é diferente da questão de saber se o universo é, em última análise, determinista ou não, ressaltando-se que, até mesmo falar de "determinismo" (ou seu oposto, o "indeterminismo"), é fazer uma afirmação filosófica ou mesmo teológica que se encontra além do escopo da ciência (McGrath, [2003] 2006c:269).

Existem, por exemplo, questões extremamente difíceis que surgem em torno do conceito de "acaso". Temos considerado o acaso como se fosse um conceito bem compreendido e claro na ciência. Mas esse não é o caso, uma vez que a ideia de acaso se fundamenta tanto em questões filosóficas como em questões científicas. Quando falamos de "acaso" na evolução biológica, será que nos referimos ao puro acaso, como no proverbial lançamento de dados, ou se trata apenas de um termo conveniente para designar a consequência de muitos fatores complexos que não podemos identificar de forma precisa, tais como mudanças no clima, nos alimentos ou no ambiente (Fergusson, 1998:57; Lucas, [1989] 2005:113-4)? Costuma-se dizer que o puro acaso opera na mecânica quântica, e que isso pode, de alguma forma, chegar ao nível da seleção natural. Mas mesmo isso está repleto de inúmeras camadas de dificuldade. Fundamentalmente, não temos nem mesmo certeza se a mecânica quântica envolve puro acaso, ou se "acaso", nesse contexto, é em grande parte um nome conveniente para os efeitos determinísticos que atualmente não entendemos (Hodgson, 2005:145-71). A interpretação de Copenhague contra a interpretação de muitos mundos da mecânica quântica mostra que existem respostas filosóficas/teológicas completamente diferentes a essa questão, enquanto as observações científicas básicas permanecem as mesmas. É muito fácil classificar algo que não entendemos atualmente como "acaso" (Watts, 2008:3).

As questões se multiplicam rapidamente, e não temos a intenção de turvar as águas ainda mais, mas tão somente demonstrar que não podemos ir tão longe, em uma forma científica de pensar, em questões como o acaso e as leis da física sem que considerações filosóficas e teológicas entrem em cena.

O "acaso" se tornou um pesadelo nos círculos teológicos (Wilkins, 2012). Para muitos cristãos, a ideia de que o mundo evoluiu aleatoriamente enfraquece alguns dos argumentos teológicos mais contundentes em favor do design, ou seja, aqueles que se baseiam na regularidade e na harmonia do mundo para promover um Deus de lei e ordem. Para alguns, qualquer sugestão de que o desenvolvimento da vida humana não era inevitável causa problemas teológicos de suma importância. Assim, não é raro descobrir que muitos cristãos, até mesmo teólogos acadêmicos, rejeitam visões acerca da evolução como as de Gould, as quais entendem o papel do acaso como o mais importante. Eles rejeitam tais pontos de vista apenas porque o acaso é visto como algo que mina o argumento do design, tão significativa é a crença teleológica de que existe um propósito último no mundo. O cristianismo é habitualmente tão antropocêntrico que qualquer ideologia que nega um propósito final para o mundo humano (especialmente um propósito ordenado por Deus) é, quase certamente, impopular entre os cristãos. Lamoureux (2008:xiv, 377), por exemplo, é tão oposto ao que ele chama de "evolução desteológica" (ou seja, evolução que não tem qualquer tipo de fim ou propósito à vista, sendo governada inteiramente pelo acaso) que a equipara ao ateísmo e argumenta que é "anticristã", antidemocrática e uma "doutrinação insidiosa".

Embora o acaso pareça ser considerado, em muitos círculos teológicos, amplamente hostil à mensagem do cristianismo sobre um Deus amoroso e que guia o mundo, esse não precisa ser o caso. No capítulo 8, passaremos algum tempo pensando na escatologia bíblica e na teleologia, especialmente na ideia de uma nova criação. Será argumentado que é improvável que esse material bíblico alguma vez tenha sido lido de uma forma inteiramente literal, como se tivesse implicações potenciais para nossa visão *científica* do mundo. Antes, provavelmente pretendia ser um pouco mais sugestivo, simbólico e aberto do que muitas vezes presumimos, com implicações morais e espirituais mais urgentes do que científicas. De qualquer forma, é possível ver o conceito científico de acaso sob uma luz teológica positiva. Existem abordagens teológicas que se casam com a ênfase de Gould sobre o acaso na evolução biológica, assim como existem abordagens teológicas que concordam com a compreensão mais intencional da evolução, de acordo com Conway Morris. Em relação à primeira, a ênfase no papel do acaso poderia ser comparada a uma visão de Deus trabalhando de forma criativa na natureza, criando-a continuamente no presente, e conduzindo-a sempre a novas possibilidades que não podem ser previstas com antecedência pela ciência. Essa é uma visão dita *imanentista* da relação de Deus com o mundo. Em relação à segunda, a visão mais direcionada da evolução, conforme as leis da natureza, segundo Conway Morris, pode ser combinada com a visão tradicional da orientação transcendente da criação de Deus desde o início. Não é que qualquer um desses pontos de vista seja anticristão por natureza, mas, sim, que ambos podem ser interpretados de uma perspectiva de diferentes visões do relacionamento de Deus com o mundo. Esse é um tema que surgirá repetidas vezes enquanto olhamos

CRIAÇÃO DE ACORDO COM A CIÊNCIA MODERNA

para o que a Bíblia diz sobre a criação, e como pode ser interpretada em relação à ciência.

Nesta seção, fizemos um esforço para destacar o segundo nível de contingência, que surge da natureza evolutiva tanto do modelo do *Big Bang* como do darwinismo. Esse segundo nível de contingência não é implicitamente teológico, como aquele que decorre da doutrina da criação, mas sugere uma analogia teológica, ou seja, uma mente criativa e superior por trás da perpétua novidade e do frescor do universo. É uma mente desse tipo que encontramos em boa parte dos textos da Bíblia sobre a criação.

CAPÍTULO 2

Criação de acordo com
a Bíblia (I): Gênesis

O PRIMEIRO RELATO DA CRIAÇÃO: GÊNESIS 1:1—2:4A (P)

O autor "sacerdotal"

O reconhecimento da existência de dois relatos diferentes da criação nos primeiros capítulos de Gênesis é uma das principais premissas da "hipótese documental" (veja Introdução). Embora tenha havido muitas críticas e revisões desde a formulação definitiva por parte de Wellhausen, a ideia básica consolidou-se rapidamente no academicismo bíblico. Por conseguinte, continuaremos a usar a terminologia "javista" e "sacerdotal" para os autores ao analisar esses primeiros capítulos cruciais de Gênesis, sem assumir um compromisso muito firme com as formulações históricas subjacentes. Na verdade, por uma questão de conveniência, vamos nos referir à história da criação de Gênesis 1 e 2 como P e, à história de Gênesis 2 e 3, como J. Isso não significa um compromisso firme com qualquer versão particular da hipótese documental, mas, sim, o reconhecimento geral de que estamos tratando aqui de pelo menos duas tradições distintas sobre a criação. Mas também vale a pena ter em mente que, do ponto de vista do cânon bíblico que nos foi transmitido, essas histórias de criação são contadas juntas. E, na verdade, a relação entre elas pode ser ainda mais estreita do que normalmente pensamos. É bem possível, por exemplo, que um dos relatos (provavelmente P) tenha sido composto, pelo menos em parte, como introdução e complemento ao outro (Fretheim, 2005:33).

No modelo de Wellhausen, P foi composto entre os séculos 6 e 5 a.C., como parte da resposta teológica ao exílio babilônico. Na abertura da Bíblia, escrita em um estilo repetitivo e rítmico, sugestivo de um texto litúrgico (uma das razões para sua atribuição ao autor "sacerdotal"), a criação é descrita

CRIAÇÃO DE ACORDO COM A BÍBLIA (I): GÊNESIS

como um processo regular, partindo de um "vazio sem forma" (uma possível tradução da expressão em hebraico quase impossível de traduzir, *tohu wabohu*; Gênesis 1:2), e finalmente culminando na criação da humanidade, a única parte da criação que é feita à "imagem" de Deus (Gênesis 1:26,27). Todo o processo leva seis "dias", com a noite e a manhã definindo cada dia, e com Deus descansando no sétimo dia.

Muitas vezes se perguntou se P não era baseado em algum antigo texto sobre a criação, talvez de outra cultura do Antigo Oriente Próximo, como a Babilônia. Para apoiar isso, traçaram-se paralelos com o mito babilônico da criação, *Enuma Elish*. Entretanto, acredita-se que é improvável que isso represente empréstimos diretos, tanto quanto semelhanças na cosmologia e na cosmovisão, pois também existem diferenças muito acentuadas com *Enuma Elish*, sobretudo no retrato de Deus transmitido pelo texto. Por essa razão, sugere-se que P tenha sido escrito como uma polêmica contra o mito babilônico da criação (Wenham, 1987:8-9).

Os estudiosos também perceberam estreitos paralelos entre Gênesis 1 e o salmo 104, um exuberante hino de louvor a Deus pelo ato da criação. O nível de semelhança é tão grande que se levanta a questão de um texto ser dependente do outro. E, já que o salmo 104 contém traços mais abertamente mitológicos (como a personalização das águas nos versículos 6-9), bem como alguns paralelos fascinantes com um texto de criação egípcio, sugeriu-se que Gênesis 1 é uma "demitização" do salmo 104, que, por sua vez, depende do mito egípcio (Day, 1992:41-2; 2000:101). Naturalmente, essa tese é tão difícil de fundamentar quanto a suposição de que Gênesis 1 foi escrito como uma polêmica contra o mito babilônico da criação; é possível que ambas as ideias, ou nenhuma delas, sejam verdadeiras. Seja qual for o caso, parece seguro concluir que Gênesis 1 mostra semelhanças estreitas com outros textos de criação do AOP e que, mesmo que os motivos mitológicos não se destaquem claramente, eles se encontram, a toda prova, como pano de fundo do texto. Faremos mais contrapontos como esse na abordagem posterior e nos capítulos seguintes.

O senso de ordem, bem-estar e satisfação inerente no ato da Criação é evidente em P. Em associação a isso, os estudiosos se perguntaram se não existe, de maneira subjacente ao texto, alguma simetria literária mais profunda. Seu estilo repetitivo, com a reiteração frequente de trechos como "E disse Deus", "Haja", "e assim foi" e seu desenvolvimento metódico, são todos altamente sugestivos de uma estrutura bem pensada. Diversas sugestões de padrões literários têm sido feitas, e muitas vezes se nota que os seis dias podem ser divididos em duas metades (dias um a três, e dias quatro a seis), em que cada dia é ligado tematicamente ao seu equivalente na outra metade (p. ex., Wenham, 1987:6-7). Assim, os dias um e quatro são unidos pela criação da luz e dos luminares, respectivamente, enquanto os dias dois e cinco são ligados pela criação do céu e das aves. Os dias três e seis são ligados pela criação da terra e dos animais e dos seres humanos que vivem na terra. Mas esse não é o único padrão observado no texto; e nenhum deles é totalmente conclusivo a ponto de oferecer a estrutura "definitiva" para a passagem, então talvez seja melhor não exagerar em relação a qualquer um deles (Westermann, 1984:89). Esses padrões, no entanto, dão apoio a uma questão de vital importância: o Criador do mundo é retratado como um Deus de ordem e regularidade que, no entanto, deleita-se em sua obra.

Gênesis 1 e Deus

Não importa o que possamos dizer sobre Gênesis 1, sempre concluiremos que se trata de uma história sobre Deus em meio ao ato de criar, supervisionar e realizar. Deus é o agente ativo em quase todas as orações gramaticais; o mundo, em contraste, é inteiramente passivo, completamente sob o capricho do comando (verbal) divino. A natureza rítmica e repetitiva da narrativa, e a maneira ordenada pela qual Deus organiza e constrói o mundo, passo a passo, tudo isso faz com que Deus seja como um mestre de obras, orgulhando-se de um trabalho bem-feito. Ele avalia cada estágio e o pronuncia "bom" (do hebraico *tov*, que também pode ter o sentido de "belo"), e no final tudo é "muito bom" (Gênesis 1:31). Como um construtor habilidoso faria, o trabalho é cuidadosamente avaliado e declarado como adequado ao seu propósito: "O relato da Criação retrata um Deus que fala, avalia, delibera, forma, anima e que regula" (Hamilton, 1990:56). Além disso, podemos acrescentar, esse relato retrata um Deus que *valoriza* seu trabalho: na repetição do juízo de valor "bom", há a sensação de que está sendo construído um juízo estético que vai além dos limites de um relato puramente factual ou científico. Esse julgamento suscita uma resposta semelhante da criação, ou seja, o louvor ao seu Criador (Jó 38:4-7).

Outras metáforas também são apropriadas para o retrato de Deus feito por P, e, assim como um construtor hábil, podemos igualmente compará-lo a um arquiteto humano ou um projetista, e com outros possíveis papéis como orador, avaliador, consultor, vencedor e rei (Fretheim, 2005: 36-48). Na verdade, percebendo que Deus não modela tanto o universo diretamente em

CRIAÇÃO DE ACORDO COM A BÍBLIA (I): GÊNESIS

Gênesis 1, mas o *exorta* a vir à existência, podemos até mesmo comparar esse Deus a um diretor de cinema encorajando os atores a interpretar seus papéis e concretizar seu potencial por meio da criatividade própria, dentro dos limites que ele estabelece. Há muito que pode ser dito a respeito do Deus de Gênesis 1, e nenhuma metáfora humana é exaustiva quanto a todas as qualidades divinas retratadas.

O cuidado e a devoção do Deus Criador podem ser familiares ao mundo humano, mas a magnitude do projeto é astronômica. Toda a criação é feita de forma sequencial e com o máximo de cuidado e satisfação. As próprias dimensões do tempo e do espaço são sistematicamente criadas e dispostas, quase como se Deus estivesse seguindo um projeto cósmico e um cronograma meticulosamente planejado. É fácil ver o Deus dos físicos nesse retrato, o Deus que estabelece cuidadosamente a lei e a ordem universal e segue ao pé da letra o esquema; o Deus do princípio antrópico que cria a humanidade como seu estágio final de coroação, e os cria à imagem divina (Gênesis 1:26,27), de modo que possam ter domínio sobre a criação como Deus faz.

E, ainda assim, a humanidade não é a etapa final da criação. Há mais uma coisa por vir, o sétimo dia, no qual Deus descansa. O texto nos diz que, quando ele terminou sua obra, descansou exatamente como um empreiteiro o faria. O *status* especial do dia de folga de Deus soa claramente: "Abençoou Deus o sétimo dia e o santificou" (Gênesis 2:3). Ele já havia pronunciado tudo como "muito bom" (1:31), e também havia abençoado a humanidade (1:28), mas essa criação final, o sétimo dia, é agora abençoado *e* "santificado" (ou seja, tornado santo, separado). Depois de ter criado o tempo, o espaço e o mundo material que o enche, Deus santifica a semana, especialmente o dia de descanso.

Contudo, não é o retrato de Deus nem o *status* do sétimo dia que causam a controvérsia em torno de Gênesis 1. Tamanho tem sido o impacto da consciência científica moderna sobre essa passagem que quase podemos esquecer que seu assunto principal é Deus, que as reivindicações e pretensões da passagem são incontestavelmente teológicas, não científicas. Para nós, é a ciência que vem à tona ao lermos a passagem.

Gênesis 1 e a ciência moderna

Colocando de lado, por enquanto, o fato de que essa narrativa conta ostensivamente a criação do mundo material em seis períodos de 24 horas, enquanto a ciência moderna aponta que isso levou bilhões de anos, há uma série de paralelos entre essa história e a cosmologia moderna do *Big Bang* e a biologia evolutiva. Por exemplo, a expressão "sem forma e vazia" (Gênesis 1:2) evoca o estado quântico inicial na era Planck, e o gigantesco clarão de energia no início do *Big Bang* foi relacionado ao primeiro ato de criação de Deus em Gênesis 1: "Haja luz", em Gênesis 1:3 (Schroeder, [1990] 1992:84-9; Fatoorchi, 2010:101). Na verdade, nos primeiros anos do modelo do *Big Bang*, sua inferência de que havia um início absoluto do tempo foi considerada, por alguns cientistas renomados, muito próxima de Gênesis (Jastrow, 1992:104-5). Até que se descobrisse, nas últimas décadas, o embasamento científico para a ideia de que o universo teve um começo absoluto *somente sob fundamentos científicos*, parecia que, afinal das contas, o relato da criação de Gênesis poderia estar certo sobre a origem teológica do universo, de modo que o famoso comentário de Jastrow encontrou ressonância profunda:

> Para o cientista que vive por sua fé no poder da razão, a história termina como um pesadelo. Ele escalou as montanhas da ignorância; está prestes a conquistar o pico mais alto; ao saltar sobre a última rocha, então é saudado por um grupo de teólogos que estão sentados ali há séculos (ibidem:107).

E as ressonâncias se estendem para além dos primeiros versículos de Gênesis 1. Observou-se que a ordem posterior da criação, com o aparecimento, em primeiro lugar, do mar e da terra seca, seguido por plantas, criaturas marinhas, animais terrestres e, finalmente, os seres humanos, é bem semelhante ao padrão descrito pelas modernas teorias da evolução biológica. Observe, porém, que o aparecimento do sol e das estrelas (v. 16) *após* a criação da terra (v. 10), e mesmo após o dia e a noite (v. 5), mostra que também existem discrepâncias surpreendentes entre P e a cosmologia moderna.

Tem havido uma entusiástica discussão em alguns círculos cristãos (e judeus) sobre quão seriamente se devem levar em consideração os paralelos entre P e a ciência, e vemos surgir uma série de questões complexas (p. ex., Hamilton, 1990:53-5; Lucas, [1989] 2005). Seriam esses paralelos as evidências de que o autor de P estava a par de uma autêntica revelação divina sobre as origens do mundo, muito antes de os modernos cosmólogos entrarem em cena (p. ex., Parker, 2009; Lennox, 2011:142-4)? Ou o autor fez o equivalente a uma série de suposições científicas, influenciadas pelos mitos da criação de culturas vizinhas, algumas das quais se revelaram felizes coincidências com as descobertas da ciência moderna, enquanto outras suposições (p. ex., os seis "dias" da Criação) mostram quão completamente desinformado ele realmente

CRIAÇÃO DE ACORDO COM A BÍBLIA (I): GÊNESIS

estava? Ou a situação é esclarecida se argumentarmos que o autor pode não ter utilizado "dia" como um período literal de 24 horas? Em caso afirmativo, é legítimo interpretar os "dias" como metáforas para episódios muito mais longos de tempo, como períodos geológicos? Ou será que os "seis dias" são indicadores da medida do tempo de Deus, uma medida diferente daquela da terra? Ou é melhor abandonarmos todas as tentativas de estabelecer associações e paralelos científicos com o texto e dizermos que ele deve simplesmente ser lido como uma parábola?

Esses tipos de perguntas proliferam rapidamente, e logo fica claro que a maneira pela qual escolhemos responder diz muito sobre o lugar no qual imaginamos residir a "verdade" teológica. Em outras palavras, o texto de Gênesis 1—3 se torna um teste decisivo e bastante revelador da nossa compreensão da Escritura. Existem duas respostas comuns às questões científicas levantadas acima:

1. Muitos cristãos conservadores têm uma visão teológica "elevada" da autenticidade literal do texto de Gênesis 1—3 e afirmam que ele narra "o que realmente aconteceu". Os seis "dias" são um ponto crucial notório. Alguns intérpretes encontram maneiras criativas de torná-los coerentes com a ciência (p. ex., Lennox, 2011:54-5, 60-3), enquanto outros simplesmente rejeitam a ciência convencional e afirmam que o mundo foi feito em seis dias literais de 24 horas, acreditando que isso seja um importante testemunho da fé cristã. Como Whitcomb e Morris disseram em seu texto criacionista clássico, *The Genesis Flood* [O Dilúvio de Gênesis]: "A Palavra revelada de Deus relata a criação como ocorrendo em seis 'dias'. Como aparentemente não há base contextual para entender esses dias em qualquer sentido simbólico, é um ato de fé e razão aceitá-los, literalmente, como dias reais" (Whitcomb & Morris, 1961:228).

2. Aqueles que não têm um vigoroso investimento teológico na autenticidade literal do texto são menos propensos a se interessar pela sua coerência com a ciência e com a realidade física que pretende apresentar. Nesse caso, os seis dias não apresentam problema algum. Tais leituras podem destacar as dimensões simbólicas, teológicas e talvez até mesmo litúrgicas do texto, sugerindo que ele nunca teve a intenção de ser tomado como uma descrição científica da forma como entendemos, e que é mais bem lido hoje como metáfora, ou talvez até mesmo como "poesia", sobre a ideia da criação.

Essas duas descrições são, até certo ponto, caricaturas, mas são representativas de um debate que não está sendo resolvido rapidamente. Embora ambas as respostas sejam quase mutuamente excludentes, estão ligadas por sua tendência de priorizar atitudes em relação à ciência *moderna* como sua chave hermenêutica: a primeira tenta *conciliar* o texto com afirmações científicas modernas (mesmo que sejam afirmações orientadas pela "ciência da criação", e não pela ciência convencional), enquanto a segunda tenta *isolar* o texto de afirmações científicas. Contudo, nenhuma das respostas se relaciona com as afirmações que o próprio texto faz e que são embasadas pela ciência *antiga*, e por categorias funcionais e ontológicas *antigas*. Com efeito, o texto é colocado em uma estrutura que não foi construída para abrigá-lo, e julgado de acordo com critérios que não poderiam ter sido previstos (Briggs, 2009:66-7).

Se a resposta 1 é muito literal, então a resposta 2 não é suficientemente literal. A leitura literal (1) não leva em conta o fato de que, sem dúvida, o texto contém múltiplas camadas de significado que se referem a mais realidades do que apenas a realidade física, enquanto a leitura metafórica (2) não é suficientemente cuidadosa com o que podem ser essas camadas de realidade. Mas não é suficiente referir-se a um texto como metafórico sem ter o cuidado de explicar em que sentido ele é metafórico. Uma metáfora é um modelo, uma imagem, construída com termos concretos que entendemos e com algo mais que talvez não conseguimos compreender. Se sentirmos que não podemos afirmar a realidade dos termos adotados no modelo (p. ex., a ciência antiga de Gênesis 1), então o sistema não está mais agindo como uma metáfora, mas como uma parábola ou uma fábula. Essa não é uma distinção meramente semântica, porque interpretamos uma metáfora de forma muito diferente de uma parábola. Uma metáfora implica uma declaração de identidade entre a imagem e seu referente, enquanto uma parábola é, na melhor das hipóteses, um símile, e às vezes é ainda mais abrangente que isso. Podemos ver isso ao lermos algumas parábolas de Jesus. Uma das mais concisas é a parábola do grão de mostarda: "O Reino dos céus é como um grão de mostarda [...]" (Mateus 13:31). Agora, se isso fosse expresso como uma metáfora, e não como uma parábola, então leríamos: "O Reino dos céus *é* um grão de mostarda", e sem dúvida alguma estabeleceríamos paralelos muito mais próximos entre o Reino e a realidade de um grão de mostarda do que uma parábola pretenderia ou justificaria.

Aqueles que associam Gênesis 1 intimamente aos pontos de vista científicos modernos das origens estão involuntariamente ilustrando, de forma precisa, esse ponto. Efetivamente, leem o texto como uma metáfora de nossa

CRIAÇÃO DE ACORDO COM A BÍBLIA (I): GÊNESIS

visão científica do mundo e de nossa visão das origens materiais do mundo, sem atender às camadas alternativas de realidade contidas na metáfora, as quais, consequentemente, se perdem. A seguinte tentativa de reescrever Gênesis 1 nos termos da ciência moderna é um bom exemplo:

No princípio, Deus disse: "Haja...", e ele criou as forças unificadas da física, com perfeita simetria e precisão presciente. E, do nada, Deus, por livre escolha, estabeleceu a produção espontânea de partículas, no espaço e no tempo recém-criados, produzindo uma esfera silenciosa e em ebulição, infinitamente pequena e inimaginavelmente quente. *Houve evolução e o surgimento do primeiro estágio da criação.* Durante uma pequena fração de segundo, ocorreu uma expansão, e a simetria perfeita das forças foi gradualmente desfeita, à medida que a temperatura ia caindo, para produzir as forças da natureza que conhecemos hoje [...] *Houve evolução e emergência, o segundo estágio da criação* (Burge, 2005:82-3).

A paráfrase de Burge — ecoando a linguagem altamente ressonante de P — oferece-nos um atraente relato moderno dos primórdios, mas pouco ou nada nos diz sobre Gênesis 1. Portanto, é preciso sermos cautelosos ao importarmos a cosmovisão científica: devemos investigar cuidadosamente os diferentes níveis da realidade para os quais o texto aponta, se possível em seus próprios termos, antes de aplicar as ideias da ciência moderna. Isso significa um envolvimento cuidadoso com o texto em seu contexto histórico, enxergando-o como um produto de seu tempo antes de o tornarmos, involuntariamente, um produto de nosso próprio tempo. Nesse caso, podemos notar que, para todos os paralelos aduzidos entre Gênesis 1 e os relatos científicos modernos da origem do mundo, poderíamos apontar um número igual de paralelos entre Gênesis 1 e as ideias científicas *antigas*, incluindo as ideias cosmológicas e mitológicas das culturas ao redor. São camadas da realidade que temos de explorar antes de nos pronunciarmos mais confiantemente sobre o gênero do texto, seja ele história, ciência, metáfora, fábula ou mito, ou mesmo se essas categorias são realmente significativas.

Cosmologia

Costuma-se dizer que a Bíblia apresenta uma cosmologia de três camadas, ou seja, um mundo organizado em três níveis. Há (1) a terra que habitamos, (2) os céus acima dela e (3) o submundo abaixo da terra. No capítulo 4 abordaremos esse modelo cosmológico em mais detalhes e questionaremos se ele era realmente visto como uma representação literal da realidade no antigo pensamento hebraico. Por sinal, sugeriremos que o que os estudiosos mostraram como a cosmologia hebraica de três camadas era mais provavelmente um dispositivo metafórico para denotar a transcendência divina e três reinos inteiramente distintos da existência: (1) os vivos, (2) Deus e (3) os mortos. De qualquer forma, P apresenta um quadro que é, ao mesmo tempo, mais complexo e definido de maneira mais ambígua do que o modelo de três camadas.

O estado inicial do mundo aparenta ser uma espécie de deserto aquático (Gênesis 1:2). Boa parte do que segue até o v. 10 menciona o processo de *ordenação* que Deus impõe a essas águas preexistentes (não *criando* a partir do nada, como aqueles que leem esse texto como se prefigurasse um relato científico moderno costumam fazer). Um aspecto importante dessa visão cosmológica é que as águas primitivas — um símbolo do caos no pensamento hebraico — devem ser ordenadas e controladas pela imposição de limites, que constituem grande parte da estrutura sobre a qual o restante da criação pode ser colocado.

Depois de ter criado a luz, o dia e a noite, Deus cria uma superfície sólida, cuja função é distinguir as águas acima daquelas abaixo dela (Gênesis 1:6,7). A palavra hebraica para se referir a essa superfície, *raqia'*, transmite a sensação de uma folha esticada, ou um pedaço de metal sendo batido para ser esticado. Versões bíblicas notáveis a traduzem como "abóboda" (NRSV), "firmamento" (BJ) ou "expansão" (ACF). Usaremos "abóboda" por enquanto, lembrando que o texto não dá nenhuma indicação de que a superfície realmente tenha qualquer tipo de forma, como a de uma abóboda ou uma concha hemisférica, exceto pelo fato de que ela é empregada posteriormente como a superfície na qual o sol e a lua se movem, o que pode sugerir algo semelhante. De qualquer forma, o texto continua dizendo que essa superfície corresponde ao firmamento (1:8), que a NRSV entende como "céu". As águas que estão sob o céu são então reunidas num só lugar, permitindo que a terra seca apareça (1:9), de modo que as plantas possam florescer. O sol e a lua são colocados na abóboda (1:14-18), e então os animais começam a se espalhar pelo mar, a voar pelo ar e a cobrir a face da terra. Por fim, os seres humanos são criados à imagem de Deus (1:26,27), e são instruídos a "subjugar" a terra e a "dominar" sobre as criaturas da terra (1:28).

Em tudo isso, é extremamente difícil identificar três diferentes camadas. A superfície da terra seca e do mar pode ser considerada com uma possível camada, mas não fica claro se as águas que são ajuntadas "num só lugar" sob a

CRIAÇÃO DE ACORDO COM A BÍBLIA (I): GÊNESIS

abóboda são o mar ou se estendem-se ainda para mais longe, para baixo e ao redor e, de alguma forma, talvez até mesmo *acima* da terra seca. De qualquer forma, não há menção a uma camada inferior, a um submundo. A abóbada em si talvez possa ser considerada uma espécie de camada, mas sua função é realmente a de um limite impermeável a fim de dividir as águas e fornecer uma espécie de superfície fixa para que o sol e a lua viajem sobre ela. Não há sentido de um limite adicional além das águas superiores, um limite ultraperiférico que possa qualificar-se como uma camada superior, sobre ou além da qual Deus possa habitar. Caso se oponha a que estejamos lendo o texto de forma bastante literal, então devemos ressaltar que foi exatamente assim que surgiu a cosmologia de três camadas do academicismo moderno (veja cap. 4). Tudo isso significa que, quando olhamos o texto de perto, há muito pouco sugerindo uma imagem de três camadas. Isso não quer dizer, naturalmente, que uma imagem de três camadas não possa ser identificada em algum lugar na Bíblia, mas tão somente que não é de forma alguma óbvia em Gênesis 1, em que a cosmologia é definida talvez de maneira mais cuidadosa e metódica do que em qualquer outro lugar. Mas, mesmo aqui, isso é relativamente impreciso, e talvez fosse melhor ver a cosmologia de Gênesis 1 de maneira mais frouxa, até mesmo mais metafórica, como a de Jaki, que sugere que o que até agora chamamos de "abóboda" é realmente mais bem entendido como a superfície de uma tenda (Jaki, 1987:139). Em outras palavras, o mundo é concebido como uma habitação bem conhecida dos tempos antigos, tendo a terra e o céu como suas principais estruturas, não tanto como camadas, mas como fronteiras que envolvem e asseguram o lugar da habitação das criaturas e da humanidade.

Em breve, analisaremos interpretações de P que evidenciam metáforas, mas por enquanto vamos continuar a ler literalmente os elementos físicos nela contidos e ver como podem ser representativos da "ciência antiga". Os objetos pendentes são as águas acima da abóboda e a própria abóboda, ambas sem ligação evidente com nada em nossa moderna visão científica do mundo. As águas acima da abóboda supostamente fornecem chuva, e um texto posterior narrando o grande dilúvio nos diz que, "nesse mesmo dia, todas as fontes das grandes profundezas jorraram, e as comportas do céu se abriram" (Gênesis 7:11). Essa imagem sugere que essa sólida abóboda tem "comportas" para permitir a passagem da chuva. Observe também a menção das "fontes das grandes profundezas", que sugere as águas *sob* a abóboda de Gênesis 1:9, e que devem estender-se sob a terra, bem como formar o mar.

Evidentemente, essas ideias não se relacionam de forma alguma com nossa compreensão do mundo, e é interessante notar que nem mesmo os criacionistas as leem literalmente. Whitcomb e Morris (1961:238-9) fazem questão de afirmar que a narrativa é um registro divinamente inspirado e inerrante do evento da Criação, redigido como uma "verdade simples e literal". No entanto, seu tratamento do texto está longe de ser literal. Por exemplo, eles igualam a abóboda à "extensão" de ar acima da terra, ou seja, a atmosfera inferior da terra, que é, naturalmente, tudo, menos sólida (ibidem:229). Da mesma forma, eles também acreditam que as águas acima da abóboda não eram fluidas, mas inicialmente uma gigantesca camada de vapor, que eventualmente se precipitou e caiu sobre a terra como chuva torrencial durante o Dilúvio da época de Noé, somando--se às águas provenientes das "fontes das grandes profundezas". Essa camada deve ter sido extremamente volumosa em comparação com nossa cobertura de nuvens contemporânea, segundo eles, uma vez que nossas nuvens simplesmente não são capazes de produzir água suficiente para cobrir a terra até a profundidade necessária para haver um dilúvio global. E, enquanto a superfície da terra estava sendo inundada, enormes mudanças geológicas estavam ocorrendo, de modo que a terra seca eventualmente voltasse a aparecer no devido tempo. As bacias oceânicas se aprofundaram e as montanhas se tornaram mais altas, de modo que a água que uma vez formou a camada se tornou uma grande parte dos novos oceanos que conhecemos (ibidem:77, 121, 240-58, 326).

Em outras palavras, de acordo com Whitcomb e Morris, a terra passou por enorme transformação geológica e meteorológica durante o Dilúvio. Mas o texto bíblico nada diz a respeito. Aliás, o único sinal de um elemento potencialmente novo é o arco-íris (Gênesis 9:13). E, de acordo com o texto (8:2), depois do dilúvio as águas abaixo da terra e a abóboda sólida no céu parecem ainda encontrar-se basicamente no devido lugar.

Whitcomb e Morris frequentemente admitem que suas ideias são especulativas em bases científicas, mas não admitem que também estão indo além do que o texto bíblico nos diz. De qualquer forma, eles estão claramente oferecendo uma tentativa de casar a cosmologia de Gênesis e a história do Dilúvio de Gênesis 6—9 com sua própria forma de ciência, que toma emprestada a terminologia da geologia moderna convencional e da meteorologia. Mas, se ela faz justiça aos textos bíblicos, isso é outra história. Os rabinos judeus dos primeiros séculos da era comum nos legaram uma enorme riqueza de interpretações das histórias da criação, e geralmente parecem se haver contentado em ler Gênesis 1 como indicando que a abóboda era uma barreira muito sólida

CRIAÇÃO DE ACORDO COM A BÍBLIA (I): GÊNESIS

que servia para salvar a terra de ser inundada pelas águas celestiais (Ginzburg, 2003:12; *Genesis Rabbah*, IV:2). Por exemplo, sugeriu-se que o Dilúvio da época de Noé foi causado pelo fato de Deus haver removido duas estrelas da constelação das Plêiades, de modo que as águas do dilúvio correram pelos dois buracos criados na abóboda e engoliram a terra (Ginzburg, 2003:147).

É fácil perceber como esses dois elementos cosmológicos, a abóboda e as águas celestiais, podem ter surgido inicialmente. Se a água é vista como que surgindo dos céus (na forma de chuva) e também brotando debaixo da terra (nascentes e rios), então seria natural supor que existem repositórios de água no céu e debaixo (ou dentro) da terra. Nesse sentido, a "ciência antiga" aqui exposta foi estabelecida pela observação e pela hipótese. Não é exagero dizer que essa é a mesma metodologia adotada na ciência moderna. Ela apresenta um modelo de funcionamento do mundo baseado na observação e na explicação, embora agora esteja amplamente ultrapassada. E, no caso de nos sentirmos tentados a um sentimento de superioridade nesse ponto, devemos notar que nossa cosmologia atual pode, por sua vez, ser completamente ultrapassada pela ciência das gerações futuras. A história da ciência nos ensina repetidas vezes que a absoluta confiança em nossos próprios paradigmas científicos pode muito bem vir a ser descabida.

De qualquer forma, estamos claramente lendo de maneira literal esses elementos em Gênesis 1, ao mesmo tempo que tentamos construir uma cosmologia. Mas há indícios de que eles não devem ser interpretados de forma tão literal. A separação das águas em 1:6,7 pode muito bem ser um eco do antigo tema mitológico da vitória de Deus sobre o mar (cap. 3), e não uma espécie de suposição científica; e talvez seja isso que a passagem semelhante de Provérbios 8:28,29 esteja sugerindo (Day, 2000:100).

Além disso, há muitas outras passagens na Bíblia que demonstram que os antigos hebreus entendiam a chuva de forma bastante semelhante a nós, como vindo das nuvens (p. ex., Provérbios 16:15; Isaías 5:6; Jeremias 10:13). Além disso, uma passagem intrigante sugere o ciclo perpétuo da água: a evaporação da água da terra seguida pela formação de nuvens e pela precipitação (Jó 36:27-29). Caso seja verdade que os autores da Bíblia tinham uma visão mais sofisticada do mundo natural do que nossa suposta cosmologia extraída de Gênesis 1 poderia sugerir, então certamente estamos cometendo um erro de categoria ao lê-la de maneira tão literal a ponto de construir tão rapidamente uma cosmologia física rígida a partir dela. Em suma, Gênesis 1 provavelmente não representa a "ciência antiga", no sentido em que costumamos entender o termo "ciência", ou seja, uma explicação materialista para a forma física do mundo. Como veremos, há mais coisas acontecendo.

Tempo

Após a análise da cosmologia física descrita em Gênesis 1, sua descrição do espaço e da matéria, devemos agora nos voltar à questão que adiamos anteriormente em relação à sua descrição do *tempo*, especialmente os seis "dias" durante os quais tudo foi feito. Embora os criacionistas de seis dias interpretem isso como um período de seis dias literais de 24 horas, e alterem sua concepção científica do mundo para se adequar a isso, houve várias tentativas, de estudiosos mais moderados, de harmonizar esses seis dias com a vasta era da terra concebida pela ciência moderna. Essas harmonizações foram feitas pela primeira vez no século 19, em resposta à nova ciência da geologia (Wilkinson, 2009a:135-6), mas, ainda hoje, estão sendo sugeridas (p. ex., Lennox, 2011). A maneira mais óbvia (e menos artificial) de fazer essa harmonização é simplesmente dizer que "dia" não deve ser compreendido em um sentido literal, mas como um símbolo para uma nova etapa da criação. Nesse caso, poderíamos interpretá-lo tão amplamente quanto desejarmos, talvez vendo cada dia, aproximadamente, com relação a um estágio geológico na história da Terra. Aliás, essa é uma opção relativamente popular nos estudos conservadores (Barr, [1977] 1981:40-2).

Vale a pena mencionar a tentativa especialmente engenhosa de Schroeder ([1990] 1992:52-4) de tornar os seis dias de Gênesis coerentes com a ciência, a qual invoca a teoria da relatividade de Einstein para apontar que o tempo passa em diferentes velocidades, em diferentes quadros de referência. Se Deus estivesse em um quadro relativista diferente daquele da Terra, movendo-se muito mais perto da velocidade da luz, então é possível que seis períodos de 24 horas no quadro de referência de Deus possam corresponder a bilhões de anos na terra. A perspectiva temporal de Gênesis 1, portanto, registra acontecimentos no tempo de Deus, não no nosso. Existem, contudo, problemas em relação a essa perspectiva. Schroeder não explica por que Deus estaria em um quadro de referência em vez de outro, exceto para dizer que os seis dias foram mensurados em um quadro de referência que "continha a totalidade do universo" (ibidem:53). Porém, não está claro, em termos físicos, o que significa dizer que um único quadro relativista de referência contém todo o universo, nem está claro, em termos teológicos, o que significa para Deus estar "dentro" desse quadro de referência, viajando próximo à velocidade da

CRIAÇÃO DE ACORDO COM A BÍBLIA (I): GÊNESIS

luz. Infelizmente, Schroeder não levanta essas questões, muito menos responde a elas, de modo que ficamos com os tipos de problemas que afetam muitas interpretações científicas das narrativas bíblicas, a saber, que as ideias científicas são aplicadas de forma vaga para "explicar" a narrativa, mas as demais questões que surgem não têm resposta, deixando, assim, a proposta teologicamente incoerente.

Ademais, por maior que seja a engenhosidade de Schroeder em preservar os seis dias literais de Gênesis 1 intactos, tudo o que ele fez foi redefini--los tendo em vista bilhões de nossos anos terrestres. Como outras tentativas de conciliar os seis dias com a ciência, ele ignorou a esmagadora importância simbólica dos seis dias, os quais mostram que a semana de trabalho de Deus é exatamente a mesma que a humana. Redefinir os dias quanto a períodos geológicos, ou como um acidente da física relativista, perde completamente o sentido do texto de que os dias devem ser lidos como dias humanos literais, conforme vividos na terra, já que menciona repetidas vezes a expressão "Passaram-se a tarde e a manhã, esse foi o x dia" (Gênesis 1:5,8,13,19,23,31). A história está claramente disposta para caber em uma semana de trabalho, tendo o sétimo dia (ou seja, o sábado) como o ponto alto da semana, respeitado tanto por Deus como pelos seres humanos.

A inevitabilidade desse ponto é uma das razões pelas quais a maioria dos estudiosos bíblicos críticos nem sequer tenta harmonizar a narrativa com a ciência moderna. Há evidências do pensamento científico antigo na narrativa, mas, como vimos, é de tal tipo que não podemos nem sequer estar confiantes de que se destinava a fornecer uma cosmologia física literal. E o fato de que a cronologia de seis dias e um dia de descanso evoca a semana de trabalho humano, reforçando claramente o retrato de Deus como o mestre de obras, já implícito na narrativa, sugere que, de qualquer forma, deveríamos contemplar leituras mais simbólicas dos esquemas de espaço, matéria e tempo.

Mitologia

Mais uma confirmação de que estamos certos em nos mostrar cautelosos antes de elaborarmos uma cosmologia física a partir de Gênesis 1 pode ser encontrada em outras cosmologias do AOP, como a suméria, a babilônica e a egípcia, em que os mesmos elementos cosmológicos aparecem. Com efeito, a ideia de que o mundo se originou da água, que foi então separada para formar o firmamento acima e a terra abaixo, é muito comum, assim como a ideia de que os céus são marcados pela presença de um firmamento ou de uma abóboda tangíveis (Gunkel, 1997:108-9; Westermann, 1984:33-4, 115-7; Wenham, 1987:8). Entretanto, devemos ressaltar que os estudiosos reconstroem essas cosmologias a partir de textos religiosos e mitológicos que muitas vezes são muito mais alusivos do que Gênesis 1 e, com o intuito de simplificar, os estudiosos não têm sido tímidos em atribuí-los à onipresente cosmologia de três camadas (p. ex., Dobson, 2005). Cabe perguntar se esse não é um caso de inversão de valores.

A conexão entre Gênesis 1 e os mitos da criação de outras culturas pode nos levar a perguntar se os elementos cosmológicos em Gênesis não seriam mais bem rotulados como "mitologia", e não como "ciência antiga". Aliás, talvez façam parte da polêmica de P contra a mitologia e a cosmologia babilônica, não necessariamente uma visão literal do mundo que foi considerada certa. Possivelmente esse seja o caso, pois houve um tempo em que os estudiosos costumavam ter uma definição de "mito" que era "uma história sobre os deuses". Gênesis 1, sendo resolutamente monoteísta e, portanto, "uma história sobre Deus", foi considerado superior ao mito. Contudo, não mais; e o nível com que P trabalha e reelabora elementos de outras mitologias da criação é amplamente reconhecido no academicismo crítico, assim como o tema do conflito entre o Deus Criador e o mar (cap. 3).

Além disso, percebe-se que "mitologia" e "mito" são termos notoriamente fluidos e muito difíceis de definir com precisão (Rogerson, 1974; Oden, 1992b; Segal, 2011). Por exemplo, algumas definições de "mito" se sobrepõem ao nosso uso do termo "ciência", como explicação para o mundo. Da mesma forma, a ciência moderna, em seu uso generalizado de modelos imaginativos para representar a realidade, faz uso da analogia criativa de uma forma não desvinculada de mito (Averbeck, 2004:330-4). A diferença entre a ciência moderna e o mito reside no fato de que aquela se baseia no método empírico, de modo que seus modelos e narrativas criativas são, em tese, *revisáveis*, uma vez que podem ser testados. No entanto, vale lembrar que algumas importantes ideias científicas *não podem* ser testadas, pelo menos no tempo presente. Um exemplo relevante e atual é o do multiverso (veja "Espaço, tempo e matéria", no cap. 1), indicando que as distinções entre a ciência moderna, a ciência antiga e a mitologia nem sempre são tão nítidas quanto gostaríamos de acreditar, e que todas elas funcionam ou funcionavam, em certa medida, como as melhores explicações da realidade.

O resultado é que, embora tenhamos tentado construir uma cosmologia a partir dos elementos físicos descritos em Gênesis 1, temos dificuldade em

CRIAÇÃO DE ACORDO COM A BÍBLIA (I): GÊNESIS

determinar se são compreendidos como uma descrição abrangente e literal do mundo. Parte da dificuldade tem sido a incerteza em torno de nossa compreensão do "mito" e da "ciência antiga", daquilo que se baseava na fé e do que estava aberto a questionamentos, testes e revisões na cultura hebraica antiga.

O templo cósmico

A conexão entre Gênesis 1 e mitologia pode ser explorada ainda mais. Tratamentos histórico-críticos recentes de Gênesis 1 alegaram que o texto diz menos a respeito de visões científicas antigas do mundo material do que sobre a consagração de Deus como o templo cósmico, assemelhando-se a relatos mitológicos do AOP como o *Enuma Elish* ou o Ciclo de Baal, que também mostram a construção de um templo cósmico para a entronização do deus conquistador. A diferença entre Gênesis 1 e os outros mitos é que, em Gênesis, a parte de conflito do mito é desprezada ou encontra-se completamente ausente, possivelmente como um comentário deliberado sobre esses outros mitos.

Walton (2009) argumenta que Gênesis 1 estabelece uma visão *funcional* dos primórdios do mundo, não uma visão *material*. Em outras palavras, Deus não é retratado como criando a partir do nada, mas ordenando e inaugurando o que já existe. Portanto, é bem possível interpretar os seis dias do Gênesis 1 como seis dias literais de 24 horas: Deus leva uma semana comum de trabalho humano para estabelecer a funcionalidade do mundo (já existente), para que ele possa funcionar como o templo cósmico. Walton (ibidem:84) aponta que, no AOP, o templo era frequentemente visto como um microcosmo do mundo, projetado como uma imagem que reflete as funções do mundo para proporcionar um lugar de descanso para a presença de Deus na Terra. Essa é a razão da importância do sétimo dia em Gênesis 1 como o dia de descanso divino após a obra de Deus ter sido concluída (ibidem:92).

Walton não está sozinho em sua interpretação. Barker (2010) faz observações semelhantes. Para ele, Gênesis 1 não é ciência antiga, mas uma visão sagrada do mundo inspirada pela realidade do templo de Jerusalém. Como Walton, Barker vê o projeto do templo de Jerusalém (1Reis 6 e 7) e o tabernáculo de Moisés no deserto (Êxodo 25—27) como refletindo o tema da Criação. Da mesma forma, o culto que se seguiu neles foi concebido para expressar as relações entre Deus e todas as coisas criadas, especialmente o bem-estar da criação e da sociedade humana (Barker, 2010:22). Há implicações claras aqui em relação à nossa própria consideração pela criação, e à nossa necessidade de recuperar a visão bíblica de admiração e responsabilidade para com o mundo criado por Deus.

Da mesma forma, W. P. Brown (2010) apresenta um argumento para enxergarmos Gênesis 1 como paralelo à estrutura arquitetônica do templo de Jerusalém. Os seis dias enquadram-se em um esquema que espelha o espaço sagrado do templo. Embora a representação da imagem de Deus fosse proibida no templo, ainda assim os seres humanos são declarados como feitos à imagem de Deus no sexto dia. O sétimo dia é o dia mais santo de todos, refletindo o Santo dos Santos no interior do templo (ibidem:40-2).

Todos esses três estudos rejeitam a leitura generalizada de Gênesis 1 como um relato das origens materiais, e oferecem, em seu lugar, relatos simbólicos em que o texto narra a formação da ordem e da relação na sociedade e no mundo. Esses relatos baseiam-se na abordagem histórico-crítica e procuram apresentar algo do que poderia ter estado na mente do autor original, mas também têm uma mensagem para nossa época, em sintonia com nossa crescente consciência das questões ambientais, enfatizando, assim, as preocupações sociais e ecológicas do texto.

Camadas da realidade

As abordagens do templo cósmico demonstram que há mais camadas possíveis de significados no texto do que apenas as origens materiais, a despeito da maioria das atitudes modernas (veja "Gênesis 1 e ciência moderna"). A ciência moderna inspirou uma hermenêutica restrita — que se relaciona com a maneira pela qual a realidade física surgiu —, mas é importante ser abrangente na leitura de Gênesis 1. O fato de que o texto pode ser lido sob a perspectiva da ciência antiga, bem como de temas mitológicos e religiosos antigos, significa que é muito mais complexo do que poderia parecer à primeira vista. E classificar o texto como uma "metáfora" da criação (ou, pior, como "poesia") simplesmente cria confusão, porque não se diz claramente a respeito do que o texto é uma metáfora. Além disso, essa complexidade é encoberta, e o leitor só depara com a ponta do *iceberg* sob a perspectiva da riqueza do texto. O mesmo acontece se o texto for simplesmente rotulado como uma "cosmologia", mesmo que seja uma cosmologia antiga. Uma análise mais criteriosa de Gênesis 1 deveria reconhecer seu *status* como uma exploração ricamente fértil da ideia de primórdios, bem como da complexa rede de relacionamentos entre Deus, a criação e a humanidade.

Boa parte do que já falamos diz respeito ao *gênero* do texto, e como se relaciona com as visões antigas e modernas da ciência. Apontamos quão

CRIAÇÃO DE ACORDO COM A BÍBLIA (I): GÊNESIS   75

multifacetada deve ser qualquer resposta à questão do gênero. À luz disso, este provavelmente não é um termo útil, uma vez que sugere que o texto pode ser convenientemente categorizado, bastando que cheguemos à categoria correta. Nossa abordagem tem sido sugerir que isso seria um mal-entendido em relação ao texto: Gênesis 1 resiste à categorização. Mas, se insistirmos em uma descrição, então o texto é um retrato teológico de Deus como Criador antes de qualquer outra coisa.

Resumindo os muitos temas aqui abordados, uma análise totalmente abrangente de Gênesis 1 deveria reconhecer que o texto tem um impacto potencial em muitos níveis de realidade e significado, e que não há uma "resposta" única e incontestável sobre como lê-lo. A lista a seguir não é de modo algum exaustiva:

- A natureza de Deus como o Criador transcendente que ordena e torna o mundo "muito bom", que é julgado e considerado como satisfazendo admiravelmente a todas as exigências.
- Isso sugere que o *valor* é um aspecto importante da narrativa. Longe de ser um relato desapaixonado ("científico") das origens físicas, seu sentido aponta para a obra de Deus como um ato de prazer estético, e o resultado dessa obra como algo de perfeição quase moral e beleza fundamental, que deve ser apreciada.
- No entanto, são expostos os primórdios cosmológicos e materiais do mundo, especialmente a respeito de uma "ciência antiga", representando esforços no sentido de racionalizar o mundo.
- Incorporação de elementos mitológicos de outras culturas do AOP, e reação a outras.
- O estabelecimento de limites para o espaço e o tempo.
- A santificação do espaço como o templo cósmico de Deus.
- A santificação do tempo mediante a criação do sábado.
- A ordenação da rede de funções e relações que compõem o cosmo e suas criaturas.
- O *status* especial da humanidade, que foi criada à imagem de Deus.
- Sua responsabilidade especial em relação à criação.

É evidente que poucos desses temas têm muita relação com a ciência moderna e sua leitura de Gênesis 1; o texto é verdadeiramente abrangente. E esses temas são apenas uma primeira e breve tentativa de apreciar a profundidade desse primeiro capítulo da Bíblia, e as formas pelas quais ainda é capaz de inspirar a reflexão sobre Deus e a criação.

O SEGUNDO RELATO DA CRIAÇÃO: GÊNESIS 2:4B—3:24 (J)

O relato "javista"

O relato "javista" da criação foi considerado por Wellhausen o mais antigo dos dois (possivelmente do século 10 a.C.). Por questão de conveniência, vamos nos referir a esse relato como J; porém, como antes, não pretendemos, com isso, estabelecer um compromisso com qualquer formulação histórica específica da hipótese documental. De maneira bastante diferente, J usa um nome diferente para Deus (*YHWH Elohim*) em relação a P (*Elohim*), e não tenta apresentar a criação dos céus e da terra, mas simplesmente a vida na terra. O estilo também é bem diferente. Não encontramos nenhuma das imponentes repetições de P, mas um estilo de prosa épico que ecoa em muitas outras longas seções da narrativa ao longo do Pentateuco, que também é atribuído ao relato javista. A sensação de que a criação avança por intermédio de uma sequência ordenada e intricadamente planejada de acontecimentos é menos evidente em J. Em vez disso, há em J um elemento de improvisação na ação criativa de Deus, já que dois dos estágios significativos (a criação dos animais e, em seguida, a criação da mulher) acontecem para corrigir o fato de que "não é bom que o homem esteja só" (Gênesis 2:18). É somente com a criação da mulher que essa deficiência é resolvida, e a criação, aperfeiçoada. Em vez de Deus pronunciar que a criação é "muito boa" em sua conclusão (como em P; Gênesis 1:31), esse papel funcional é dado ao homem, que assume o papel de avaliador da obra de Deus (Fretheim, 2005:40-1), e considera a mulher seu par perfeito: "Esta, sim, é osso dos meus ossos e carne da minha carne!" (Gênesis 2:23a).

Na verdade, o modo pelo qual esse tema da "bondade" da criação é representado de maneira diferente em P e em J ilustra o que dissemos no início deste capítulo: P e J oferecem relatos distintos, mas, de certa forma, complementares, da criação. Há uma relação complexa entre eles e, embora seja exagerado dizer que são independentes entre si, é demasiadamente pouco considerá-los uma unidade.

Em especial, diz-se que J desenvolve um retrato particularmente antropomórfico de Deus. Se P associa Deus a papéis como o de um construtor hábil (embora de dimensões cosmológicas), então J relata Deus realizando tarefas humanas mais rotineiras, como o plantio de um jardim (Gênesis 2:8),

CRIAÇÃO DE ACORDO COM A BÍBLIA (I): GÊNESIS 77

e andando nele "quando soprava a brisa do dia" (3:8). E, se P é potencialmente cosmológico em seu escopo, então J é mais antropológico em seu enfoque, concentrando-se especialmente no homem, em seu contexto geográfico e nas relações com outras criaturas, bem como em seu relacionamento com a mulher, criada por último. Isso representa uma distinção bastante importante com relação a P, pois J, em sua descrição da criação dos seres vivos, segue uma sequência bem diferente de acontecimentos: o homem é criado antes de qualquer outro ser vivo na terra, depois as plantas, os animais e, por fim, a mulher.

O modo pelo qual Deus e a humanidade desempenham papéis tão centrais em P e J sugere que ambos os textos foram escritos principalmente por razões teológicas, embora também contenham vestígios do pensamento científico da época. Ambos estabelecem as relações especiais dos seres humanos tanto a respeito de Deus como do restante da criação, mas, enquanto P também oferece uma reflexão teológica sobre a transcendência absoluta desse único Deus (monoteísmo estrito) e uma explicação para outras questões cultuais/culturais, como a observância do sábado, J contém uma etiologia do pecado, da morte e das provações. Com efeito, é importante reconhecer neste ponto que a narrativa de J tampouco acaba depois de Gênesis 3; porém, mais claramente do que P, encaixa-se na longa história subsequente dos primórdios (Gênesis 4—11), e que se propõe a mencionar o contexto primevo da humanidade, existindo não apenas em relação a Deus, mas também em relação (e conflito) a si mesma e ao mundo. Se a humanidade falhou em um contexto, falhou também no outro (Westermann, 1974:17-9).

J pode ser muito diferente de P em estilo e conteúdo, mas suas estruturas literárias foram identificadas, assim como em Gênesis 1. Westermann (1974:190), por exemplo, enxerga a narrativa como um arco, iniciada pelo primeiro mandamento de Deus ao homem: não comer da árvore do conhecimento do bem e do mal (Gênesis 2:16,17). Em seguida, a narrativa ascende ao clímax com o homem e a mulher desobedecendo ao mandamento, descendo, então, para as consequências: descoberta, juízo e castigo. O componente final, em que Deus expulsa o homem e a mulher do jardim, espelha o início, formando uma estrutura quiasmática (Wenham, 1987:49-51).

Se P for um campo de batalha ideológico moderno entre criacionistas e intérpretes mais liberais, então J é ainda mais. Séculos de interpretação cristã consideraram J, em relação à "Queda", um rebaixamento fundamental na condição humana, graças à desobediência do primeiro homem e da primeira mulher.

Costuma-se dizer que a Queda foi a fonte da morte no mundo, assim como de outros "males naturais", como corrupção, decadência, sofrimento, predação, doença, catástrofes naturais e todo tipo de "estado caído" em que o estado atual do mundo natural, humano e não humano, se afasta da "boa" criação original (Bimson, 2009:120-2; Murray, [2008] 2011:74-80). Aliás, o fato de J estar inserido canônica e diretamente após P, onde a Criação foi repetidamente dita como "boa", deve ter sido fundamental para inspirar essa leitura de J como a inversão da "bondade" da criação, e o início do "estado caído". Mas, se J (ou o restante da Bíblia) realmente diz isso, essa é outra questão, e veremos que muitos dos argumentos em torno do texto, e sua relação com a ciência moderna, advêm das leituras de Paulo e Agostinho (cap. 6).

J e a ciência

Notamos amplos paralelos entre P e os relatos científicos modernos dos primórdios, mas J vai de encontro à ciência moderna, especialmente a ciência biológica. Isso se torna imediatamente evidente quando percebemos que ele descreve a criação começando primeiro com um único macho desenvolvido (e adulto!), depois as plantas, os animais e, finalmente, a mulher (também adulta). Além disso, existem os desafios não desprezíveis de explicar como a mulher poderia ser gerada a partir de uma das costelas do homem (Gênesis 2:21,22), como uma árvore poderia produzir frutos que, quando provados, resultam em uma maldição eterna para a humanidade (2:17), e como uma cobra poderia falar (3:1)!

Vez ou outra, existem algumas tentativas de salvar alguma respeitabilidade científica em relação à narrativa. Um bom exemplo disso é a criação do homem a partir do "pó da terra" (Gênesis 2:7), que brinca com a semelhança entre as palavras hebraicas para "homem" ('adam) e "terra" ('adamah). A imagem que o texto sugere é provavelmente a de Deus formando o corpo do homem como um oleiro molda a argila (Hamilton 1990:156) e, em seguida, soprando vida nele por intermédio de suas narinas. O "pó" tem sido relacionado à ideia científica moderna de que moléculas biologicamente importantes, tais como proteínas e aminoácidos, podem ter sido sintetizadas naturalmente na superfície das partículas da argila no início da história da terra, formando, assim, a matéria-prima para a vida (W. P. Brown, 2010:95). Esse é um paralelo interessante a ser traçado, embora dificilmente o autor de J tivesse condições de compreendê-lo. A impossibilidade científica geral de tantos outros aspectos de J explica por que apenas os fundamentalistas mais

CRIAÇÃO DE ACORDO COM A BÍBLIA (I): GÊNESIS

comprometidos tentam lê-lo como um portador de credibilidade científica (p. ex., Whitcomb & Morris, 1961:464-6, sobre a serpente que enganou o homem e a mulher; e Pimenta, 1984:112, sobre a cirurgia que Deus realizou em Adão com o intuito de criar Eva).

Apesar dessas dificuldades, tem havido um desejo generalizado de reter um aspecto particular de J como historicamente autêntico, a saber, a existência de um primeiro casal humano histórico. As questões teológicas e científicas que cercam isso são tão complicadas que devemos dedicar um capítulo inteiro a elas (cap. 6).

Gênero, história e mitologia

Assim como acontece com Gênesis 1, grande parte da discussão sobre como interpretar J está centrada na forma como definimos seu gênero. E, como em Gênesis 1, J contém evidências de pensamento científico e mitológico antigos. Provavelmente a ideia mais óbvia atribuível à "ciência antiga" — que aparece tanto em P como em J — é que a vida é criada fora da terra (Gênesis 1:11,12,24; 2:9,19). Isso não é mais aparente do que no relato de J sobre a criação do homem, moldado a partir do pó da terra (barro?). Esse também é um dos paralelos mais proeminentes com outras mitologias do AOP, especialmente alguns mitos egípcios e babilônicos das origens, segundo os quais os primeiros seres humanos foram feitos de argila (Hamilton 1990:156-8). Há também outros temas mitológicos do AOP encontrados em J, como a existência de um paraíso exuberante em que os deuses viviam, ou o tema de um alimento que confere imortalidade, e uma serpente que priva os seres humanos de consumi-lo (cf. Gênesis 3:22; veja Wenham, 1987:52-3). Não obstante, embora J apresente características em comum com uma série de mitos do AOP, é semelhante a P, já que não há evidência de empréstimo direto, mas, sim, de uma influência sutil. E, como acontece com P, alguns estudiosos consideram J um "antimito", uma tentativa teológica deliberada de desafiar algumas das mitologias aceitas das culturas ao redor (Bimson, 2009:108).

A discussão dos paralelos mitológicos em Gênesis 2 e 3 mascara o fato de que há um sentido no qual o texto tenta oferecer uma espécie de narrativa histórica. No contexto do Pentateuco (e até mesmo de toda a Bíblia), ele está claramente posicionado com o intuito de registrar os primórdios, e definir o cenário em termos universais e originais do que está por vir, mais particularmente na história de Israel. No livro de Gênesis, em boa parte do que se retrata em relação ao patriarca Abraão e aos seus descendentes, vemos que

Adão está genealogicamente ligado, de Noé a Abraão (Gênesis 5; 11). Por essa razão, embora poucos estudiosos estejam dispostos a se referir a J como "histórico" — como se retratasse uma série de acontecimentos factuais na história que foram observados, relatados e transmitidos —, ainda assim, podemos nos referir a ele genericamente como "proto-histórico" (Wenham, 1987:91), ou como parte da "história primitiva". Westermann (1984:196-7) aponta como Gênesis 2 e 3 fornece uma "introdução" para todo o trabalho do relato javista no Pentateuco, uma vez que os temas de rebelião e castigo, promessa da terra, a importância da comunidade e da família que se repetem ao longo da narrativa, aparecem pela primeira vez em Gênesis 2 e 3. Portanto, essa passagem das Escrituras não é facilmente destacável dos escritos posteriores do relato javista, muitos dos quais podem ser rotulados de forma menos polêmica como historiográficos em estilo, se não em conteúdo.

Os estudiosos também se referem à narrativa usando termos genéricos como "paradigmático" e "etiológico" (Wenham, 1987:91; Bimson, 2009:109). Uma história paradigmática é mais uma fábula ou uma parábola do que uma narrativa historiográfica. Por outro lado, uma etiologia apresenta, em termos narrativos, um suposto acontecimento no passado que tem impacto no presente. Embora, a princípio, seja simples distinguir entre um texto paradigmático e um texto etiológico, não é tão simples determinar se Gênesis 2 e 3 pertence a um ou outro gênero, ou talvez a ambos simultaneamente (Bimson, 2009:109).

É evidente que muitas abordagens modernas de Gênesis 2 e 3 não levam em conta essas sutilezas, mas assumem que, como em Gênesis 1, ou o texto é historiográfico ou é uma metáfora dos primórdios. Existem pressupostos teológicos modernos por trás dessas abordagens. Contudo, como em Gênesis 1, o relato de J é mais complexo e multifacetado, desafiando a simples categorização e descrição. Ademais, estabelece linhas que são tecidas firmemente no material que se segue, até mesmo no material historiográfico mais plausível, em Gênesis 12—50. Por isso é imprudente ver Gênesis 2 e 3 como uma unidade literária autônoma com um gênero próprio, que é, no fim das contas, exatamente o que o cristianismo ocidental fez com ele desde Agostinho, ao considerá-lo a "Queda". O contexto narrativo mais amplo sugere que ele deve ser visto como parte de uma história mais ampla que conta as muitas maneiras pelas quais a humanidade ultrapassa os limites impostos por Deus, e como Deus responde com juízo e bênção (cap. 6). Como acontece com Gênesis 1, Gênesis 2 e 3 também é um retrato de Deus.

CRIAÇÃO DE ACORDO COM A BÍBLIA (I): GÊNESIS   81

J e Deus

Se P evoca um retrato de Deus como o hábil construtor ou arquiteto que segue um intrincado projeto, etapa por etapa, J nos apresenta um quadro completamente diferente, embora seja tipicamente "antropomórfico". A criação ocorre novamente em etapas, as quais, contudo, não parecem ser tão cuidadosamente planejadas e elaboradas. Em vez disso, em pelo menos dois dos estágios significativos (a criação dos animais e, em seguida, da mulher), Deus parece criar com o propósito de remediar uma deficiência anterior. Deus percebe que o homem precisa de companhia e, assim, cria os animais (Gênesis 2:18,19). Quando fica claro que estes não estão à altura da tarefa, Deus cria a mulher (2:20-22) e, então, a história da criação é finalizada. Em cada caso, o que é criado surge por meio da adaptação e da improvisação do que já fora criado.

Tanto P como J narram a incumbência de Deus para os primeiros seres humanos, mas elas são bem diferentes entre si. O Deus de P diz para os seres humanos serem "férteis e multipli[carem]-se", para "enche[r] e subjug[ar] a terra" (Gênesis 1:28), e que eles poderiam comer de qualquer planta ou árvore na terra (1:29). O Deus de J, por outro lado, não encoraja o homem a percorrer a terra e "enchê-la", mas coloca-o dentro dos limites do jardim, a fim de cuidar dele. Possivelmente, isso seja mais por cuidado com o homem do que para confiná-lo, já que o restante da terra era relativamente estéril. Na verdade, o Deus de J mostra um grau considerável de preocupação com o bem--estar do homem, e não apenas em relação ao alimento, já que Deus se dá o trabalho de criar uma companhia adequada para ele.

O Deus de J apenas dá um mandamento ao homem — ele pode comer livremente o fruto de qualquer árvore no jardim, exceto da árvore do conhecimento do bem e do mal, "porque, no dia em que dela comer, certamente você morrerá" (Gênesis 2:16,17). Evidentemente, a natureza dessa árvore está envolta em mistério, e também não parece ter algum paralelo com outras mitologias, nem mesmo com qualquer outro texto da Bíblia além de Gênesis 2 e 3. Também se encontra presente a "árvore da vida" (2:9), que parece conferir imortalidade àqueles que comem seu fruto (3:22-24). Embora essa árvore não se encontre no centro da ação principal da narrativa, aparece em outras partes da Bíblia (p. ex. Provérbios 3:18; Apocalipse 22:2), e existem paralelos com alguns mitos babilônicos. Há uma grande incerteza sobre essas duas árvores (Westermann, 1984:212-4; Wenham, 1987:62-4; Hamilton, 1990:162-6) e sobre "o conhecimento do bem e do mal" e por que pode trazer a morte, mas a sugestão parece ser que as árvores são contrapartes uma da outra: o fruto de uma traz a vida, e o fruto da outra, a morte. Apesar das muitas questões que as cercam, os temas que elas levantam sobre o caráter de Deus na narrativa é que se revelam mais atraentes.

Por exemplo, Barr (1984:33-4) explica quão imprecisas são as predições de Deus em J. Ele adverte o homem disto: se ele comer o fruto da árvore do conhecimento do bem e do mal, morrerá. Mas o homem e a mulher realmente sofrem uma punição consideravelmente mais branda por sua desobediência: são expulsos do jardim e têm suas dificuldades e dores aumentadas. A predição de Deus é incorreta, mas a da serpente é certeira (Gênesis 3:4,5). Como diz Barr: "Se alguém deve avaliar os enunciados pela extensão de sua correspondência com os acontecimentos reais, o enunciado de Deus não é tão elevado, ao passo que o da serpente é superior" (Barr, 1984:34).

Essa ambivalência em torno da natureza de Deus pode ser vista como um componente do "antropomorfismo" de J. Isso também aparece em outras partes das grandes sequências narrativas do Pentateuco, em que Deus parece ser mutável, incerto e impreciso como qualquer ser humano, apenas em uma dimensão muito mais grave. Em outras ocasiões em que o juízo se aproxima, Deus pode expressar arrependimento acerca de decisões anteriores (Gênesis 6:6), incerteza (Gênesis 18:22-33), ou mesmo mudar de opinião (Êxodo 32:11-14). Essa mutabilidade não é casual ou inconstante, mas sempre uma resposta fundamentada a uma situação humana, e é muito frequentemente mais moderada ou mais misericordiosa do que o esperado. O que está sendo dito em J é que Deus não é estático ou monolítico, mas dinâmico e pessoal, alguém com quem se pode conversar, ou pelo menos alguém a quem se pode orar e esperar uma resposta favorável.

Essa é, naturalmente, uma imagem bem mais sofisticada e sutil de Deus do que a apresentada por P, e introduz a cadeia moral de causa e efeito, que é uma parte tão importante da condição humana. J pode não colocar limites aos seres humanos contemporâneos da mesma forma que a etiologia de P sobre o sábado, mas aponta para a ambiguidade envolvida nos julgamentos morais e em seus resultados, bem como para a tendência humana à desobediência e a natureza de Deus em resposta.

P termina com o veredicto divino de que toda a criação era "muito boa" (Gênesis 1:31); o relato de J termina de maneira oposta: a bênção é retirada da humanidade e eles são expulsos da presença de Deus no jardim. O veredicto de Deus mostra a vida humana da forma como a conhecemos, com suas dificuldades, sofrimento e morte (3:15-19). Moralmente, tal veredicto

CRIAÇÃO DE ACORDO COM A BÍBLIA (I): GÊNESIS 83

introduz questões e problemas que requerem maior exploração, e isso é exatamente o que o restante de Gênesis 1—11 procura fazer quando a vida de todas as famílias da terra entram em cena, antes que Gênesis 12 se concentre novamente em uma linhagem escolhida: a família de Abraão (Hamilton, 1990:52). A ideia de obediência a Deus baseada em uma relação solidária entre esse Deus e os seres humanos, seguida de punição por causa da desobediência, é fundamental para a teologia da aliança desenvolvida em outro lugar no Pentateuco e na Bíblia. Se P é relativamente autossuficiente, J é tudo, menos isso.

CONCLUSÕES

Há uma relação complexa entre o relato da criação de Gênesis 1 (P) e o relato de Gênesis 2 e 3 (J) que a ciência pouco faz para esclarecer. Ambos os relatos oferecem desafios consideráveis a qualquer abordagem que tente harmonizá-los, seja entre si, seja com os relatos científicos modernos dos primórdios. Uma vez que reconhecemos seus traços próprios, em parte por causa de seus diferentes contextos históricos e teológicos, começamos a ver suas profundezas bastante significativas. Nota-se com frequência que ambos os relatos da criação em Gênesis raramente ecoam de forma explícita na Bíblia, mas o fato de que essas passagens estão no início do Pentateuco e, portanto, da Bíblia, demonstra seu significado. O relato de J, por exemplo, pode repercutir de maneira explícita na Bíblia apenas, e bastante raramente, após Gênesis 3 (C. J. Collins, 2011:66-92), mas claramente estabelece o cenário para muitas das mesmas preocupações e os mesmos temas de pecado, obediência e juízo, que são constantemente repetidos ao longo da Bíblia. Por essa razão, "nenhuma teologia que se pretenda adequada pode evitar lidar com essa passagem" (Rogerson, 1976:30).

Esses textos podem ser controversos em nossos tempos modernos, mas são de enorme importância para a Bíblia, uma vez que estabelecem características básicas de sua *cosmovisão* (Carlson & Longman, 2010:134-41). Abordamos aqui o gênero dos textos com certa extensão e não chegamos a nenhuma conclusão definitiva, em parte graças à dificuldade de articular este mesmo ponto: que os textos são fundamentalmente abrangentes, uma vez que dizem respeito a toda uma cosmovisão. Se deixarmos de apreciar esse ponto e impusermos de maneira irrefletida nossa própria cosmovisão aos textos, rapidamente os entenderemos mal, assim como suas reivindicações sobre questões-chave da cosmologia, da ciência (antiga) e da condição humana, bem como sobre sua relação com o Criador e outras criaturas. Sem o devido conhecimento a esse respeito, aprenderemos relativamente pouco com esses textos.

Esse foi um panorama muito seletivo e breve de uma enorme área de pesquisa. A motivação consistiu em lançar luz sobre aqueles aspectos das narrativas da Criação em Gênesis que têm relação com o modo como a ciência é utilizada nas interpretações da Bíblia. Contudo, não representa de forma alguma o fim do tema da criação na Bíblia, e no próximo capítulo tentaremos cobrir o material adicional relevante. Poderemos fazê-lo de forma mais breve do que aqui, já que esse material adicional é raramente considerado pelos cientistas. Isso não quer dizer, no entanto, que não seja importante. Como vimos, a interpretação dos relatos de Gênesis é consideravelmente mais abrangente do que simples comparações com a ciência moderna poderiam sugerir, e esse quadro só se torna mais complexo quando olhamos para outros aspectos do tema da criação.

CAPÍTULO 3

Criação de acordo com a Bíblia (II): O padrão da criação

CRIAÇÃO E NARRATIVA

Embora os textos de Gênesis sobre a criação sejam geralmente considerados as fontes primárias do pensamento bíblico a respeito do assunto, existe mais material sobre a criação espalhado por toda a Bíblia. Quando tomado em conjunto com os relatos de Gênesis, esse material faz uma exposição muito diversificada do tema, ao qual vamos nos referir como o "tema bíblico da Criação" (veja "Criação na Bíblia", na "Introdução). Ademais, embora alguns dos materiais adicionais sobre a criação sejam coerentes com P ou J (geralmente P), existem muitos outros elementos nesses materiais. Isso significa que não há tanto uma "teologia da criação" na Bíblia, mas, sim, *teologias* da criação". Como Brueggemann (1997:163-4) explicou, essas teologias estão unidas pelo fato de que são *testemunhos* de "Yahweh Criador". E Deus faz isso por intermédio da palavra (p. ex., Gênesis 1, mas a palavra profética também pode ser incluída aqui), da sabedoria (p. ex., Jeremias 10:12) e do espírito (Gênesis 1:2). Podemos ser tentados a unir tudo isso em uma única doutrina da criação; porém, isso seria abusar da integridade do testemunho bíblico em sua diversidade. A visão deste livro é que o tema da criação está centrado na *natureza* de Deus, que na Bíblia nunca é fácil de apreender ou sistematizar. Consequentemente, a teologia bíblica da criação é sempre diversificada e multidimensional.

Em seu estudo do tema da criação no Antigo Testamento, Fretheim (2005) traz importantes esclarecimentos: (1) o conceito de criação é central para tudo o que se diz sobre Deus; (2) tal conceito no Antigo Testamento é relacional, ou seja, leva em consideração a formação de relacionamentos como algo básico para a natureza de Deus e a formação da criação de Deus. Tudo existe em

CRIAÇÃO DE ACORDO COM A BÍBLIA (II): O PADRÃO DA CRIAÇÃO 87

um estado de inter-relação, refletindo seu Criador (ibidem: 16). Essa é uma ideia valiosa, e Fretheim esforça-se muito para explicá-la. Buscaremos fazê-lo à nossa maneira neste capítulo e nos seguintes, eventualmente por meio do enfoque em Deus como Trindade.

Os textos relevantes sobre a criação são muito abrangentes e, em grande parte, pretendemos sinalizar sua diversidade neste capítulo, extraindo os componentes mais úteis do tema ao compará-los com as visões científicas da criação. O primeiro tipo de texto a ser considerado são as grandes narrativas do Antigo Testamento, das quais Gênesis 1—11 forma a antiga e introdutória história dos primórdios. Tomadas em conjunto, de Gênesis 1 a 2Reis 25 e além, essa variada antologia de prosa historiográfica conta uma grandiosa história desde os primórdios da humanidade até o início de Israel; e vai além, até o fim efetivo de Israel e Judá, quando são levados ao exílio, e a tentativa de renascimento na reconstrução de Jerusalém (Esdras-Neemias).

Do ponto de vista do tema da criação, os momentos-chave nessa grande varredura da narrativa ocorrem na história do Dilúvio, no Êxodo e na entrega da Lei no Sinai.

No Dilúvio (Gênesis 6—9), Deus destrói grande parte da criação descrita nos relatos de P e J, e estabelece uma nova, marcada por uma aliança com Noé e todos os seres vivos (9:1-17). Essa aliança estabelece limites para os seres humanos e para os animais, mas também para Deus, que decide nunca mais desfazer a criação de forma semelhante. Não é exagero dizer que isso promove a relação de *interdependência* entre Criador e criatura, que já havia começado em 1:26-30: Deus se compromete livremente a limitar-se até certo ponto em relação às ações do seres humanos e dos animais, ao mesmo tempo que lhes confere algumas responsabilidades para com a criação (Fretheim 2005:270-2).

De maneira semelhante, a criação de Israel como nação no Êxodo é marcada pela entrega da aliança no Sinai, que vincula tanto Deus como o povo a um novo estado de interdependência. Novamente, somos guiados por Fretheim (ibidem:110-31), que aponta que a atividade *criativa* de Deus fornece a base para entendermos boa parte do que acontece naquele momento, embora a história do Êxodo seja habitualmente categorizada como "redenção", e não como "criação". Um versículo-chave para Fretheim é Êxodo 1:7, o qual indica que, quando a história começa, os israelitas no Egito estão obedecendo à ordem criativa da narrativa de P para serem frutíferos e se multiplicarem (Gênesis 1:28). As tentativas do Faraó têm a intenção de limitá-los, chegando mesmo ao ponto do genocídio (Êxodo 1:8-16), e são, portanto, uma ameaça para a criação. Em resposta, Deus providencia uma série de sinais, com destaque para as pragas de Êxodo 7—10 e a travessia do Mar Vermelho (Êxodo 14 e 15). Esses sinais correspondem à ameaça cósmica do inimigo da criação (Faraó), por ser similarmente criativo em escopo; a travessia do Mar Vermelho, em particular, proporciona de forma espetacular a derradeira derrota do Faraó. A criação, então, é restaurada, e os israelitas desfrutam abundante provisão de comida e água no deserto (Êxodo 15—17), por intermédio de uma série de milagres que são, na verdade, um retorno ao esquema da providência que fora divinamente ordenado.

A narrativa passa a descrever a construção do tabernáculo para a adoração (Êxodo 25—31; 35—40). Por muito tempo, observam-se paralelos entre esse relato e a narrativa da criação de P, evidenciando um aspecto semelhante ao que observamos no capítulo 2 sobre a criação como o templo cósmico. Além disso, a narrativa do tabernáculo encontra-se ao lado da complexa história da entrega da Lei no Sinai, desenvolvida nos livros de Levítico, Números e Deuteronômio. Relativamente poucos leitores modernos estudam esses textos em detalhes, por causa de sua obscuridade e de sua complexidade perceptíveis, mas eles contêm uma riqueza de *insights* sobre a cosmovisão israelita, e muitas outras coisas que embasam a visão da criação. Como veremos mais adiante (veja "A antiga 'mentalidade' israelita?", no cap. 4), a Lei estabelece um sistema ordenado para toda a vida, principalmentee por meio de distinções como aquelas entre o "limpo" e o "impuro", e entre o que é "santo" e aquilo que é "abominação". O mundo social e ritual dos seres humanos está inteiramente incluído nesse sistema, mas também os mundos agrícola e natural; eles existem simbioticamente e dependem uns dos outros para preservação e florescimento.

É difícil exagerar a importância da Lei (Torá) para a visão do mundo religioso judaico, e aqui nós a vemos perfeitamente integrada na grande narrativa formativa da criação e da redenção, que vai de Gênesis a 2Reis, e além. Muitas das distinções e dos limites consagrados na Torá provêm de uma cosmovisão muito distante da nossa, mas há muito podemos aprender com essa visão de mundo ao passarmos por esse livro, especialmente sua compreensão holística do direito, da criação, da religião e da ciência, e sua resistência a uma categorização superficial.

Ao nos voltarmos agora à consideração do tema da criação na literatura poética da Bíblia, concluímos esta seção com uma citação do salmo 19. O salmista relaciona uma lei da natureza (o nascer do sol) à Torá de um modo tão íntimo que eles devem ser vistos como formas complementares

CRIAÇÃO DE ACORDO COM A BÍBLIA (II): O PADRÃO DA CRIAÇÃO   89

de se relacionar com o Criador e de ver a natureza do Criador. Se Deus, o ser humano e o mundo natural são interdependentes entre si, então também são os conceitos abstratos, como lei e criação:

> [O sol] Sai de uma extremidade dos céus
>   e faz o seu trajeto até a outra;
>   nada escapa ao seu calor.
> A lei do Senhor é perfeita,
>   e revigora a alma.
> Os testemunhos do Senhor são dignos de confiança
>   e tornam sábios os inexperientes (Salmos 19:6,7).

CRIAÇÃO E POESIA

Alguns dos salmos mais gloriosos expressam louvor à obra das mãos de Deus em todos os aspectos da natureza (p. ex., o salmo 33), possivelmente até mesmo mostrando ressonância com os relatos de Gênesis acerca da criação. O salmo 8 é um bom exemplo: contém semelhanças estreitas com a avaliação de P sobre o lugar da humanidade na criação, quando diz que a humanidade deve ter "domínio" sobre a criação (cp. Salmos 8:3-8 com Gênesis 1:26-30). Da mesma forma que muitos salmos exortam *os seres humanos* a louvar a Deus por suas obras (p. ex., o salmo 9) ou por sua natureza divina (p. ex., o salmo 117), também há passagens que descrevem *toda a criação* louvando a Deus pelas mesmas razões (p. ex., os salmos 65 e 98). Faz parte igualmente da natureza dos seres humanos e de toda a criação prestar o devido reconhecimento ao Criador. Isso ilustra que a contingência que abordamos no capítulo 1 é fundamental para a doutrina cristã da criação. Toda a criação é dependente de Deus como seu Criador quanto à sua existência, tanto no início como ao longo de sua história (ou seja, sua existência não é *necessária*, mas completamente dependente de Deus), e o louvor a Deus é o reconhecimento desse simples fato. Deixar de reconhecer a própria contingência em relação a Deus é deixar de dar louvor a Deus por tudo o que existe, e vice-versa.

Outros salmos, porém, louvam a obra de Deus na história (p. ex., o salmo 105), expressando sentimento semelhante ao reconhecimento da contingência. Se a totalidade da criação é contingente porque depende de Deus para sua existência inicial e contínua, então Israel é contingente como nação porque depende de Deus para sua formação inicial como nação, sua salvação no Êxodo e sua contínua libertação dos inimigos. Um exemplo particularmente interessante é o salmo 136, que expressa louvor a Deus tanto pela criação como pela redenção. Esse salmo demonstra alguns laços estreitos com o relato da criação P (compare Salmos 136:8,9 com Gênesis 1:16-18), mas imediatamente conecta (v. 10-16) o tema da criação com outro importante padrão teológico, ou seja, a ideia da redenção de Deus na história, na forma do Êxodo.

> Deem graças ao Senhor dos senhores.
> > O seu amor dura para sempre! [...]
> Àquele que fez os grandes luminares:
> > O seu amor dura para sempre!
> O sol para governar o dia,
> > O seu amor dura para sempre!
> A lua e as estrelas para governarem a noite.
> > O seu amor dura para sempre!
> Àquele que matou os primogênitos do Egito
> > O seu amor dura para sempre!
> E tirou Israel do meio deles
> > O seu amor dura para sempre!
> Com mão poderosa e braço forte.
> > O seu amor dura para sempre!
> Àquele que dividiu o mar Vermelho
> > O seu amor dura para sempre!
> E fez Israel atravessá-lo,
> > O seu amor dura para sempre!
> Mas lançou o faraó e o seu exército no mar Vermelho.
> > O seu amor dura para sempre! (Salmos 136:3,7-15)

Essa conexão entre a criação e a redenção é usada de forma particularmente eficaz no "Dêutero-Isaías" (Isaías 40—55), o trecho dos escritos do profeta que se pensa ter sido produzido no exílio babilônico (século 6 a.C.), pois os israelitas ansiavam por um retorno à sua terra natal e pela restauração de sua antiga monarquia e adoração no templo. Dêutero-Isaías é com frequência considerado a parte mais incisivamente monoteísta do Antigo Testamento e, de forma similar ao relato sacerdotal (P) da criação, teve origem como uma reação ao culto politeísta da Babilônia. Como parte da demonstração do profeta de que existe apenas um deus, e que esse deus é Yahweh, seu *status* como único

CRIAÇÃO DE ACORDO COM A BÍBLIA (II): O PADRÃO DA CRIAÇÃO   91

Criador é fortemente enfatizado (p. ex., Isaías 40). Ao mesmo tempo, prediz um retorno do exílio na Babilônia à terra natal, um retorno que será um novo e glorioso êxodo e se dará por meio da passagem pelo deserto (Isaías 40:3-5; 41:17-20; 42:16; 43:14-21; 48:20,21; 49:8-12; 52:11,12; 55:12) e por uma "coisa nova" (Isaías 42:9; 43:19; 48:6,7). É evidente que o profeta tem em mente uma "nova criação", que associa a libertação do exílio ao primeiro acontecimento do Êxodo. (Uma "nova criação", que envolve a restauração de Jerusalém e da terra dos judeus, é descrita pelo outro grande profeta exílico, Ezequiel, nos capítulos 40—48). O tema da nova criação, especialmente sua conexão com a ciência moderna, será abordado mais detalhadamente no capítulo 8. Neste momento queremos simplesmente sinalizá-lo como um componente adicional do tema bíblico sobre a criação.

Alguns dos textos relevantes no Dêutero-Isaías descrevem Yahweh como redentor e Criador, em termos familiares ao relato de P (p. ex., Isaías 44:24). No entanto, outras passagens parecem tocar em um padrão diferente de criação, fazendo uso de termos *mitológicos* que não aparecem explicitamente em Gênesis 1. A referência a "Raabe" é especialmente significativa:

> Desperta! Desperta! Veste de força,
>> o teu braço, ó Senhor;
> acorda, como em dias passados,
>> como em gerações de outrora.
> Não foste tu que despedaçaste o Monstro dos Mares [Raabe],
>> que traspassaste aquela serpente aquática?
> Não foste tu que secaste o mar,
>> as águas do grande abismo,
> que fizeste uma estrada nas profundezas do mar
>> para que os redimidos pudessem atravessar?
> Os resgatados do Senhor voltarão.
>> Entrarão em Sião com cântico;
> alegria eterna coroará sua cabeça.
>> Júbilo e alegria se apossarão deles,
>> tristeza e suspiro deles fugirão (Isaías 51:9-11).

Vemos aqui o profeta trazer todos os temas que abordamos até agora em um único e mesmo movimento. A criação inicial e a redenção de Israel no primeiro Êxodo tornam-se marcos históricos no novo êxodo e na formação da nova e eterna Criação, centrada no retorno a Sião. Contudo, a fim de reconhecer que essa primeira criação está em perspectiva na referência a Raabe, temos de examinar a mitologia dessa criação.

CRIAÇÃO E MITOLOGIA

Várias mitologias do AOP falam de uma batalha cósmica entre um deus principal e as forças do caos. Antes da descoberta do Ciclo Cananeu de Baal, em Ugarit, na Síria, a principal fonte dessa tradição era o épico babilônico da criação, *Enuma Elish*, em que o deus Marduk luta com a deusa do mar, Tiamat, derrota-a e divide seu corpo em dois, criando, assim, os céus e a terra. O Egito também tinha um mito de criação semelhante, que envolvia o deus criador Rá travando batalha com a serpente Apófis. Embora existam algumas semelhanças significativas entre *Enuma Elish* e Gênesis 1, como a criação da abóboda acima da terra para separar as águas (Gênesis 1:6), não existe nenhum paralelo explícito em Gênesis 1 com a intrigante ideia de uma batalha cósmica entre o deus Criador e um dragão que personifica o caos — embora Gunkel afirmasse encontrar esse paralelo na semelhança entre a palavra hebraica para "abismo" (*tehom*; Gênesis 1:2) e o nome Tiamat. Por outro lado, existe uma serpente, ou cobra, proeminente que personifica o mal na história de Adão e Eva (Gênesis 3). Um leitor cuidadoso, imerso na cultura mitológica do AOP, teria possivelmente identificado essa serpente como o antigo inimigo cósmico de Yahweh (Averbeck, 2004).

Esses paralelos entre os relatos de Criação em Gênesis e em outras mitologias são, no entanto, bastante imprecisos. Conexões mais substanciais com o pensamento mitológico antigo podem ser encontradas em outras partes da Bíblia, especialmente quando consideramos o mitológico Ciclo de Baal, descoberto em Ugarit. Esse documento relata uma batalha muito parecida entre Marduk e Tiamat, conforme o *Enuma Elish*: Baal é o equivalente a Marduk, e Yam, o equivalente a Tiamat (que também parece ser idêntico ao dragão Leviatã/Raabe, descrito no Antigo Testamento). John Day, que empreendeu grandes esforços para divulgar o reconhecimento desse tema mitológico (Day, 1985; 2000:98-127), refere-se a ele como "o conflito de Deus com o dragão e o mar". Na Bíblia, esse tema pode aparecer como um conflito que ocorre no momento inicial da criação, mas também pode estar relacionado à salvação de Deus, ou à entronização de Deus sobre o mundo (p. ex., Salmos 29; 65; 74:12-17; 77:17-21[VP 16-20]; 89:6-18 [VP 7-19]; 93; 104:5-9). Paralelos mitológicos relacionados são vistos naquilo que é conhecido como a teofania

CRIAÇÃO DE ACORDO COM A BÍBLIA (II): O PADRÃO DA CRIAÇÃO

do "Guerreiro Divino" (Cruz, 1973:91-111): como Marduk e Baal, Yahweh é frequentemente retratado como um deus da tempestade, que se manifesta na tormenta, no vento e na chuva, mesmo em contextos em que a criação não está claramente em vista (p. ex., Êxodo 15:1-18).

O tema do conflito mitológico é utilizado de modo especialmente eficaz no livro de Jó, que, talvez por causa de seu tema (a teodiceia, ou seja, a explicação dos caminhos de Deus diante do inexplicável), tem um interesse particular no papel de Deus na criação. Há uma série de referências ao tema do conflito em que o ato original da criação está claramente em vista (Jó 9:8,13; 26:12,13; 38:8-11) e em que a teofania do Guerreiro Divino também se destaca (Jó 38:1). Contudo, nas descrições detalhadas e fantásticas das duas bestas, Beemote e Leviatã (Jó 40 e 41), vemos um desenvolvimento imaginativo do tema, que não estabelece ligação clara com a batalha primitiva como ato de criação. Essas duas bestas têm sido frequentemente interpretadas como um hipopótamo e um crocodilo, respectivamente; Day (2000:102-3), porém, aponta que elas provavelmente são concebidas como monstros míticos. Em particular, o Leviatã parece ser um dragão com um temível e mortal poder, e considera-se impossível qualquer pessoa dominar ambas as criaturas, exceto Deus, que as tem como derrotadas e domesticadas. A mensagem transmitida pelo texto é que, assim como os monstros míticos estão muito além do controle ou mesmo da compreensão humana, também o são os caminhos de Deus. W. P. Brown (2010:141) aponta que o salmo 104 forma uma contrapartida interessante para Jó 38—41, uma vez que, assim como o texto de Jó, narra a grande diversidade da criação, e inclui o Leviatã "brincando" no mar (Salmos 104:26). O contraste com o símbolo mitológico primário do combate mortal entre Deus e o mar dificilmente poderia ser maior e, em ambos os relatos, o Leviatã não é mais um inimigo confrontando Deus, mas uma das criaturas de Deus, tendo seu habitat natural no mundo ordenado por Deus. O fato de que o símbolo da endeusada figura do dragão mitológico possa ser domesticado e naturalizado ilustra em que medida o pano de fundo mitológico do AOP da criação permaneceu firme na cultura israelita, apesar da amarga recriminação contra outras culturas do AOP.

Isso é ainda ilustrado pelo fato de que o tema do combate com o dragão se torna uma espécie de metáfora de ação, que pode ser usada em comentários sobre a política da época (p. ex., Salmos 87:4; Isaías 30:7). Essa metáfora pode ainda ser projetada adiante no tempo, como uma declaração de punição escatológica em relação àqueles que se opõem a Deus (p. ex., Amós 9:3; Isaías 27:1). Esse tema relata, além disso, a imagem dos quatro monstros que saem do mar e se opõem a Deus na visão de Daniel (Daniel 7), que, com o tempo, foi utilizada nos círculos cristãos para representar o Diabo (Apocalipse 12; 13; 20), que também aparece em estreita associação com o mar.

A imagem do conflito de Deus com o dragão e o mar é, portanto, sutil, mas altamente significativa, por causa de sua flexibilidade, e nos oferece uma maneira de ver como o tema da Criação é coerente com outros temas teológicos. A travessia do Mar Vermelho, com seu tema óbvio do domínio de Deus sobre o mar, separando as águas (Êxodo 14), é especialmente pertinente, e podemos voltar a Isaías 51:9-11, que conecta o ato inicial da criação por intermédio do combate mitológico com Raabe aos sucessivos êxodos, e uma nova e eterna criação, quando os exilados retornarem a Sião.

Também é possível "desmitologizar" o tema, com o objetivo de extrair uma espécie de significado científico da história do conflito de Deus com o dragão/mar. Nesse caso, poderíamos interpretá-lo não como uma história da criação a partir do nada, mas como uma história contando a *ordem a partir da desordem*, e poderíamos, portanto, conectá-la com outros temas da Bíblia sobre a criação, temas que falam de Deus estabelecendo a ordem em uma massa anteriormente amorfa (McGrath, [2002] 2006a:146). Há, por exemplo, a imagem de Deus trazendo a criação à existência mediante o trabalhar da argila na mão do oleiro (Isaías 29:16; 45:9; 64:8; Eclesiástico 33:13; Romanos 9:20,21). Porém, o exemplo mais notável da criação como a ordem a partir da desordem encontra-se em P. Em Gênesis 1:2, Deus começa a criação dos céus e da terra, que era "sem forma e vazia", e as trevas cobriam a face do abismo; essas coisas são símbolos da desordem. Assim como a ordem é imposta pela criação da luz, que está separada das trevas, também é imposta à terra pela separação das águas e pela formação da terra seca. E veremos que esse tema, de criação como ordem a partir da desordem, acaba por ser uma interessante analogia das muitas propriedades emergentes da natureza relatadas pela ciência moderna (cap. 8).

CRIAÇÃO E SABEDORIA

Há ainda outro componente bastante significativo no tema da criação que aparece na literatura sapiencial da Bíblia (especialmente em Provérbios, Jó, Eclesiastes, Eclesiástico e Sabedoria de Salomão). A importância dessa literatura para o presente tema na Bíblia não deve ser subestimada, pois não só é tão venerável quanto outras tradições da criação (Oden, 1992a:1166-7), como também fornece a base para grande parte da teologia da criação do Novo

CRIAÇÃO DE ACORDO COM A BÍBLIA (II): O PADRÃO DA CRIAÇÃO

Testamento e, como veremos, é particularmente favorável a comparações com as modernas visões científicas das leis da natureza.

Já mencionamos de que modo o livro de Jó faz uso do tema mitológico da batalha de Deus contra o mar. E, à semelhança dos outros livros bíblicos de literatura sapiencial, Jó 38—41 tem grande consideração pelo papel de Deus como Criador do mundo natural. Curiosamente, W. P. Brown (2010:133) compara a brilhante descrição de Jó a respeito da vida natural com a viagem épica de Darwin no *The Beagle*, que foi tão importante para a compreensão moderna de que a vida existe em uma "multiversidade de biodiversidade". Jó apontava para isso milênios antes de Darwin.

Se Deus é o Criador de tudo o que existe, então também é o Criador de toda a sabedoria. Portanto, ao colocar a humanidade no contexto da grandeza e em admiração pelo ato de criação de Deus, estamos mais bem posicionados para apreciar nossa (in)significância, nossa própria falta de sabedoria humana e nossa dependência da sabedoria e das leis de Deus. Esse é um tema recorrente em Jó, assim como em Eclesiastes, que também é notório por enfatizar uma ordenação na criação a ser comparada com outros relatos da criação, tais como o relato de P em Gênesis 1, ou de Provérbios 8:22-31. Mas, assim como esses dois relatos enfatizam a ordem por meio dos estágios em que Deus cuidadosamente cria o mundo, Eclesiastes descreve a criação do ponto de vista do ciclo infinitamente repetitivo das estações e do tempo:

Gerações vêm e gerações vão,
    mas a terra permanece para sempre.
O sol se levanta e o sol se põe,
    e depressa volta ao lugar de onde se levanta.
O vento sopra para o sul,
    e vira para o norte;
dá voltas e voltas,
    seguindo sempre o seu curso.
Todos os rios vão para o mar,
    contudo, o mar nunca se enche;
ainda que sempre corram para lá,
    para lá voltam a correr (Eclesiastes 1:4-7).

Essa visão da natureza reforça o pessimismo do escritor de que "tudo é inútil, é correr atrás do vento" (Eclesiastes 1:14). Além do bem, existe sofrimento na vida, a qual, inevitavelmente, chega ao fim para cada um de nós (Eclesiastes 12:1-7), enquanto o mundo da criação continua infatigável e impiedoso. Embora esses sentimentos tenham sido registrados pela primeira vez há mais de dois mil anos, existe muito aqui que repercute com a moderna visão científica do mundo (W. P. Brown, 2010:186), especialmente com a ideia darwiniana de seleção natural mediante a sobrevivência dos mais aptos. A natureza se desenvolve por intermédio de ciclos de luta e competição intermináveis e alheios ao destino dos indivíduos ou mesmo de espécies inteiras. Se a aparente futilidade dessa visão de vida inspira os novos ateus em sua argumentação contra a religião, então é digno de nota que o autor de Eclesiastes reconheceu a mesma sensação de futilidade milhares de anos antes. Este, no entanto, concluiu que isso faz da religião e da obediência a Deus, o qual está acima de tudo, questões ainda mais importantes (Eclesiastes 12:13).

Eclesiastes observa que, apesar da futilidade da vida, é evidente que deve haver significado nela, uma sabedoria que, em última análise, vem de cima. Contudo, como no livro de Jó, essa é uma sabedoria ininteligível para a mente meramente humana (Eclesiastes 8:16,17). Em Jó, embora os seres humanos possam procurá-la como se estivessem cavando as profundezas de uma mina em busca de metais preciosos, ainda assim não a encontrarão (Jó 28). Como diz von Rad (1972:148): "Esta 'sabedoria', este 'entendimento', deve, portanto, significar algo como o 'significado' implantado por Deus na criação, o mistério divino da criação".

Em algumas partes da literatura sapiencial, a Sabedoria torna-se mais elevada do que um mero "significado" implantado por Deus, ou mesmo a entidade por meio da qual Deus criou o mundo (Provérbios 3:19), chegando a ser considerada um ser feminino personificado. O possível *status* divino da Sabedoria e sua relação com a criação atingem um ponto particularmente alto no famoso hino da Sabedoria em Provérbios 8, com a Sabedoria fazendo a importante e central afirmação: "*O Senhor me criou como o princípio de seu caminho, antes das suas obras mais antigas*" (v. 22). A passagem continua descrevendo de que forma a Sabedoria acompanhou Deus mediante toda a criação; e, no versículo 30, ela é descrita como um "mestre construtor" ou "arquiteto" (ou talvez até mesmo uma "criança pequena", o significado é incerto). De qualquer forma, ela é o "prazer" de Deus (v. 30).

Mas como exatamente ela se relaciona com Deus? Existe alguma incerteza sobre como se deve traduzir o verbo nesse versículo crucial de Provérbios 8:22: ela foi "criada" (como na NVI, acima) ou "gerada"? Ou mesmo o

CRIAÇÃO DE ACORDO COM A BÍBLIA (II): O PADRÃO DA CRIAÇÃO

termo "adquirida" seria mais apropriado (Oden, 1992a:1167)? Essa incerteza e o *status* potencialmente divino da Sabedoria que dela decorre envolvem claramente a questão da compreensão israelita do monoteísmo (e tornou-se uma questão particularmente controversa no debate ariano do século 4 d.C., sobre a divindade de Cristo). Fala-se metaforicamente da Sabedoria, como um aspecto da própria personalidade ou do ser divino, ou talvez seja um lado feminino de Deus? Ou a Sabedoria é algo como a deusa consorte do deus criador masculino (como encontramos em outras religiões do AOP)? Ou ainda a Sabedoria é uma entidade separada, mas criada, como um anjo, que acompanha Deus (Dell, 2000:20)? É muito difícil responder a essas questões com segurança, mas os estudiosos tendem a destacar a natureza fluida e metafórica da descrição da Sabedoria em 8:22-31, geralmente vendo a Sabedoria como um dispositivo literário que descreve um aspecto da personalidade de Deus tanto como nascida de Deus, com Deus e em Deus (R. L. Murphy, 1992:927).

Os capítulos 7—9 do livro Sabedoria de Salomão, com uma extensa passagem sobre a centralidade da Sabedoria na Criação, levam esse tema da Sabedoria personificada ainda mais longe: "Ela se estende com vigor de um extremo ao outro do mundo e governa o universo com bondade" (Sabedoria de Salomão 8:1, BJ). Essa associação da Sabedoria com o *governo* do mundo pode levar-nos a pensar no mito do caos da criação (veja "Criação e mitologia"). Embora remota, essa é, sem dúvida, uma possível alusão, pois observamos que, além de Jó (e talvez também Provérbios 8:29), o mito do caos está "notavelmente ausente" na literatura sapiencial (Day, 2000:100). De qualquer forma, o que é notável sobre o livro Sabedoria de Salomão em comparação com Provérbios 8 é que encontramos uma associação ainda mais estreita entre a Sabedoria e a personalidade/ser de Deus:

> Ela é um eflúvio do poder de Deus,
>> uma emanação puríssima da glória do Onipotente,
>> pelo que nada de impuro nela se introduz.
> Pois ela é um reflexo da luz eterna,
>> Um espelho nítido da atividade de Deus
>> e uma imagem de sua bondade (Sabedoria de Salomão 7:25,26, BJ).

Se depois de lermos Provérbios 8 ainda não tínhamos certeza se a Sabedoria tem ou não *status* divino, o livro Sabedoria de Salomão parece esclarecer a situação. A sabedoria não é idêntica a Deus, e certamente também não é um atributo do mundo criado, como sua "bondade". Em vez disso, é um eflúvio da personalidade de Deus, um dom de Deus (8:21) que habita e governa o mundo. Ela também é mais do que o significado divino implantado no mundo, dando-lhe propósito e harmonia, uma vez que ela também é seu "artífice" (7:21,22), assumindo papel ativo em sua criação.

Uma descrição igualmente exaltada da Sabedoria personificada encontra-se em Eclesiástico 24, em que se diz que a Sabedoria é transcendente sobre a criação da maneira que somente Deus é. Na verdade, poderíamos ser perdoados por imaginarmos que a passagem seria a própria autodescrição de Deus, caso o texto não dissesse claramente que a Sabedoria foi criada por Deus e está à disposição dele:

> Saí da boca do Altíssimo
> e como a neblina cobri a terra.
> Armei a minha tenda nas alturas
> e meu trono era uma coluna de nuvens.
> Só eu rodeei a abóbada celeste,
> eu percorri a profundeza dos abismos,
> as ondas do mar, a terra inteira,
> reinei sobre todos os povos e nações.
> Junto de todos estes procurei onde pousar
> e em qual herança pudesse habitar.
> Então o criador de todas as coisas deu-me uma ordem,
> aquele que me criou armou a minha tenda
> e disse: "Instala-te em Jacó,
> em Israel terás a tua herança".
> Criou-me antes dos séculos, desde o princípio,
> e para sempre não deixarei de existir (Eclesiástico 24:3-9).

Uma característica desses retratos da Sabedoria particularmente atraente em nossa moderna era científica é sua relação com as leis da natureza. A Sabedoria é descrita como eternamente onipresente no mundo natural, algo como seu artífice, bem como seu projeto, propósito, significado e ordem, e habitando especialmente no povo iluminado de Deus, Israel. Isso apresenta grande semelhança com algumas estimativas modernas das leis da física, as quais são elevadas a um *status* semidivino (veja "As Leis da Natureza", no cap. 1). Contudo, há mais na Sabedoria do que as leis da natureza. A sabedoria não é apenas um

CRIAÇÃO DE ACORDO COM A BÍBLIA (II): O PADRÃO DA CRIAÇÃO

eflúvio do caráter de Deus ativo na formação da criação, pois, quando consideramos o restante da literatura sapiencial, vemos que a sabedoria moral, ética e social também entra em consideração: é mais do que simples ciência. É, no entanto, sua personificação da lei natural que aponta para uma forma de apropriação teológica desses textos em nossa era científica. Há uma ponte clara que pode ser construída entre as concepções hebraicas do fundamento divino do mundo e as modernas ideias de leis da natureza. E isso se torna particularmente claro quando nos voltamos para a interpretação do Novo Testamento, com o advento de Cristo e as doutrinas da encarnação e da Trindade.

CRIAÇÃO E CRISTO

No Novo Testamento, descobrimos que, além de algumas referências às histórias sobre a Criação em Gênesis — com o intuito de desenvolver um ponto moral (p. ex., Marcos 10:2-12; 1Coríntios 11:7-12) — e uma notável reformulação do mito do caos mediante a figura do "Dragão" (Apocalipse 12; 13; 20), a conversa sobre a criação está focalizada em grande parte na e por meio da pessoa de Cristo. Há um sabor fortemente escatológico nesse tema, mas também descobrimos que muitos dos sentimentos expressos na literatura sapiencial são agora capturados e amplificados ao se falar de Cristo. O exemplo mais conhecido é o do famoso prólogo do Evangelho de João (João 1:1-18), com seu hino à "Palavra" (*logos*, em grego), que, como fica evidente, é o Cristo preexistente, o "Filho" (João 1:14,18).

Ao longo do tempo, tem havido muita especulação acadêmica sobre o pano de fundo religioso e intelectual da escolha de João quanto ao uso do termo *logos* (Tobin, 1992). Esse termo era amplamente utilizado nos círculos filosóficos gregos; o conceito estoico do *logos* como o princípio racional da ordem implantado no universo é sugestivo do uso do termo por João. E o fato de que o conceito estoico de *logos* guarde semelhança com algumas das mais elevadas avaliações das leis da física em nosso próprio tempo talvez seja uma das razões pelas quais se desenvolveu o interesse no campo da ciência-teologia em ver Cristo como a personificação das leis da física (veja "O *logos* e as Leis da Física", nas "Conclusões").

Contudo, considerando toda a atratividade de enxergar o conceito estoico do *logos* por trás do *logos* de João, a tradição sapiencial judaica apresenta uma base mais provável. Paralelos próximos são vistos entre o que João diz a respeito do *logos* e o que os livros de Provérbios, Sabedoria e Eclesiástico dizem sobre a Sabedoria personificada. Também encontramos ambiguidade semelhante ao discernir o *status* da Palavra em relação a Deus, porque João nos diz que o *logos* estava com Deus no princípio, e também é realmente Deus (João 1:1). E, à semelhança da Sabedoria personificada, que era vital para a criação do mundo, João nos diz que foi por intermédio do *logos* que todas as coisas foram feitas: "Todas as coisas foram feitas por intermédio dele; sem ele, nada do que existe teria sido feito" (João 1:3). Da mesma forma que a Sabedoria, o *logos* é comparado com a luz (João 1:4,5; cf. Sabedoria de Salomão 6:12; 7:26), e é definido como a fonte da vida (João 1:3,4; cf. Provérbios 8:35; Sabedoria de Salomão 8:13). E, assim como a Sabedoria, o *logos* estava no mundo (João 1:10; cf. Eclesiástico 1:15), mas o mundo não o reconheceu (João 1:10, cf. Baruque 3:31).

O Prólogo de João também pode ser visto como uma interpretação cristológica do relato da Criação de Gênesis 1 (Barton, 2009:194-5). Ambas as passagens começam com as inconfundíveis e impactantes palavras: "No princípio...". E a identificação joanina do Filho preexistente com o *logos* lembra a maneira pela qual, por intermédio da *palavra* de Deus em Gênesis 1, o mundo passa a existir (Gênesis 1:3,6,9,14,20,24,26). Nessa passagem, a palavra falada é totalmente eficaz. Deus não precisa moldar ativamente o mundo em Gênesis 1, mas simplesmente *ordena* que ele venha à existência. Na verdade, dizer que Deus *ordena* talvez seja muito forte, porque os trechos relevantes em Gênesis 1 são frequentemente traduzidos em relação ao *fiat* divino, ou seja, "faça-se" (p. ex., "Haja luz"). Se isso estiver correto, a palavra falada na criação é mais um ato de encorajamento divino do que de comando, e nos apresenta o quadro paradoxal do Criador transcendente, que tem uma relação direta e íntima com a criação, fazendo com que ela venha à existência. E, uma vez que a palavra de encorajamento de Deus em Gênesis 1 se torna personificada no *logos* divino de João 1, o qual atua ao lado de Deus na criação e ainda se torna parte dela como "carne" (João 1:14), o sentido de parceria adquire relevância ainda maior. Isso significa que, embora o tema da criação por intermédio da *Palavra* de Deus seja conhecido em outros lugares da Bíblia (p. ex., Salmos 33:6,9; 119:89; 148:5; Hebreus 11:3), alcança novas alturas em João 1. Ademais, embora o uso do termo *logos* por João deixe claro os paralelos com Gênesis 1, ele também conecta o motivo da criação com a *vontade* profética de Deus, assim como se expressa por meio da "palavra do Senhor" dos profetas hebreus (Macquarrie, 1990:43-4, 107-10; Peacocke, 1996b:327).

E talvez seja assim que entendemos, em parte, as palavras mais célebres do Prólogo de João: "Aquele que é a Palavra tornou-se carne e viveu entre

CRIAÇÃO DE ACORDO COM A BÍBLIA (II): O PADRÃO DA CRIAÇÃO

nós" (João 1:14). É em Jesus de Nazaré que o propósito criativo de Deus e sua vontade, que são o mesmo propósito e a mesma vontade expressos pela lei e pelos profetas — juntamente com o par "graça e verdade" (João 1:14,16) —, são incorporados na forma de um ser humano (Ward, 2010:78-9). Deus é revelado de uma forma completamente sem precedentes nesse ser humano, que é definido até mesmo como o "Deus Unigênito" (*monogenes theos*): "Ninguém jamais viu Deus, mas o Deus Unigênito, que está junto do Pai, o tornou conhecido" (João 1:18).

A intimidade retratada aqui — juntamente com o propósito revelador — é uma reminiscência da relação entre Deus e a Sabedoria de Provérbios 8. Embora nos tenhamos concentrado nesta seção no Prólogo de João, a conexão entre Jesus e a tradição sapiencial judaica não é de forma alguma exclusiva do Evangelho de João: encontramos vestígios também nos Evangelhos sinóticos (p. ex. Mateus 11:19,25-30) e em Colossenses 1:15-20 (Deane-Drummond, 2009:100-7).

Sob a perspectiva do desenvolvimento histórico do cristianismo, essa identificação entre o homem Jesus de Nazaré e o preexistente e divino Filho/Sabedoria/*logos* deve ter ocorrido nas primeiras gerações do cristianismo, pois os discípulos e os primeiros seguidores procuraram dar sentido ao legado de Jesus, especialmente ao evento de sua morte e ressurreição. É difícil saber como essa identificação ocorreu: seja por algum tipo de cadeia evolutiva de raciocínio teológico ao longo de vários anos (p. ex., Dunn, [1980] 1989:251-8), ou talvez por um conjunto muito mais repentino ("explosivo") de circunstâncias no seu início (p. ex., Hurtado, 2003:78), que poderia ter incluído experiências de revelação (p. ex., Hurtado, 2005:29-30). Mas, sem dúvida, as cartas paulinas do Novo Testamento (os primeiros escritos cristãos que temos) indicam que os processos pelos quais Jesus veio a ser reconhecido como divino já estavam bem encaminhados na década de 50 d.C. Uma das questões mais intrigantes que surgem a partir dessa observação é como os primeiros cristãos conseguiram acomodar o *status* divino de Cristo na estrutura monoteísta do judaísmo antigo, pois, diante da imediata solução politeísta em relação à divindade de Jesus nos modelos do panteão romano e grego de divindades, os primeiros cristãos preferiram continuar atuando dentro da estrutura do judaísmo. Tem-se argumentado que eles foram capazes de fazê-lo talvez por causa do interesse em figuras semidivinas mostrado pela literatura apocalíptica judaica (p. ex., o Filho do homem em 1Enoque 48); porém, a tradição sapiencial judaica deve ter sido pelo menos tão importante, pois forneceu uma base bíblica e teológica para ver Jesus ao lado de Deus na Criação como o Filho de Deus preexistente (Dunn, [1980] 1989:259). Isso possibilitou a associação natural entre Cristo e a criação.

Dessa forma, encontramos uma série surpreendente de declarações no Novo Testamento, como no Prólogo do Evangelho de João, afirmando que, muito antes de o humilde carpinteiro de Nazaré nascer neste mundo, o *logos*/ Filho de Deus já existia e havia, no princípio, criado o mundo (João 1:1-4,10; Colossenses 1:15-20; Hebreus 1:2,3). É difícil datar o Evangelho de João, mas a maioria dos estudiosos o situa no final do primeiro século, em parte porque ele detém uma cristologia mais desenvolvida do que a maior parte do Novo Testamento. Por outro lado, existem algumas declarações cristológicas muitíssimo desenvolvidas em Paulo. Dentro de apenas cerca de vinte anos após a crucificação de Jesus, Paulo poderia escrever: "Para nós, porém, há um único Deus, o Pai, de quem vêm todas as coisas e para quem vivemos; e um só Senhor, Jesus Cristo, por meio de quem vieram todas as coisas e por meio de quem vivemos" (1Coríntios 8:6). Dessa forma, a conexão de que o Deus que criou o mundo também se rebaixou para juntar-se à humanidade foi feita muito cedo: ao assumir a responsabilidade pela redenção do mundo como Cristo, ele deve ser, de forma análoga, adorado por toda criatura, "nos céus, na terra e debaixo da terra" (Filipenses 2:10).

Paulo desenvolveu outras imagens teológicas para explicar o mistério de Cristo, e uma particularmente útil para conectar a criação e a redenção é aquela de Cristo como o segundo Adão (Romanos 5:12-21; 1Coríntios 15:21,22,45-49). À semelhança do primeiro Adão, Cristo torna-se vinculado à história da criação de Gênesis e às origens da humanidade, mas seu papel na redenção traz à existência uma *nova* criação (2Coríntios 5:17; Gálatas 6:15). O que significa que Cristo, em virtude de seu ato redentor de morte e ressurreição, torna-se tanto o cumprimento da criação inicial, que começou em Adão, como algo novo, inaugurando uma nova era. Vemos assim, mediante esse simples tema alusivo do novo Adão, que os temas teológicos da criação, da redenção e da escatologia estão ligados entre si. Na cena final da Bíblia, essa ideia é retratada com rico simbolismo como o cumprimento de todas as coisas, quando a nova Jerusalém desce do novo céu para ser o elemento central da nova terra (Apocalipse 21 e 22).

Exploraremos de maneira mais completa a dimensão escatológica no capítulo 8, de modo que aqui nos limitaremos a destacar o papel crucial desempenhado pela ressurreição de Jesus na fundamentação das reivindicações sobre

CRIAÇÃO DE ACORDO COM A BÍBLIA (II): O PADRÃO DA CRIAÇÃO 103

o papel de Cristo na criação, um aspecto que Pannenberg (1968:390-7) desenvolveu. Na teologia paulina, a ressurreição de Jesus é importante não apenas porque é o milagre que justifica a morte de Jesus na cruz, mas por seu significado mais amplo no contexto judaico da época. As seitas apocalípticas do judaísmo antigo (como os fariseus) acreditavam que os mortos seriam ressuscitados no Último Dia para o juízo, de modo que Paulo, que havia passado sua juventude como fariseu, interpretou a ressurreição de Jesus como algo semelhante, como os "primeiros frutos" da ressurreição geral que logo viria. A ressurreição de Jesus, portanto, tornou-se o sinal de que o fim dos tempos está prestes a chegar ao mundo (1Coríntios 15:20,23), e que Cristo é o Rei do universo (1Coríntios 15:24,25; Filipenses 2:11). O argumento de Pannenberg é que a ressurreição, vista como um acontecimento *escatológico*, é a chave para interpretar todas as declarações teológicas feitas sobre Jesus. Assim, a ressurreição de Jesus é a razão pela qual se atribui ao *ser humano* Jesus de Nazaré a preexistência *divina* como o Filho de Deus que participou da criação do mundo no princípio. Sua ressurreição é o cumprimento de toda a criação e, portanto, é correto ver os propósitos eternos de Deus (incluindo aqueles no princípio da criação) cristalizando-se nele e encontrando seu significado por meio dele:

A encarnação de Deus em Jesus de Nazaré forma o ponto de referência em relação ao qual o curso do mundo tem sua unidade, e a base na qual cada acontecimento e cada figura na criação constituem-se exatamente no que são. Considerando que a unidade de Jesus com Deus é primeiramente decidida por sua ressurreição, somente por meio da ressurreição de Jesus é que a criação do mundo encontra sua realização (Pannenberg 1968:396).

Se isso nos tentar a ter uma visão da criação e da redenção muito centrada no homem, então devemos lembrar que o material do Novo Testamento é claro sobre o enfoque da criação residir em Cristo como o Filho encarnado, e não na humanidade como uma espécie biológica (Fergusson, 1998:18). De qualquer forma, há uma passagem muito importante em Paulo que amplia consideravelmente essa imagem — Romanos 8 —, a qual nos últimos anos tem sido amplamente utilizada com o intuito de desenvolver teologias ecológicas (p. ex., Southgate, 2008; Edwards, 2009). Romanos 8 desenvolve o tema da ressurreição de Cristo como o início da futura era escatológica, na qual o Espírito de Deus é concedido aos cristãos e experimentado no presente: "E, se o Espírito daquele que ressuscitou Jesus dentre os mortos habita em vocês, aquele que ressuscitou a Cristo dentre os mortos também dará vida a seus corpos mortais, por meio do seu Espírito, que habita em vocês" (Romanos 8:11). Paulo continua e descreve a relevância desse tipo de nova vida para os dias de hoje, falando do presente sob uma perspectiva de um período de sofrimento, uma fase escatológica prevista pelo apocalíptico judeu como pressagiando a ressurreição geral dos mortos no Último Dia:

> Considero que nossos sofrimentos atuais não podem ser comparados à glória que em nós será revelada. A natureza criada aguarda, com grande expectativa, que os filhos de Deus sejam revelados. Pois ela foi submetida à inutilidade, não pela sua própria escolha, mas por causa da vontade daquele que a sujeitou, na esperança de que a própria natureza criada será libertada da escravidão da decadência em que se encontra, recebendo a gloriosa liberdade dos filhos de Deus. Sabemos que toda a natureza criada geme até agora, como em dores de parto. E não só isso, mas nós mesmos, que temos os primeiros frutos do Espírito, gememos em nosso íntimo, esperando ansiosamente por nossa adoção como filhos, a redenção do nosso corpo (Romanos 8:18-23).

Embora seja claro que esse processo escatológico foi concebido tendo em vista principalmente o benefício dos seres humanos (os "filhos de Deus"), é a totalidade da criação que se encontra envolvida nele, com a palavra "criação" (*ktisis*, em grego) enfatizada não menos que cinco vezes. Se Paulo está se referindo aqui à "Queda" de Adão e Eva (Gênesis 3) quando fala de a criação estar sujeita à "inutilidade" e à "escravidão da decadência", então ele concebe o resultado do que Deus vai realizar como igualmente cósmico em seu escopo. A redenção dos "filhos de Deus", evidenciada pela ressurreição de Cristo e pelos "primeiros frutos do Espírito", não é apenas para os filhos de Adão e Eva, mas para toda a criação. No presente, porém, a criação "geme [...] como em dores de parto", ou seja, atravessa um tempo necessário de sofrimento antes que a nova criação nasça. Em outras palavras, toda a criação sofreu o destino comum da humanidade, mas também se beneficiará de sua redenção comum no futuro. Dessa forma, Romanos 8 desenvolve uma perspectiva cósmica sobre o tema da ressurreição de Cristo, que é tudo, menos antropocêntrica.

Romanos 8 também deixa perfeitamente claro que tudo isso acontece pelo poder do Espírito Santo. É o Espírito que enche os cristãos com a vida da nova criação (p. ex., v. 9), que também é a vida do Cristo ressurreto (v. 11).

CRIAÇÃO DE ACORDO COM A BÍBLIA (II): O PADRÃO DA CRIAÇÃO

Esse é o mesmo Espírito que estava presente na criação primeva, pairando ou se movendo sobre a face das águas (Gênesis 1:2). Uma vez que as palavras hebraicas e gregas para "Espírito" também podem significar "fôlego" e "vento", podemos dizer que esse era o mesmo Espírito que se tornou o fôlego da vida de Deus no primeiro homem (Gênesis 2:7) e, em seguida, deixou a geração que pereceu no Dilúvio (Gênesis 7:22). De maneira simples, o Espírito/fôlego é a fonte da vida biológica (Salmos 104:29,30), mas também da nova vida escatológica: esse mesmo Espírito deu vida à igreja que nasceu no Pentecostes (Atos 2; cf. João 20:22).

A menção ao Espírito Santo nos faz lembrar a terceira pessoa da Trindade e, se com isso parece que nos desviamos um pouco da obra de Cristo, é preciso notar que as cartas paulinas: (a) veem a obra de Cristo na criação como uma ideia que deve ser desenvolvida escatologicamente; e (b) associam muito intimamente a obra escatológica de Cristo e a obra escatológica do Espírito. Descobrimos, portanto, que somos incapazes de explicar suficientemente a obra de Cristo na criação sem relacioná-la com a obra do Espírito Santo. É algo inevitável falar de Deus como Trindade a partir desse ponto.

Naturalmente, é evidente que muito do que dissemos aqui sobre Cristo e a criação se beneficiou da reflexão teológica exaustiva e da controvérsia que ocorreu do primeiro século d.C. em diante. A igreja antiga levou várias centenas de anos para desenvolver uma cristologia madura e que fosse capaz de interpretar, de maneira fundamentada, ideias teologicamente tão avançadas quanto as contidas em textos como Colossenses 1, em que se diz, ao mesmo tempo, que Cristo criou o mundo e o reconciliou com Deus ao morrer como um criminoso comum na cruz (Colossenses 1:20). Descobriu-se que essas ideias paradoxais eram mais bem interpretadas não as explicando tanto quanto as rearticulando em termos paradoxais mais nítidos da humanidade e da divindade simultâneas de Cristo. Assim, o Concílio de Calcedônia (451 d.C.) foi capaz de falar, por um lado, da natureza divina de Cristo, segundo a qual ele foi "gerado antes dos séculos pelo Pai"; e, por outro lado, de sua natureza humana, segundo a qual, "nestes últimos dias, nasceu da Virgem Maria". Ambas as naturezas existem "inconfundíveis, inalteráveis, indivisíveis, inseparáveis" em um só Cristo (Norris, 1980:159). Tal linguagem está a mundos de distância do cristianismo do primeiro século, mas é difícil não ler os textos do Novo Testamento à sua luz, isto é, anacronicamente: ler nos textos os conceitos e realidades que só mais tarde foram plenamente reconhecidos. Isso não é mais verdadeiro do que aquilo que trataremos na próxima seção, a ideia de Deus como Trindade.

A CRIAÇÃO E OS PRIMÓRDIOS DA IDEIA
DE DEUS COMO TRINDADE

Se, ao falar das duas naturezas de Cristo, o Concílio de Calcedônia intensificou o paradoxo que está implícito na cristologia do Novo Testamento, então podemos ver pela nossa distância de quase dois mil anos que há um sólido raciocínio teológico por trás de tudo isso. De acordo com o Novo Testamento, o Filho de Deus que morreu na cruz como um ser humano (Mateus 27:40-43; Marcos 15:39; Romanos 5:10) foi o mesmo Filho de Deus que, no princípio, contribuiu para criar o mundo (Colossenses 1:13-20). De maneira mais direta: se o Filho de Deus é suficientemente Deus para poder salvar o mundo, então ele é suficientemente Deus para tê-lo criado. Os dois eventos — criação e redenção — são, portanto, considerados em conjunto como atos iguais e complementares do amor divino. E aqui temos o início da ideia de Deus como Trindade, talvez o aspecto mais paradoxal da fé cristã; mas essa ideia é corroborada pela observação de que o Deus que salva a humanidade o fez ao aparecer na terra como um ser humano e que, portanto, deve ser o mesmo Deus que fez o mundo no princípio, e é o mesmo Deus que está presente atuando no mundo pelo Espírito agora.

Essa abordagem pode fazer muito sentido teológico para nós, mas nunca é tão categoricamente declarada no Novo Testamento. O texto mais flagrante do Novo Testamento que parece apontar para a realidade trinitária de Deus é o mandamento de Jesus a seus discípulos para batizar "em nome do Pai e do Filho e do Espírito Santo" (Mateus 28:19), ecoando o batismo de Jesus, um momento trinitário em tudo, menos no nome (p. ex., Mateus 3:16,17). Há outros textos, porém, como o chamado discurso de despedida do Evangelho de João, em que Jesus diz a seus discípulos que seu Pai lhes enviará o Espírito Santo para lembrá-los de Jesus e testemunhar em seu nome (João 14:26; 15:26). As cartas de Paulo contêm uma passagem que parece ser explicitamente trinitária (2Coríntios 13:13), e Paulo também faz associações muito próximas entre Pai, Filho e Espírito Santo em outros lugares, não menos importante nos versículos que antecederam a passagem crucial de Romanos 8 que citamos anteriormente (Romanos 8:15-17). Existem ainda outros aspectos da teologia de Paulo que podem ser vistos como profundamente — se não explicitamente — trinitários (Dunn, 2011:180), sobretudo seu ensino sobre a igreja (a representação da nova criação na terra): ela é a "igreja de Deus" (p. ex., 1Coríntios 10:32) e o "corpo de

CRIAÇÃO DE ACORDO COM A BÍBLIA (II): O PADRÃO DA CRIAÇÃO

Cristo" (p. ex., 1Coríntios 12:27), e traz comunhão/participação no Espírito (2Coríntios 13:14).

Em suma, há indícios do início de uma teologia trinitária no Novo Testamento, a qual se expressa de forma ampla, em termos *econômicos*, ou seja, associando Pai, Filho e Espírito Santo por meio de seus papéis complementares na "economia"/"plano" (Efésios 1:10) da criação e da redenção. A afirmação doxológica em Romanos 11:36, por exemplo, pode ser interpretada como uma visão econômica de Deus como Trindade, pois diz: "Porque dele [o Pai], por ele [o Espírito] e para ele [Cristo] são todas as coisas".

Por outro lado, a articulação de Deus como Trindade em termos *imanentes*, ou seja, por meio das relações internas e do funcionamento da Divindade, era mais ou menos impossível até que o desenvolvimento da terminologia apropriada ocorresse nos séculos posteriores. Tertuliano (c. 160-220 d.C.) é particularmente importante, uma vez que trouxe à tona os termos "Trindade" (*trinitas*, em latim) e "pessoa" (*persona*), os quais formam a base de toda a discussão trinitária imanente na teologia ocidental.

É até mesmo possível inferir a ideia da Santíssima Trindade nos textos do Antigo Testamento, embora os críticos históricos possam muito bem reclamar que isso equivale a um gritante anacronismo. Ainda assim, isso não impediu os teólogos, pelo menos desde o tempo de Ireneu, no século 2 d.C., de tentar demonstrar que a fé cristã no Pai, no Filho e no Espírito Santo pode apoiar-se em textos como os das histórias sobre a criação em Gênesis (p. ex., a comparação feita por Ireneu do Filho e do Espírito Santo com as "mãos" de Deus formando Adão a partir do barro; *Contra as heresias* IV:pref. 3). E os estudiosos modernos fizeram algo semelhante, embora tenham sido mais cautelosos. Já observamos (veja "Criação e narrativa") a advertência de Brueggemann (1997:63), no sentido de que o tema da criação no Antigo Testamento não pode ser formulado em uma doutrina, uma vez que é muito "incipiente", mas contém todo o material necessário para uma compreensão trinitária da criação, uma vez que se diz que Yahweh cria por intermédio da palavra (Gênesis 1:3), da sabedoria (Jeremias 10:12) e do espírito (Gênesis 1:2). Mackey (2006:39-40, 47-8) também apontou que a Palavra, a Sabedoria e o Espírito são usados como três entidades intercambiáveis em todo o tema bíblico sobre a criação no Antigo e no Novo Testamento, uma observação que inevitavelmente nos leva a especular sobre seu *status* teológico conforme as ideias trinitárias.

Assim, embora possamos relutar, do ponto de vista histórico, em desenvolver os textos sobre a criação no Antigo Testamento (ou mesmo no Novo

Testamento) conforme as ideias trinitárias, ainda assim existem elementos nos textos que se prestam a tal abordagem. Ademais, uma abordagem trinitária oferece uma série de vantagens a partir de nossa perspectiva — e muitas revoluções teológicas — depois que os textos foram inicialmente elaborados.

A primeira observação é que, embora desejemos evitar o anacronismo histórico, existe uma venerável tradição de interpretação teológica da Bíblia, remontando à igreja primitiva, que mantém a crença de que tanto o Antigo como o Novo Testamento fundamentalmente testemunham uma revelação progressiva do mesmo Deus. E podemos ver esse ponto de vista no próprio Novo Testamento, que toma uma série de textos do Antigo Testamento e os interpreta, aplicando-os a Cristo. Isso é representativo do método de interpretação bíblica conhecido como *tipológico*, que vê o conteúdo do Antigo Testamento como prefigurando ou antecipando o que está por vir no Novo Testamento. A partir disso, temos a famosa máxima de Agostinho: "O Novo Testamento está oculto no Antigo e o Antigo está patente no Novo" (Agostinho, *Questionum in Heptateuchum* 2:73; tradução para o inglês de Kelly, [1960] 1977:69). No caso de sermos tentados a priorizar o Novo Testamento sobre o Antigo por causa de tais declarações, devemos lembrar que o Novo Testamento não pode de forma alguma ser entendido sem o Antigo. Portanto, é apropriado enfatizar a interconectividade de ambos os Testamentos, caso se deva adotar uma abordagem teológica como essa, na qual o Antigo e o Novo Testamentos são vistos como orientando e guiando leituras um do outro, porque fazem parte do mesmo cânon: as Escrituras Sagradas. Na verdade, já começamos, neste capítulo, a fazer exatamente isso: incorporar o material sobre a criação do Novo Testamento ao do Antigo. Em nossa defesa, se o academicismo histórico moderno insiste que devemos atentar para o contexto *histórico* no qual um texto se originou (com tudo o que isso implica para conceitos posteriores como Deus como Trindade), então uma leitura cristã poderia muito bem responder que devemos atentar também para o contexto *canônico*. Afinal, o texto é um componente da base fundamental do cristianismo, o qual mantém a fé em Deus como Trindade em sua essência. Portanto, ler teologicamente os textos bíblicos sobre a criação requer que decisões hermenêuticas tácitas sejam tomadas em relação à crença em Deus como Trindade, qualquer que seja o sentido desses textos a partir de uma perspectiva histórica.

A segunda observação diz respeito à utilidade hermenêutica de uma leitura trinitária. Neste livro, que procura explorar o tema bíblico sobre a criação em parte sob a perspectiva da ciência moderna, há uma simplicidade atraente

CRIAÇÃO DE ACORDO COM A BÍBLIA (II): O PADRÃO DA CRIAÇÃO   109

em associar o *logos* ao princípio organizador por trás da criação (incluindo as leis da natureza), enquanto o Espírito Santo pode ser desenvolvido como o Deus imanente presente no funcionamento perpétuo da criação, com tudo o que isso sugere sobre a ciência evolucionária moderna.

Isso se relaciona a uma terceira observação a respeito dos méritos de uma leitura trinitária. Como abordaremos nos próximos dois capítulos, é difícil, em nossa era científica moderna, resistir ao espírito do deísmo, que vê Deus como separado do funcionamento do mundo. Existem muitas maneiras pelas quais nosso pensamento religioso é influenciado por isso, consciente ou inconscientemente. Uma visão profundamente trinitária, por outro lado, insiste que Deus tem estado ativamente envolvido tanto na redenção como na criação do mundo no decorrer da história. Tal perspectiva trinitária está, é claro, completamente em sintonia com a atmosfera *teísta* da Bíblia; portanto, embora essa seja uma visão de Deus desenvolvida mais tardiamente do que a da Bíblia, indiscutivelmente nos oferece a melhor maneira de nos apropria de sua atmosfera em nossa era mais deísta.

Webster (2003) fez uma importante observação sobre isso em sua exploração teológica da ideia da Sagrada Escritura. Ele argumenta que muitas vezes a Bíblia é lida sob a perspectiva de um evidente naturalismo ou de seu oposto, um evidente sobrenaturalismo. O naturalista insiste que o texto deve ser lido principalmente a respeito de suas origens humanas como um documento histórico e, portanto, subordina aos níveis interpretativos secundários a possibilidade de que o texto possa desempenhar papel relevante na autocomunicação de Deus. O sobrenaturalista, por sua vez, tenta o contrário, ao enfatizar o papel da revelação divina na produção do texto em detrimento dos fatores históricos. Ambas as perspectivas, afirma Webster, apresentam falhas fatais, não apenas em sua compreensão da Escritura, como também na forma de Deus se relacionar com o mundo. Em particular, elas revelam um dualismo que separa Deus do mundo de uma maneira que dificilmente pode ser considerada teísta. Deparamos, mais uma vez, com algo parecido com o deísmo. Webster diz o seguinte:

> O mergulho no dualismo é inseparável do recuo da doutrina da Trindade no discurso teológico sobre a relação de Deus com o mundo. Quando a ação de Deus em relação ao mundo é concebida de uma forma não trinitária e, em particular, quando o discurso cristão da presença do Cristo ressurreto e da atividade do Espírito Santo não direciona as concepções da ação divina no mundo, então essa ação passa a ser entendida como externa, descontinuada e não tendo relação

concreta com as realidades das criaturas. Deus, com efeito, torna-se uma vontade causal, intervindo na realidade das criaturas de fora, mas sem conexão com a criação (ibidem:21).

A solução deve ser a defesa simultânea tanto da transcendência como da imanência de Deus, algo que a doutrina da Trindade afirma de forma direta. E, no que diz respeito à Bíblia, Webster está certo quando diz que devemos realizar uma afirmação dialética semelhante, em que defendemos a "criaturalidade" do texto bíblico simultaneamente com seu *status* santificado como um meio da autorrevelação de Deus.

Levando a sério os comentários de Webster, podemos dizer que, embora a abordagem nesta seção sobre a conexão entre o tema bíblico da criação e a ideia de Deus como Trindade tenha sido bastante tímida, começou a estabelecer a abordagem hermenêutica que será importante mais tarde, quando analisarmos as interpretações científicas do material bíblico sobre a criação.

CONCLUSÕES

O tema bíblico da criação não se constitui em um único conceito ou princípio conciso e bem definido; não é propriamente "*uma* teologia". As histórias sobre a criação de Gênesis 1 e 2 são muitas vezes tomadas como a declaração bíblica definitiva, mas temos visto que elas não só têm ênfases teológicas diversas e distintas entre si, mas também que existem muitos outros textos relevantes na Bíblia, de Gênesis a Apocalipse. Esses textos apontam para outras vertentes no tema da criação. Portanto, não é possível derivar uma única doutrina a partir desse material; a doutrina da criação é simplesmente muito variada em gênero, objetivo e conteúdo. Não obstante, o material encontra-se unido pelo fato de proclamar a supremacia do Deus de Israel como o único Criador.

Assim, embora nossa tendência natural consista em ler o material bíblico sobre a criação como articulações teológicas sobre o *mundo* e como ele passou a existir, ainda assim esse material pode ser igualmente lido como articulações teológicas sobre a *natureza de Deus*. As últimas seções deste capítulo deixaram isso perfeitamente claro, pois revisamos, de forma sucinta, as maneiras de entender o material do livro Sabedoria de Salomão e do Novo Testamento sobre a criação. Vimos que esse material começa a insinuar uma profundidade teológica ao ser de Deus, que os cristãos ainda lutam para conceituar depois de vários milhares de anos.

CRIAÇÃO DE ACORDO COM A BÍBLIA (II): O PADRÃO DA CRIAÇÃO

Antes de voltarmos à abordagem científica e filosófica no próximo capítulo, é importante levantar uma questão, raramente feita no campo da ciência-teologia, mas essencial para compreendermos o retrato bíblico de Deus como Criador: o lugar de adoração, reverência e admiração como a resposta humana adequada a Deus. Nos textos bíblicos, a consideração da criação inspira louvor. Na verdade, o fato teológico da criação às vezes é dado na Bíblia como razão suficiente para a adoração, mesmo antes que a obra de Deus na redenção seja levada em consideração:

> Tu, Senhor e Deus nosso, és digno
> de receber a glória, a honra e o poder,
> porque criaste todas as coisas,
> e por tua vontade elas existem e foram criadas (Apocalipse 4:11).

Algumas das expressões mais notáveis de louvor à criação são encontradas nos Salmos. O salmo 8, por exemplo, pinta um retrato da total dependência que a humanidade tem de Deus, e seu dever de louvor resultante; enquanto o salmo 104 faz algo semelhante em relação a toda vida criada, o salmo 98 o faz em relação à terra e o salmo 19 para os "mudos" céus. Portanto, vemos na concepção bíblica que, ao participarem do movimento universal de louvor ao Criador, os vários componentes da criação se apresentam como testemunhas uns dos outros, estimulando-se entre si. Isso oferece um valioso corretivo contra nossa inevitável ênfase centrada no ser humano, como ilustra, por exemplo, o discurso de Deus a Jó nos capítulos 38—41. Esse é um ponto favorável às teologias ecológicas recentes, que procuram apresentar uma perspectiva mais universal (p. ex., Horrell, 2010:60-1).

Assim como acontece com o material sobre a criação no Antigo Testamento, o material no Novo Testamento o faz no contexto do louvor. Porém, o que é notável neste é que ele diz respeito a Cristo, e faz afirmações surpreendentes sobre sua divindade, sua preexistência, seu papel na criação e a obrigação de adorá-lo de uma forma que é reservada somente a Yahweh no Antigo Testamento (p. ex., Filipenses 2:5-11). Isso revela algo da profunda mas sutil importância da visão cristã da criação e da necessidade da adoração. Como diz Wilkinson (2009b:20): "O universo não pode ser completamente compreendido como criação sem Cristo". Do ponto de vista de uma teologia natural (ou seja, baseada na razão e na experiência do mundo "natural"), tal afirmação não pode ser empiricamente fundamentada de forma direta; é um postulado. O Rev. William Paley (1743-1805) articulou um dos mais famosos exemplos de uma teologia natural, comparando o Criador a um relojoeiro de habilidade superlativa. Os argumentos do design sempre foram vulneráveis à acusação de que eles dizem respeito ao deus dos filósofos — o deus da lógica e da analogia humanas —, e não ao Deus cristão do Gólgota, que deve ser apreendido pela *revelação*, e não pela *observação* da natureza. Por outro lado, as teologias evolucionárias modernas muitas vezes combinam os dois ângulos, sugerindo que o Cristo sofredor "redime" o sofrimento evolucionário da criação (cap. 7). Por enquanto, notamos que a centralidade de Cristo para a criação é outra forma de articular o mistério da encarnação: é um mistério revelado, mas é a pedra angular da arquitetura do cristianismo (McGrath, [2002] 2006b:246). Essa centralidade permite o reconhecimento de que em Cristo, aquele em quem "a Palavra tornou-se carne" (João 1:14), o Criador se fez criação, e a criação se tornou Criador. Esse é um ponto que o novo ateísmo, em sua tentativa de cortar os laços entre Criador e criação, negando, assim, as teologias naturais, muito falhou em reconhecer. Para um cristão, qualquer hipótese que apresente argumentos favoráveis ou contrários à existência de Deus com base na ciência ou na criação, e que também não leve em conta o fato de que, por meio da vida, morte e ressurreição de Cristo, Deus entrou em uma relação íntima com o universo e assim também o redime, é incompleta.

Isso significa que Deus como Criador não pode ser tratado diretamente nem como uma hipótese científica a ser fundamentada, nem como outro ser inteiramente objetivo. O que significa que o cristão não pode responder adequadamente a uma preocupação da criação apenas com lógica fria, mas com louvor. Ao conceder as riquezas divinas do Filho e do Espírito à criação, a criação é obrigada a responder em retorno com gratidão a Deus: "A criação e a escatologia devolvem glória a Deus — a própria glória que lhes é dada por meio do *movimento trinitário* de Deus para e neles" (Hardy, 1996:169). Perspectivas puramente científicas da criação fundamentadas no *naturalismo* são incapazes de levar isso em consideração, uma vez que não dispõem dos meios necessários para fazê-lo. Elas podem relatar a natureza material do mundo criado e podem até mesmo sugerir muitas razões pelas quais a criação deve ser respeitada e admirada, mas não podem descrevê-la no que se refere a um relacionamento com o Criador. Portanto, não podem por si mesmas entrar no movimento de glorificação entre o Criador e a criação. Acontece que esse é um inconveniente significativo ao se interpretarem os textos bíblicos da criação.

Capítulo 4

A estrutura da criação bíblica

NATURAL E SOBRENATURAL

Ao longo dos próximos dois capítulos, exploraremos a maneira pela qual os textos da Bíblia sobre a criação podem ser integrados às discussões modernas no campo da ciência-teologia, abordando em primeiro lugar formas de entender a estrutura *científica* dos textos bíblicos e, em seguida, sua estrutura *teológica*.

Embora possamos achar simples distinguir o discurso científico do teológico em nossa cultura, não é tão simples assim quando se está falando da Bíblia, já que grande parte da estrutura científica do pensamento hebraico antigo foi expressa em termos teológicos, e vice-versa. Vejamos as categorias *natural* e *sobrenatural*, nosso vocabulário padrão para falar do mundo material em oposição à ideia de um mundo espiritual; do esquema ordinário das coisas ("natural") em oposição aos milagres ("sobrenatural"). Existe certo grau de ambiguidade nesses termos, da mesma forma que existe ambiguidade no termo "natureza" (McGrath, [2002] 2006a:81-133). "Natureza" se refere ao mundo da vida selvagem — a flora e a fauna terrestres que existem além da humanidade — ou é um termo técnico para tudo o que se enquadra no âmbito da ciência? Ou é um termo teológico que significa toda a criação que se distancia de Deus? Tomaremos um acontecimento *natural* como um acontecimento que é passível de ser descrito pela ciência por meio do método científico habitual de experimentação e teste de hipóteses. Nesse caso, talvez nos sintamos tentados a dizer que um acontecimento *sobrenatural* não tem nenhuma explicação natural (científica) clara em nível algum; é causado por poderes acima (*sobre*) deste (*este*) mundo. Dessa forma, seria provável

A ESTRUTURA DA CRIAÇÃO BÍBLICA

que identificássemos uma narrativa milagrosa espetacular como evidência do sobrenatural.

Alguns dos materiais bíblicos sobre a criação podem ser facilmente descritos como "naturais", especialmente aqueles que invocam acontecimentos cotidianos, como "o nascer do sol" (p. ex., Malaquias 1:11). Convém notar agora que, mesmo em um exemplo desse tipo, que apela para a regularidade cotidiana do fenômeno em questão, nós, modernos, que vivemos depois de Copérnico, entendemos o contexto científico do nascer do sol de forma muito diferente daqueles que primeiro compuseram e leram esses textos. E isso antes mesmo de levarmos em conta o fato de que esse exemplo natural é realmente uma metáfora *teológica* da universalidade da devoção a Deus: "Mas, desde o nascente do sol até o poente, é grande o meu nome entre as nações. Em todos os lugares lhe é queimado incenso e são trazidas ofertas puras, porque é grande o meu nome entre as nações, diz o SENHOR dos Exércitos" (Malaquias 1:11, NAA). Mesmo em um exemplo da linguagem "natural" na Bíblia aparentemente simples como esse, vários níveis interpretativos, que nos levam para além dos termos científicos, estão simultaneamente em jogo, e isso acontece até mesmo depois de definirmos com bastante cuidado o que queremos dizer com o termo "natural".

Talvez a melhor ilustração da ambiguidade e da sobreposição entre categorias naturais e sobrenaturais na Bíblia seja a palavra "espírito", que, tanto em hebraico (*ruah*) como em grego (*pneuma*), pode ser igualmente traduzida como "vento". Embora possamos pensar em "espírito" como algo fundamentalmente sobrenatural, e "vento" como natural, o fato de a mesma palavra referir-se a uma ou outra realidade tanto em grego como em hebraico sugere que o povo da Bíblia talvez não pensasse a realidade da mesma maneira que nós (Sanders, 1993:142). Tanto o "espírito" como o "vento" eram, à sua própria maneira, forças invisíveis, embora palpáveis, e não havia necessariamente uma distinção rígida e precisa entre elas.

Em suma, muitas vezes não há uma divisão fácil entre o natural e o sobrenatural nos textos da Bíblia. Tal divisão decorre de desenvolvimentos filosóficos muito posteriores, e seu entendimento torna-se mais confortável em nossa cosmovisão científica moderna. Vejamos um exemplo. Será que podemos dizer que o trabalho criativo de Yahweh em fazer "jorrar as nascentes nos vales" (Salmos 104:10) é de um tipo diferente daquele que milagrosamente fez o rio Jordão parar de fluir para que Josué e o povo pudessem atravessar (Josué 3:16)? Embora o primeiro exemplo seja um fenômeno cotidiano, e soe inerentemente naturalista aos nossos ouvidos modernos, não há nenhuma indicação no texto de que seja diferente em qualquer aspecto *teológico* do segundo exemplo, o milagre da travessia do Jordão. De qualquer forma, esse milagre pode ser facilmente explicado sob o aspecto científico por terremotos pontuais que são conhecidos por causar deslizamentos de terra nas margens do rio Jordão e bloquear seu fluxo (Bentor, 1989:327-8). Mas, quer interpretemos esses textos nos termos da ciência moderna, quer não façamos isso, o ponto de ambos é que os fenômenos descritos ocorrem porque Deus é "o Soberano de toda a terra" (Josué 3:13). Distinguir a atividade *natural* de Deus de sua atividade *sobrenatural* é, portanto, sugerir duas visões mutuamente excludentes da atividade divina, o que vai além do que os autores bíblicos afirmam, pelo menos nesses dois textos (Westermann, 1984:175).

Ainda assim, os antigos israelitas devem ter sido capazes de considerar muitas características de seu ambiente físico, como, por exemplo, o fluxo de córregos e rios, como ocorrências regulares (e, portanto, "naturais"), exatamente como faríamos em nossa moderna cosmovisão científica. Eles podem até mesmo ter reconhecido isso como exemplos de leis da natureza (Rogerson, 1977:73). Não se requer um conhecimento detalhado da geologia moderna ou da geografia física, por exemplo, para entender que a água geralmente flui ladeira abaixo e, ao longo do tempo, abrirá um canal na areia ou na terra, formando um riacho ou um rio. Na verdade, muitos aspectos da prática agrícola, como a irrigação, dependem de uma compreensão científica fundamental. Em outras palavras, as explicações naturalistas para muitos fenômenos regulares no mundo devem sempre ter estado à disposição, muito antes do advento da ciência moderna.

Na verdade, há indícios na Bíblia de que os fenômenos regulares eram reconhecidos como tal, embora não estivessem necessariamente associados à nossa ideia de "lei" (como em "lei da natureza"). Considere, contudo, a seguinte passagem, que prediz, e depois descreve, o destino daqueles apanhados na rebelião de Corá:

E disse Moisés: "... Se estes homens tiverem morte natural e experimentarem somente aquilo que normalmente acontece aos homens, então o SENHOR não me enviou. Mas, se o SENHOR *fizer acontecer algo totalmente novo*, e a terra abrir a sua boca e os engolir, junto com tudo o que é deles, e eles descerem vivos ao Sheol, então vocês saberão que estes homens desprezaram o SENHOR". Assim que Moisés

A ESTRUTURA DA CRIAÇÃO BÍBLICA

117

acabou de dizer tudo isso, o chão debaixo deles fendeu-se e a terra abriu a boca e os engoliu juntamente com suas famílias, com todos os seguidores de Corá e com todos os seus bens (Números 16:28-32).

Esse é um texto fascinante. Observe a distinção entre "morte/destino natural" e "algo totalmente novo". Nossa cosmovisão científica moderna do mundo significa que uma das primeiras questões que formulamos ao abordar uma história como essa é "o que realmente aconteceu", ou seja, o que fez com que o chão debaixo deles se abrisse? O que nos vem à mente é a explicação óbvia de que foi um terremoto. Por outro lado, é possível que o acontecimento tenha sido causado pela fragilidade do relevo árido do deserto, que, em alguns lugares, pode abrir-se de forma dramática e inesperada após a chuva (E. W. Davies, 1995:176-7). O texto nos fornece poucas pistas físicas para escolhermos entre as duas interpretações, mas devemos ter o cuidado de não dar demasiada importância ao "que realmente aconteceu". Para começar, o terremoto tem um significado mitológico, muitas vezes aparecendo como um componente na teofania do Guerreiro Divino (p. ex., Juízes 5:4,5; salmo 29; Habacuque 3:6). Há, portanto, uma dimensão mitológica ou simbólica para esse acontecimento no deserto que aponta para um significado mais profundo e para além daquilo que "realmente aconteceu".

De maneira bastante significativa, esse acontecimento é descrito como um ato criativo sem precedentes, "algo totalmente novo". Se os terremotos (que não eram desconhecidos na área) *sempre* foram considerados milagrosos e simbólicos, essa questão está além do escopo da presente discussão, mas o acontecimento específico é claramente considerado milagroso. Por outro lado, mostra-se certa consciência em outros textos de que acontecimentos notáveis podem não ser divinamente causados, mas, sim, surgir no esquema comum das coisas "por acaso" (1Samuel 6:9). Igualmente, vemos a ideia de uma "morte natural", ou de um destino "natural", no texto acima, ideia expressa literalmente no hebraico como "semelhante à morte de todas as pessoas", ou "o destino de todas as pessoas". Essa ideia de que a morte é universal e não pode ser evitada, exceto pela providência divina, talvez seja o mais próximo que a Bíblia chega da declaração de uma "lei natural". Outros traços aparecem descritos como "o caminho de toda a terra" (Josué 23:14; 1Reis 2:2; incluindo o seu inverso, a concepção da vida: Gênesis 19:31), ou "o destino de todos" (Eclesiastes 7:2). E, nos textos em grego da Bíblia, encontramos o substantivo *physis* (e seus derivados), utilizado para se referir a algo semelhante à nossa ideia de "natureza", especialmente a noção de que os seres humanos e as demais criaturas são criados da mesma forma e com certas predisposições "naturais", qualidades e habilidades (p. ex., Sabedoria de Salomão 7:20; 4Macabeus 5:8,9; 5:25; Romanos 1:26,27; 11:21,24; 1Coríntios 11:14; 2Pedro 2:12). A expressão amplamente repetida em algumas passagens de P e em Ezequiel, que descreve criaturas "de toda espécie", faz um reconhecimento paralelo à nossa concepção de "natureza" como vida selvagem, de um mundo diverso e rico, separado da humanidade (p. ex., Gênesis 1:12,24,25; 6:19; 7:14; Ezequiel 17:23; 39:4,17).

No entanto, devemos conciliar essa evidência de uma visão antiga a respeito da "natureza" com a observação de que, quando os escritores bíblicos passaram a relatar os fenômenos naturalistas, como, por exemplo, o fluxo de córregos e rios, muitas vezes traziam uma explicação *teológica* (sobrenatural?), e Deus era visto como sua causa básica. Em outras palavras, o sobrenatural poderia ser visto como algo natural, e o natural visto como algo sobrenatural. Esse ponto de vista está por trás de Eclesiastes 3, por exemplo, que aborda a regularidade ordenada e previsível (semelhante à lei?) de todas as coisas, tanto no mundo humano como no não humano ("Para tudo há uma ocasião..."); porém, fundamenta tudo isso nos insondáveis propósitos de Deus. As pessoas do mundo bíblico eram, em alguns aspectos, capazes de pensar de maneiras científicas não tão distantes das nossas, mas também capazes de expressar isso usando uma teologia teísta abrangente quando se tratava de expressão literária.

A ANTIGA "MENTALIDADE" ISRAELITA?

O academicismo bíblico tinha a tendência de produzir uma clivagem intelectual entre o mundo antigo e o nosso. Até relativamente pouco tempo atrás, era comum que os estudiosos bíblicos afirmassem que a antiga mentalidade hebraica era mais "primitiva" do que a nossa, com uma cosmovisão mergulhada em mitos e superstições, mais aberta ao milagroso e substancialmente menos racional.

A nítida distinção entre o processo de pensamento dos povos antigos e o nosso processo atual deve muito aos escritos de Lucien Lévy-Bruhl, (1857-1939), especialmente ao seu livro amplamente influente, *Primitive mentality* [A mentalidade primitiva] (1923). Entretanto, essa categorização da mentalidade antiga é agora criticada como um julgamento tácito de

A ESTRUTURA DA CRIAÇÃO BÍBLICA

inferioridade e "ingenuidade" das culturas antigas (p. ex., Douglas, [1966] 2002:93-5). Não obstante, durante o século 19 e grande parte do século 20, assumiu-se prontamente que o pensamento pré-moderno era mais ou menos "pré-científico" e, em relação ao pensamento moderno, carecia de rigor crítico e potência. O aparecimento da consciência pós-moderna nas últimas décadas levou a uma diminuição da confiança em nossos poderes de objetividade e a uma reavaliação das realizações intelectuais antigas.

Também se tornou evidente que não devemos ser muito ágeis em enfatizar nossas credenciais de modernos iluminados e críticos, isentos de ingenuidade. A ciência pode ter proporcionado muitos avanços tecnológicos e mudanças na compreensão de nosso mundo, e tem havido um declínio acentuado das práticas religiosas tradicionais na Europa Ocidental ao longo do século passado, mas não há sinais de que a crença espiritual esteja em declínio ao redor do mundo. Na verdade, nosso mundo não é desprovido de seu próprio tipo de mitologia que reforça valores culturais, estereótipos nacionais e assim por diante, muito além das crenças religiosas (Wyatt, 2005:172). No entanto, mesmo em nossa era científica, a crença no milagroso ainda é bastante difundida, como, por exemplo, mostra-nos o culto popular ao Padre Pio, havendo ainda uma grande devoção aos horóscopos e às manifestações alternativas (geralmente individualistas) da espiritualidade (Corner, 2005:179-95). Pode-se até mesmo acrescentar a crença em OVNIs e teorias da conspiração como outros aspectos da "fé" em ação em nosso mundo moderno, o que revela que não somos todos tão céticos em relação a ideias não comprovadas quanto os estudiosos podem pensar.

Como Corner ressalta (ibidem:179), o academicismo crítico tendeu com demasiada frequência a supor que todos no mundo moderno compartilham seu ceticismo geral em relação ao milagroso. Willis também faz um comentário semelhante após observar que uma pesquisa realizada em 1994 apurou que 87% da população americana afirma crer na ressurreição de Jesus:

> Um observador cuidadoso pode concluir que, enquanto os estudiosos de hoje estão debatendo o significado de uma existência pós-moderna, as pessoas sentadas nos bancos das praças ainda não entraram no que os estudiosos chamam de era moderna, uma época em que todas as crenças tradicionais devem ser criticadas e possivelmente rejeitadas. Os cristãos leigos creem facilmente naquilo que os acadêmicos foram ensinados que as pessoas modernas não podem crer (Willis, 2006:187-8).

Se as pessoas modernas são capazes de apostar no milagroso, então os antigos eram igualmente capazes de um ceticismo puro. Em primeiro lugar, considere Josefo, que, ao contar a história da travessia do mar Vermelho por Moisés e pelos filhos de Israel (Êxodo 14), tenta argumentar a seu favor contando uma travessia marítima semelhante por Alexandre e seu exército em tempos mais recentes (*Antiguidades* II: 16.5). É importante ressaltar que Josefo conclui com a fórmula "No entanto, sobre esses assuntos, todos são convidados a ter sua própria opinião", admitindo, assim, que muitos permanecerão céticos sobre a história do Êxodo, mesmo com a história posterior de Alexandre para apoiá-la. Em segundo lugar, considere um exemplo muito mais recente, de um autor religioso que se queixa da amplitude do ceticismo em relação ao espiritual na sociedade britânica: "Há muitas pessoas que consideram apenas o que podem ver e não acreditam na existência de anjos bons ou maus, nem que a alma do homem vive após a morte do corpo, nem que existem outras coisas espirituais e invisíveis". Sem o devido conhecimento, seria possível perdoar alguém por imaginar que essa opinião foi expressa por um porta-voz da igreja moderna, mas na verdade seu autor foi Pedro da Cornualha, um prior agostiniano que escreveu na Inglaterra por volta de 1200 d.C., reclamando do ceticismo de seus pares dentro da suposta "Idade das Trevas" pré-crítica (Bartlett, 2008: 110).

De qualquer forma, há evidências de que os antigos hebreus não eram incapazes de fazer observações sobre o mundo natural, catalogá-las e tentar explicá-las de maneiras que poderíamos reconhecer como "científicas". Houve o reconhecimento, por exemplo, de que a lendária sabedoria de Salomão incluía um conhecimento profundo do mundo natural (1Reis 5:13 [4:33 na Vulgata e em muitas traduções em português]). Além disso, alguns dos escritos poéticos da Bíblia contêm passagens semelhantes a listas de fenômenos naturais, ou de criaturas da terra, com observações astutas de seus comportamentos e habitat natural (p. ex., Jó 38—41; salmo 104; veja W. P. Brown, 2010:17-8). Nesse sentido, há uma consciência imediata do mundo natural, de forma alguma limitada em escopo em comparação à nossa, mesmo que fosse vastamente deficiente no que se refere a uma compreensão científica muito mais profunda. Também está claro que os autores da Bíblia tinham um bom conhecimento prático de muitos aspectos de agricultura, mineração e astronomia (p. ex., Jó 9; 28). Eles também devem ter tido uma compreensão matemática elementar, que talvez não fosse tão sofisticada quanto a das culturas vizinhas, como as da Babilônia ou do Egito, mas a Bíblia nos fala de vários

A ESTRUTURA DA CRIAÇÃO BÍBLICA

projetos de engenharia e construção realizados que devem ter exigido alguma habilidade matemática, mostrando até mesmo consciência das propriedades geométricas específicas do número que chamamos de *Pi* (1Reis 7:23; 2Crônicas 4:2; veja Høyrup, 1992).

Críticas importantes à ideia de uma "mentalidade primitiva" foram feitas por John Rogerson (1974:182-3,187; 1977;1983). Por exemplo, no que diz respeito à ideia científica básica de causalidade, a relação entre causa e efeito na descrição de um acontecimento no mundo, Rogerson apela para que se tenha cuidado ao cavar um abismo muito grande entre nosso mundo mental e o dos antigos hebreus. Tem-se dito com frequência que, embora contemos com uma sofisticada estrutura científica e histórica, o que significa que não temos de invocar Deus como uma explicação (uma causa) para os acontecimentos no mundo, ainda assim os antigos israelitas atribuíram tudo a Deus. Entretanto, embora seja perfeitamente possível que os israelitas tenham visto a regularidade do mundo natural mais da perspectiva das promessas e da fidelidade de Deus (Gênesis 8:22) do que costumamos fazer em nossa cosmovisão mais mecanicista (Rogerson, 1976:5), não se deve ir muito longe nessa linha de argumentação, uma vez que ela atua para negar os muitos avanços tecnológicos entre os tempos neolíticos e a Idade do Ferro (quando surgiu grande parte do Antigo Testamento). Esses avanços mostram que os antigos israelitas eram perfeitamente capazes de desenvolver habilidades tecnológicas e agrícolas básicas.

Por outro lado, no que diz respeito aos antigos problemas da explicação do mal, do livre-arbítrio e do determinismo, Rogerson acredita que o Antigo Testamento é diferente, pois tenta abordar teologicamente esses problemas dentro do quadro amplo do monoteísmo. Na verdade, esses ainda são problemas em nossos dias, e em grande parte problemas teológicos; nossa abordagem desses problemas certamente encontra-se em dívida para com a Bíblia. Os problemas persistentes do mal e da moralidade demonstram de maneira bastante enfática que o progresso intelectual é tudo, menos linear (Ward, 2008:217-8). Podemos ter desenvolvido uma agenda moral refinada no Ocidente que enfatiza os direitos humanos universais e a igualdade, e podemos desfrutar dos benefícios de um enorme progresso médico e tecnológico, mas esses não são de forma alguma universais, mesmo em nosso mundo. Além disso, por vezes a civilização moderna também recaiu nas formas mais extremas de barbárie, encolhendo em tamanho e desumanidade qualquer coisa de que o mundo antigo fosse capaz. A ciência trouxe ao alcance dos seres humanos o fim do mundo material, bem como sua salvação tecnológica.

Há outra diferença importante entre o pensamento moderno e o antigo (Rogerson, 1983:56-7). Já sinalizamos algumas interpretações de Gênesis 1 que consideram o texto uma descrição de *ordenação*, e não de *criação* (veja "O primeiro relato da criação: (Gênesis 1:1—2:4a) (P)", no cap. 2). Enquanto nossa visão da ordem cósmica é fortemente influenciada pelas ciências naturais, o pensamento israelita vê a criação com base em distinções entre ordem e desordem que mal reconhecemos, especialmente entre estados de existência "limpos" e "impuros", prescrevendo interações sociais e rituais, os alimentos que podem e não ser ingeridos, e assim por diante. Não é que os israelitas vivessem em um mundo místico no qual o mito era inseparável da realidade (como os estudiosos às vezes pensavam, por exemplo, na suposição da cosmovisão "mitopoética"; cf. Frankfort et al., [1946] 1949), mas em um mundo que foi concebido levando em consideração a ordem e a propriedade de maneira diferente do nosso.

Na verdade, as diferenças entre a cosmovisão hebraica antiga e a nossa provavelmente são mais bem expressas em termos religiosos do que como uma mentalidade científica moderna *versus* uma mentalidade considerada "primitiva". Um dos fatores mais relevantes é a crença em Deus, uma vez que é opcional em nossa sociedade, mesmo que, de alguma forma, a maioria das pessoas modernas opte por aderir a ela. Na cultura hebraica antiga, por outro lado, a crença em Deus teria sido tomada em grande parte como certa. Por que essa diferença? Em minha opinião, deve-se chegar ao cerne da questão, mas, para discerni-la, precisamos ser lembrados de algumas das questões históricas sobre os padrões de mudança do pensamento religioso. Em primeiro lugar, não devemos subestimar a influência que a concepção newtoniana do universo teve sobre nosso pensamento religioso. Embora a física de Newton tenha sido amplamente substituída pelos desenvolvimentos da física no século 20 — que trouxeram nova abertura e incerteza em nossa visão do mundo físico —, a visão deísta de Deus que surgiu a partir de Newton é bastante influente na formação das crenças religiosas modernas, o que torna o teísmo uma posição correspondentemente mais difícil de manter do que nos tempos bíblicos. Esse é um ponto importante, uma vez que este livro interpreta o terreno comum entre a Bíblia e a ciência moderna de maneira teológica. Ou seja, apresentamos uma compreensão da *natureza divina* e das *obras divinas* em relação ao mundo natural, da forma como são testemunhadas pela Bíblia, em sua perspectiva tipicamente teísta. Desse ponto de vista, quaisquer tendências em relação ao deísmo

A ESTRUTURA DA CRIAÇÃO BÍBLICA

em nossas interpretações da Bíblia devem ser cuidadosamente ressaltadas e avaliadas.

Após refletirmos sobre algumas questões preliminares que surgem quando comparamos nossa maneira científica de pensar àquela que encontramos na Bíblia, passaremos agora aos principais conceitos científicos de tempo, número e espaço.

TEMPO

"No princípio?"

A primeira das afirmações na Bíblia sobre o tempo é uma das mais decisivas: "No princípio..." (Gênesis 1:1). Encontramos muitos ecos bíblicos e alusões à ideia de que Deus fez o mundo "no princípio" (p. ex., Provérbios 8:22,23; Isaías 40:21; 41:4; João 1:1; Colossenses 1:18; 1João 1:1; Eclesiástico 39:20). Gênesis 1:1 é interpretado sob a perspectiva dos primórdios do mundo *físico*: antes da criação, não havia nada; em seguida, havia tudo. Essa é a ideia que passou a ser chamada de criação "a partir do nada". Mas há um claro paradoxo em falar da criação em matéria de antes e depois: como podemos falar do tempo antes dela se não há literalmente nada a que se referir? Refletir sobre esse enigma deu a Agostinho a oportunidade de fazer a famosa declaração de que Deus deve estar fora do tempo, e que Deus criou o tempo como parte do mundo criado (*Confissões* XI:1,13-14; *A cidade de Deus* XI:6). Na verdade, é possível considerar a criação do tempo a partir de Gênesis 1, uma vez que o texto declara que Deus fez a luz e as trevas, o dia e a noite, a tarde e a manhã, de modo que poderia haver "o primeiro dia" (1:4,5). E, da mesma forma que Deus cria o tempo pela *separação* da luz e das trevas, cria o espaço nos versículos 6-10, ao separar o céu e a terra, as águas e a parte seca (Westermann, 1974:43).

Contudo, Gênesis 1:1 nem sempre foi considerado como descrevendo o começo absoluto de todas as coisas, incluindo o tempo. Por exemplo, os rabinos judeus cujos pensamentos estão registrados no *Genesis Rabbah* (um documento *midráshico* do terceiro ao sexto séculos d.C.) sustentaram que muitas coisas existiam antes da afirmação "no princípio" de Gênesis 1:1, e o próprio tempo existia muito antes da noite e da manhã do primeiro dia em Gênesis 1:5 (*Genesis Rabah* III:7). Esses rabinos argumentaram que Deus havia criado muitos mundos antes do nosso, mas havia destruído todos eles por causa de sua insatisfação com o que fora criado, até chegar à solução de que um mundo satisfatório poderia ser criado se fosse provido com um meio

124 COLEÇÃO FÉ, CIÊNCIA & CULTURA

de salvação. A partir de então, nosso mundo veio a ser criado, o ponto no qual "no princípio" de Gênesis 1:1 começa. Uma interpretação rabínica relacionada afirma que Deus criou a Sabedoria e a Torá dois mil anos antes da criação dos céus e da terra, juntamente com outras características importantes para o judaísmo, como o paraíso, o inferno, o nome do Messias e o arrependimento (*Genesis Rabbah* I:4; Ginzburg, 2003:1; Graves & Patai, [1963] 2005:45). Com efeito, tamanha era a importância da Sabedoria para o pensamento rabínico (contra a relativa falta de importância dos primórdios absolutos) que Gênesis 1:1 por vezes passou de "no princípio..." para "na Sabedoria Deus criou os céus e a terra" (Kugel, 1997:53-6).

É evidente que havia meios alternativos de olhar para a declaração "no princípio" de Gênesis 1:1 *sem* precisar compreendê-la como o início do tempo e de todas as coisas criadas. E se foi assim que os rabinos dos primeiros séculos d.C. interpretaram Gênesis 1:1, então devemos nos perguntar qual era a intenção do autor de P ao escrevê-lo. Ele pode muito bem ter considerado a formação da luz e das trevas o marco do início dos tempos (o "primeiro dia"), mas é bem possível que também tenha considerado o "sem forma e vazia" de Gênesis 1:2 preexistente a tudo isso (cap. 5). Mas, para nós, mais de dois mil anos depois, é difícil escapar dos muitos séculos de pensamento cristão que compreenderam Gênesis 1:1 como uma declaração dos primórdios absolutos do mundo físico. E o imenso apelo do modelo do *Big Bang* nas últimas décadas forneceu um ímpeto ainda maior de ler Gênesis 1:1 dessa forma, conquistando a imaginação popular com tanto sucesso que o *Big Bang* está irreconciliavelmente conectado com trechos como "no princípio" e "haja luz".

No entanto, o desenvolvimento seguinte do modelo do *Big Bang* trouxe complicações adicionais. Como já mencionamos (veja "O modelo do *Big Bang*", no cap. 1), as tentativas de entender a fase quântica mais antiga desse modelo levantaram questões sobre ser correto falar do começo do tempo propriamente dito. Aliado a isso, trabalhos recentes especularam sobre o que veio "antes" do *Big Bang*, ou o que o causou, vendo-o inteiramente em termos físicos e matemáticos (ou seja, contingentes). Talvez ele tenha sido a consequência de uma fase ainda mais primitiva descrita pela física, como um universo anterior (Stoeger, 2010:178-80). O interesse contemporâneo generalizado na possibilidade hipotética de que nosso universo seja simplesmente um dentre muitos — parte de um "multiverso" muito maior (veja "Espaço, tempo e matéria", no cap. 1) — levanta um ponto relacionado ao assunto: muitos cosmólogos acreditam que nosso universo encontra-se numa matriz criada mais

A ESTRUTURA DA CRIAÇÃO BÍBLICA

ampla, descrita em termos matemáticos, se não das leis da física que conhecemos. Se assim for, os rabinos não estavam tão equivocados em sua insistência de que a Sabedoria e a Torá (ou seja, a Lei, cf. as leis da física) precederam "no princípio".

O resultado dessa discussão é que, embora possa haver questões de interpretação sobre a expressão "no princípio" de P, vista em sua perspectiva histórica, a ciência também não iluminou o quadro dos primórdios absolutos, por este ser uma ideia *teológica*. Entretanto, podemos ver que o tempo não é infinito na Bíblia; ele é definido por um princípio. Não podemos dizer se esse princípio foi considerado um absoluto; não obstante, não deixa de ser um princípio. A implicação é que o tempo — pelo menos da forma como o experimentamos — é uma entidade criada. Também o fato de que parece haver um fim em vista (a nova criação) indica que o tempo é uma realidade totalmente contingente; ou seja, depende totalmente de Deus. Uma visão igualmente contingente do tempo histórico aparece com frequência nos Profetas. Há, além disso, uma analogia na física: a segunda lei da termodinâmica aponta que a entropia (desordem) deve sempre aumentar, o que significa que o tempo pode ser definido sob a perspectiva da direção da entropia crescente no universo ("a seta do tempo"). O tempo é, portanto, irreversível e depende inteiramente do que veio antes. Há uma última observação a fazer sobre o tempo "no princípio" e os sete dias que se seguem. Eles não representam um tempo neutro e objetivo: o sétimo dia mostra que eles se distinguem, uma vez que o sétimo dia é "abençoado" e "santificado" por Deus (Gênesis 2:3), e sua celebração semanal como o sábado deverá estar no centro da distinção futura de Israel (Êxodo 20:8-11; Deuteronômio 5:12-15). A importância desse dia é tamanha que Moltmann chega a dizer: "O sábado prepara a criação para seu verdadeiro futuro. No sábado, a redenção do mundo é celebrada antecipadamente. O próprio sábado é a presença da eternidade no tempo, e um antegozo do mundo vindouro" (Moltmann, 1985:276). O sétimo dia é, portanto, essencial para o ato da criação: sinaliza a possibilidade de que o tempo seja santo e de que todas as criaturas o desfrutem ao lado de Deus, e sinaliza a consumação do tempo vindouro. Por fim, o sétimo dia é o sinal de que Deus entrou no tempo (Fretheim, 2005:63), um ponto que exploraremos em breve (veja "O tempo de Deus").

O fim do tempo?

Como Peters (1989:86-7) salientou, existir é ter um futuro. Podemos ser seres históricos enraizados no que aconteceu no passado, mas existe uma perspectiva orientada para o futuro que não deve ser perdida, pois se pode dizer que Deus cria a partir do futuro, continuamente delimitando um futuro para o cosmo habitar. Na verdade, essa é, sem dúvida, a perspectiva mais importante para a teologia cristã, com seu enfoque central no significado escatológico da ressurreição de Jesus.

Alguns dos textos escatológicos mais dramáticos na Bíblia indicam um fim catastrófico para o mundo que coincide com seu início (p. ex., 2Pedro 3:10-13). Só que, como na ambiguidade sobre a questão dos primórdios, talvez não seja tanto um desfecho quanto uma realização ou um cumprimento: o início da nova criação (Isaías 65:17; 66:22). Em muitos textos, vemos um eventual triunfo e uma salvação além da catástrofe vindoura (p. ex., Amós 9), até mesmo como que invocando a criação de um novo mundo (p. ex., Apocalipse 21 e 22). Daí em diante, quando consideramos as muitas passagens escatológicas da Bíblia, veremos que há um sentido no qual o tempo, em grande medida, acaba se repetindo.

Por outro lado, a influente obra de Cullmann, *Christ and time* [Cristo e o tempo], fez a afirmação de que o cristianismo primitivo estabeleceu uma visão *linear* do tempo para além e contra a visão grega mais cíclica, em que o tempo é um círculo sem-fim do qual se deve fugir para alcançar a redenção (Cullmann, 1951:52). De acordo com Cullmann, a concepção cristã primitiva viu um início do tempo na criação inicial e um fim na redenção final. Nesse meio-tempo, as obras de revelação e salvação de Deus foram realizadas decisivamente na história por intermédio de Cristo, de modo que todos os acontecimentos passados, presentes e futuros "estão conectados ao longo de uma linha de tempo ascendente" que leva à redenção final (ibidem:32). Isso efetivamente se conecta a outra linha contínua, já que a eternidade é um tempo infinitamente prolongado (ibidem:63).

A concepção linear de tempo é amplamente contrastada com o pensamento oriental, que é visto como fundamentalmente cíclico (Albright, 2009:991; Wilkinson, 2010:120). Porém, isso só é verdade até certo ponto. Decerto, os textos bíblicos não falam de infinitos ciclos cosmológicos de morte e renascimento, como na ideia de reencarnação. Por outro lado, também não apresentam uma concepção inteiramente linear do tempo, e a concepção de Cullmann foi criticada como tendo sido menos influenciada pelos textos do Novo Testamento do que pelo "tempo absoluto newtoniano juntamente a uma firme dose de crença no progresso" (Jackelén, 2006:966).

A ESTRUTURA DA CRIAÇÃO BÍBLICA

É possível argumentar que existe, na verdade, uma espécie de visão cíclica do tempo na Bíblia (cap. 8), especialmente se, como sugeriremos, Cullmann houver subestimado a importância da escatologia na visão bíblica da eternidade. Considerando a concepção mais abrangente, é possível discernir um único grande ciclo: o fim do período da primeira criação torna-se o início da nova criação. Dessa forma, descobrimos que a redenção é alcançada por meio de uma reciclagem eficaz do tempo. E, se é possível reciclar o tempo em grande escala, há um sentido em que ele também pode ser reciclado em menor escala. O Dilúvio (Gênesis 6—9) representa um possível ciclo escatológico em que o antigo mundo termina e um novo tem início, como é evidente a partir do fato de que Deus efetivamente recria o tempo após o Dilúvio (Gênesis 8:21,22). Ciclos menores de tempo também são discerníveis, especialmente na vida dos crentes individuais e das comunidades cristãs, que não são apenas a nova criação (2Coríntios 5:17; Gálatas 6:15), mas que também vivem na "interseção das eras". Graças à obra salvífica de Cristo e ao dom do Espírito, os cristãos já experimentam a vida do mundo vindouro, mas também vivem para o presente neste mundo; o tempo para eles é "já" e também "ainda não" (Jackelén, 2005:74). Assim, sem uma única perspectiva linear, o tempo começa a parecer complexo, dinâmico e multidimensional (Wilkinson, 2010:129).

Isso também é verdade quando olhamos para as concepções do Antigo Testamento sobre tempo: os estudiosos viram uma distinção entre a escatologia *profética* — que procura libertação no tempo histórico real em relação a situações sociais, políticas e históricas reais — e a escatologia *apocalíptica*, que procura libertação para além da história e para além deste mundo, talvez a considerando por meio de um fim dramático para este cosmo seguido por uma nova criação (Hanson, 1975:11-2). Em alguns casos, esses dois tipos de escatologia se sobrepõem, e nós vemos o surgimento de algumas questões interpretativas muito difíceis, especialmente em torno de algumas das profecias apocalípticas mais excêntricas. Em suma, elas são simplesmente metáforas para a salvação política no tempo histórico, ou esperam, literalmente, uma redenção cosmológica completa e final?

Vamos analisar esse problema de interpretação de maneira mais detalhada no capítulo 8; contudo, notaremos, por ora, que, se há uma espécie de começo para o tempo bíblico, há também uma espécie de fim, o que, em alguns aspectos, também pode ser um novo começo. Em suma, o tempo bíblico não é estritamente linear. E, se a cosmovisão newtoniana concebeu o tempo como linear e eterno (veja "Espaço, tempo e matéria", no cap. 1), então a revolução científica dos últimos cem anos forneceu uma perspectiva totalmente nova que, de certa forma, combina com a complexidade que vemos nos textos bíblicos.

Tempo histórico

E o que dizer do tempo entre o início e o fim (ou seja, o tempo histórico)? Até que ponto ele pode ser linear?

Devemos ter em mente que tanto o hebraico como o grego bíblicos expressam o tempo de forma diferente entre si, e também em relação ao português moderno. Por exemplo, o hebraico bíblico não contém um termo geral para o tempo abstrato, e também não contém os tempos passado, presente ou futuro da forma como os conhecemos. Em vez disso, contém dois aspectos para seu sistema de verbos, correspondendo, em linhas gerais, ao fato de uma ação ser ou não concluída. Por essa razão, os dois aspectos hebraicos são frequentemente comparados com os tempos indo-europeus de "perfeito" e "imperfeito", respectivamente, embora sejam apenas estimativas aproximadas que ainda não fazem justiça ao hebraico. Isso seria uma evidência de que as pessoas do Antigo Testamento pensavam sobre o tempo de forma diferente de nós? Um estudioso sugere que esse pode ser o caso:

> Muitos estudiosos argumentam que o sistema de verbos hebraicos não tem "tempos" [...] Os contadores de histórias e poetas do Israel antigo devem, não obstante, ter certa familiaridade com alguma noção de tempo, mesmo que não fosse matemática e linear; eles escreveram passagens repletas de referências a acontecimentos passados, presentes e futuros (Nash, 2000:1310).

Apesar de negativa, vemos aqui surgir novamente uma concepção linear do tempo segundo a qual as formas verbais hebraicas constituem evidência de que a concepção do tempo no Antigo Testamento "não era matemática e linear".

Estou inclinado a concordar que a concepção de tempo no Antigo Testamento "não era matemática e linear", mas não com fundamento apenas nessa evidência. Sem dúvida, é correto dizer que o pensamento hebraico, como o encontramos expresso na Bíblia, não explorou o tempo abstrato da maneira que a filosofia grega clássica estava capacitada a fazê-lo, e menos ainda do que nós, em nossos tempos modernos, com nossa compreensão mais desenvolvida do método histórico e das concepções científicas de tempo. Além disso,

A ESTRUTURA DA CRIAÇÃO BÍBLICA

o povo da Bíblia tinha pouco ou nada do ponto de vista de relógios artificiais e, até onde podemos dizer, não precisavam manter diários para cumprir importantes compromissos sociais e comerciais; seu ritmo de vida era claramente muito diferente do nosso, o que, sem dúvida, teria colorido sua experiência subjetiva de uma forma diferente da nossa. Mas, mesmo assim, como seres humanos físicos, governados pelo mesmo ciclo físico de dias, semanas, meses, estações e anos, devemos todos experimentar algo do mesmo *fluxo* de tempo. Decerto, as narrativas da Bíblia hebraica — usando apenas dois aspectos para suas formas verbais e sem tempos propriamente ditos — mostram um desenvolvimento tão sofisticado da narrativa humana como qualquer peça em nossa era moderna. E a avaliação bíblica da vida humana certamente se enquadra em nossa própria visão de tempo em constante "fluxo", capturada de forma impassível no famoso versículo do salmo 90:

> Os anos de nossa vida chegam a setenta,
>   ou a oitenta para os que têm mais vigor;
> entretanto, são anos difíceis e cheios de sofrimento,
>   pois a vida passa depressa e nós voamos! (Salmos 90:10)

Assim, embora devamos ser cautelosos com as alegações de que os israelitas conheciam o tempo linear (como se tivessem algo de nossa concepção matemática precisa), parece razoável supor que eles, no entanto, experimentavam o tempo "fluindo" exatamente como nós (veja "Espaço, tempo e matéria", no cap. 1).

A Bíblia, porém, mostra a consciência de que há um significado teológico em relação ao tempo histórico que não compartilhamos. Se a Bíblia pode referir-se a "no princípio" como um ponto fixo no tempo, então também pode referir-se a momentos-chave na história como pontos fixos, como o Êxodo (p. ex., 1Reis 6:1; 2Crônicas 6:5; Hebreus 8:9). Essa não é uma visão linear, cíclica, nem repetitiva do tempo, como as estações do ano e as regularidades do mundo natural. Na verdade, essa visão concebe o tempo como tudo, menos como um parâmetro impessoal e objetivo. Em vez disso, o tempo é a arena na qual a vontade e os propósitos pessoais de Deus são revelados. Festas e dias santos (incluindo o sábado) representam pontos fixos relacionados mediante os quais o tempo teológico pode ser regularmente percebido na vida diária, mantendo ainda algo do caráter "único" do acontecimento inicial (p. ex., Êxodo 12). E, por fim, o tema profético generalizado do "dia do Senhor" (p. ex., Amós 5:18,20; Ezequiel 30:3) é um tipo semelhante de ponto fixo teológico no futuro, em que o tempo histórico se torna escatológico. No Novo Testamento, esse futuro ponto fixo é às vezes referido pelo termo grego *kairos* (p. ex., Mateus 8:29; Marcos 1:15; Romanos 13:11). Esse termo é normalmente traduzido para o português como a palavra neutra "tempo"; porém, *kairos*, na verdade, não tem equivalente exato em português e muitas vezes costuma significar algo mais, como o "tempo oportuno" ou a "época esperada". *Kairos*, portanto, exemplifica a ideia de um ponto fixo no futuro que é de extrema importância teológica, e que no Novo Testamento é preeminentemente o Dia do Juízo (Marcos 13:33; 1Pedro 4.17).

O tempo de Deus

Há outro componente do tempo teológico na Bíblia: o próprio tempo de Deus:

> De fato, mil anos para ti são
>> como o dia de ontem que passou,
>> como as horas da noite (Salmos 90:4).

> Não se esqueçam disto, amados: para o Senhor um dia é como mil anos, e mil anos como um dia (2Pedro 3:8).

Essas passagens buscam expressar a experiência de Deus em relação a tempo por meio de um paradoxo que é surpreendentemente contemporâneo, uma vez que são comparadas com a concepção científica de "bloco" de tempo, a qual, com frequência, é levantada no diálogo ciência-religião, em que todos os tempos são vividos simultaneamente como parte do "*continuum* espaço--tempo" quadrimensional da física relativista (cap. 1). As duas passagens bíblicas citadas podem não dizer isso em tantas palavras, mas sugerem que nosso senso do tempo como um fluxo inescapável não é verdadeiramente objetivo, uma vez que não é compartilhado por Deus. Poderíamos, então, dizer que Deus experimenta o tempo como um "bloco"?

Ward (2008:120-3, 132-3) defende isso, construindo uma perspectiva não muito diferente daquela de Agostinho, na qual Deus está "fora" do tempo, na "eternidade" não criada, que Agostinho considerava a ausência de tempo, um estado no qual não há passado nem futuro, mas apenas um presente contínuo

A ESTRUTURA DA CRIAÇÃO BÍBLICA

(*Confissões* XI:1,11,31). Com efeito, na solução de Ward, Deus olha o tempo do lado de fora, criando-o como um bloco e experimentando-o como tal.

A explicação de Ward é atraente porque faz uso da física moderna para explicar alguns dos paradoxos de Deus e do tempo. Esses não são paradoxos sob a perspectiva da física, mas da nossa como seres humanos, uma vez que estamos vinculados a uma visão subjetiva e local do tempo como que "fluindo". Há, entretanto, uma dificuldade em relação à sugestão de Ward, pois não somos melhores conhecedores da maneira como Deus interage com o tempo se ele próprio não estiver inserido no tempo; o elo causal entre Deus e o mundo ainda é totalmente desconhecido, e ficamos com algo mais parecido com o Deus do deísmo, um deus "fora" do tempo. Também não está claro se tal perspectiva reflete o que os textos bíblicos estão dizendo, os quais parecem sugerir que Deus está *dentro* do tempo, experimentando-o de maneiras que escapam totalmente à nossa compreensão. Deus se envolve plenamente com o tempo e no tempo, mas não é de forma alguma limitado por ele (Fretheim, 2005:25). Talvez seja melhor, portanto, usar uma metáfora relacional no lugar de uma espacial, para dizer que Deus existe *em relação com o* tempo, e não fora dele. Deus se relaciona com o tempo de maneiras análogas àquelas em que se relaciona com outras entidades criadas, incluindo o espaço, sendo, ao mesmo tempo, transcendente e imanente em relação a ele. E uma maneira possível de relacionar isso com ideias científicas é levar em consideração os desenvolvimentos na física, como as teorias das cordas, que tentam modelar o universo introduzindo não menos do que vinte e seis dimensões. Assim, pode-se dizer que Deus existe metaforicamente em outras dimensões do tempo além da nossa, e, portanto, se relaciona enquanto dimensões superiores com uma dimensão inferior (Wilkinson, 2010:126).

Mas há mais aqui do que apenas isso. Encontramos, por exemplo, sugestões pontuais na Bíblia de que o tempo é visto como estando na posse de Deus:

> O dia é teu, e tua também é a noite;
>> estabeleceste o sol e a lua (Salmos 74:16).

O tempo também é algo controlado por Deus:

> Você já deu ordens à manhã ou mostrou
>> à alvorada o seu lugar[?] (Jó 38:12).

E pode-se dizer que o tempo continua porque Deus estabeleceu um relacionamento de aliança com a criação por intermédio de Noé (Gênesis 8:22). A resposta do tempo a tudo isso é louvar a Deus:

... do nascente ao poente despertas canções de alegria (Salmos 65:8).

Vemos aqui que o relacionamento do tempo com Deus deve ser caracterizado pela adoração, da mesma forma que em relação ao universo material.

Um último aspecto da perspectiva divina do tempo deve ser considerado, a saber, o conceito de eternidade. Agostinho pensava na eternidade como ausência total de tempo, mas não está claro se essa ideia pode ser encontrada na Bíblia, uma vez que os termos hebraico e grego que tendem a ser traduzidos para o português como "eterno" e "eternidade" são especificamente relacionados ao tempo, os quais, por sua vez, se referem a uma longínqua continuidade em direção ao futuro (ou ao passado). Essa perspectiva é transmitida, por exemplo, pela seguinte descrição da longevidade de Deus:

No princípio firmaste os fundamentos da terra, e os céus são obras das tuas mãos.

Eles perecerão, mas tu permanecerás;
envelhecerão como vestimentas.

Como roupas tu os trocará e serão jogados fora.

Mas tu permaneces o mesmo, e os teus dias jamais terão fim (Salmos 102:26-28 [VP 25-27]).

Em vez de falar da eternidade como um estado de atemporalidade, de um estado de estase[2] ou torpor perpétuo, os textos bíblicos tendem a ver a "eternidade" como um tempo sem-fim, como salientou Cullmann. Só que há também uma reviravolta escatológica decisiva que Cullmann não enfatizou o suficiente. Podemos ver isso ao considerar o conceito de "vida eterna", que é tão importante no Novo Testamento (p. ex., Mateus 19:16; João 6:54; Romanos 6:22; 1João 2:25). Como Pannenberg salientou, isso não implica que a eternidade seja simplesmente a continuação do tempo *ad infinitum*: "Se [a vida eterna] significa uma vida que continua sem-fim, mas que é semelhante

---

[2] "Estase" é palavra oriunda do vocabulário médico e significa "entorpecimento", "paralisação" (https://dicionario.priberam.org/estase). (N. E.)

A ESTRUTURA DA CRIAÇÃO BÍBLICA

à nossa forma de vida atual, não há nenhuma ideia de eternidade, apenas de tempo sem-fim" (Pannenberg, 2005:102). Na verdade, a eternidade, nos termos neotestamentários, implica um ato decisivo de transformação. No Novo Testamento, os termos gregos para "eterno" e "eternidade" derivam da palavra *aion* (p. ex., Eclesiástico 18:10; 2Pedro 3:18), que também pode significar "era" ou "período". Isso concorda com o tom fortemente escatológico do Novo Testamento, em que a eternidade é, em geral, vista como a imposição da nova era por vir a fim redimir a "presente era perversa" (Gálatas 1:4). A essa altura, a ideia de que Cristo virá novamente é uma parte importante do esquema, de modo que constituirá "o fim" (1Coríntios 15:24). De forma semelhante, é possível ver no Novo Testamento que todos os tempos têm sua fruição — seu início e seu fim — em Jesus (Mateus 1:1-17; Lucas 3:23-38; Colossenses 1:18; Apocalipse 21:6; 22:13). Nesse sentido, a "vida eterna", nos termos neotestamentários, é um conceito escatológico: é a "vida a partir da próxima era", ou seja, a vida que tem como fonte a nova transformação criativa de Deus. O fato de que a "vida eterna" pode incluir a imortalidade ("incorruptibilidade") é uma inferência razoável a ser feita (1Coríntios 15:50-54), mas deve ser vista como uma consequência da transformação escatológica universal, e não como uma coisa a ser desejada por si só.

Dessa forma, podemos ver que o Novo Testamento fala da eternidade não como um estado de atemporalidade, nem mesmo talvez de um tempo sem-fim propriamente dito; antes, a eternidade é vista como o objetivo do tempo, realizado por meio da pessoa de Jesus, inicialmente ressuscitando no tempo histórico como as "primícias" da era vindoura (1Coríntios 15:20) e, depois, retornando em um futuro não especificado. O retorno futuro pode não ser especificado, mas espera-se que aconteça em breve (1Coríntios 7:29), e em parte isso já está cumprido nos crentes cristãos, sobre quem "tem chegado o fim dos tempos" (1Coríntios 10:11). Nesse sentido, os cristãos já estão vivendo a vida eterna, a vida da eternidade agora.

Portanto, é difícil denotar as concepções a respeito da eternidade que encontramos na Bíblia quanto a uma única conceituação abstrata de tempo: pelo menos no Novo Testamento, isso deve ser feito escatologicamente por meio da pessoa de Cristo, vista como o resultado da ação salvífica de Deus no futuro, que, não obstante, preenche o passado e também o presente (Russell, 2002a:275, 301-2; Pannenberg, 2005; Jackelén, 2006). Essa concepção de tempo está longe de ser linear, e chamá-la de cíclica dificilmente lhe faz justiça. Se quisermos sugerir uma maneira de entender de que forma Deus se relaciona com essa concepção de tempo, é claro que há apenas uma maneira de resumi-la: Deus se relaciona com o tempo criado desde a eternidade, entrando no tempo e redimindo-o, a fim de trazê-lo para a eternidade. E, quanto ao que constitui a própria eternidade, parece haver pouco sentido especular quando ela "será revelada" (Romanos 8:18; 1Pedro 1:5; 5:1).

De qualquer forma, Jackelén (2005:82,116-7) apontou a verdade do assunto ao explicar que a Bíblia não vê nem o tempo nem a eternidade como entidades abstratas, mas sob a perspectiva daquilo que as preenche, ou seja, seu conteúdo. O tempo e a eternidade são sinais de uma relação dinâmica: Deus está na eternidade, mas também está presente no tempo. Da mesma forma, o crente cristão vive na tensão escatológica entre o "já" e o "ainda não". O tempo e a eternidade podem ser vistos como diferentes facetas da interação dinâmica de Deus com o mundo criado. Uma concepção ontológica do tempo é substituída por uma concepção relacional. A transcendência de Deus se relaciona com a eternidade, enquanto a imanência de Deus se relaciona com o tempo.

Datas e números

Um componente final dessa discussão diz respeito à maneira pela qual as datas são registradas na Bíblia. Muitas vezes há um valor simbólico para o tempo e os números na Bíblia que pode surpreender quem está acostumado a ver os números como representando quantidades objetivas e imparciais. A famosa datação da criação e do dilúvio pelo arcebispo Ussher baseou-se nas datas e nos dados genealógicos registrados na Bíblia, como as idades dos patriarcas (Gênesis 5). Durante grande parte dos séculos 17 e 18, a cronologia de Ussher foi considerada definitiva, mas o desenvolvimento da geologia ao longo dos séculos 18 e 19 demonstrou rapidamente sua inadequação como uma cronologia confiável e literal dos primórdios científicos. Aos poucos, tornou-se claro que a data de 4004 a.C. fornecida por Ussher para a criação da terra não estava equivocada em alguns milhares de anos, mas em um número inimaginável de anos (4,5 bilhões para ser mais preciso). E isso não foi em razão de qualquer falha na metodologia de Ussher: ele estava simplesmente fazendo o que vários estudiosos haviam feito antes dele, desde pelo menos Teófilo de Antioquia (século 2 d.C.), ao tomar os números dados na Bíblia por seu valor nominal (Cohn, 1996:94-6). Em vez disso, a falha de Ussher veio à tona por meio de uma mudança epistemológica na forma como a Bíblia era lida. Os desenvolvimentos aproximadamente simultâneos da geologia, da

A ESTRUTURA DA CRIAÇÃO BÍBLICA

biologia evolutiva e dos estudos bíblicos, como, por exemplo, as disciplinas críticas, colocaram em questão o antigo consenso de que o livro de Gênesis havia sido escrito por Moisés mediante o auxílio da revelação divina.

Consequentemente, os números bíblicos que formavam a espinha dorsal da abordagem de Ussher foram expostos a um elevado grau de escrutínio crítico. Atualmente, está claro que já não compartilhamos muito da concepção e do significado dos números da Bíblia: às vezes ela vê códigos e símbolos para realidades mais profundas onde vemos simplesmente quantidades neutras. Muitas datas apresentadas na Bíblia foram claramente sistematizadas em algum estágio na formação do texto. Por exemplo, há a tendência geral de que a maioria das gerações antes do Dilúvio tenha vivido entre novecentos e mil anos, mas, após esse evento, as idades diminuem lentamente até depois da época de Moisés, quando, então, atingem os níveis atuais (Miller & Hayes, 1986:58-9). Além da improbabilidade geral de que tais idades extremas devam ser consideradas literalmente, dado o que sabemos da biologia humana, elas são claramente concebidas para levantar a questão teológica de que, desde a Criação, a humanidade tem perdido constantemente sua vitalidade, afastando-se cada vez mais do favor divino. Olhando mais de perto, há boas indicações de que as idades dos patriarcas antes do Dilúvio (Gênesis 5) apresentem algum tipo de significado simbólico, usando múltiplos de 5 e 60, por exemplo, que também aparecem na numerologia babilônica (Bailey, 1989:124).

Outro exemplo da maneira pela qual os autores bíblicos compreendiam o significado dos números de forma diferente da nossa é fornecido pelas muitas aparições do número quarenta e seus múltiplos. Para mencionar apenas três de muitos exemplos possíveis: no Dilúvio, a chuva caiu sobre a terra por "quarenta dias e quarenta noites" (Gênesis 7:12), e Moisés esteve no Monte Sinai por "quarenta dias e quarenta noites" (Êxodo 24:18), assim como Jesus no deserto (Mateus 4:2). Muitos estudiosos chegaram à conclusão de que, nesse tipo de contexto, quarenta é um sinônimo bíblico para "muitos". Mas quarenta também é usado esquematicamente como sinônimo para uma geração, como no caso em que nos é dito que Moisés e os israelitas peregrinaram pelo deserto por quarenta anos (Números 32:13). Conectada a isso, está a data muito significativa mencionada em 1Reis 6:1, que todas as cronologias bíblicas devem levar em conta, para o intervalo entre o êxodo e a construção do templo de Salomão. Ali, diz-se que o intervalo entres esses acontecimentos é de 480 anos, o que, se tomado literalmente, situaria o êxodo no século 15 a.C. Contudo, muitos estudiosos preferem o século 13 como o

136 COLEÇÃO FÉ, CIÊNCIA & CULTURA

período mais provável para o êxodo (Provan et al., 2003:131-2). Em outras palavras, é bem possível que o número de 480 anos seja de origem tipológica, pois 480 = 40 × 12, e por isso pode representar doze gerações; possivelmente doze líderes de Israel desde o tempo de Moisés até Salomão, representando as doze tribos (Cogan, 1992:1005).

A partir desses exemplos e de muitos outros, é possível ver que as datas passíveis de ser calculadas a partir dos números da Bíblia devem ser tratadas com alguma cautela histórica, e certamente nunca tomadas inquestionavelmente por seu valor nominal. Ao citar números, os autores bíblicos não estavam comprometidos com a nossa cosmovisão científica ou com a nossa preocupação com a exatidão técnica e literal. Mas não devemos estabelecer uma distinção muito marcante entre eles e nós, por duas razões:

1. Os israelitas eram tão capazes quanto nós de realizar cálculos precisos valendo-se de matemática elementar; suas realizações arquitetônicas são suficientes para provar isso. As diferenças dizem mais respeito ao interesse deles pelo *significado* dos números e datas, e os seis dias do Gênesis 1 são um bom exemplo disso, estabelecendo a conexão simbólica entre a semana de trabalho de Deus e a dos humanos, a exemplo do sábado (cap. 2).

2. Não se deve concluir, a partir dessa discussão, que cada número e cada data registrados na Bíblia têm apenas um valor simbólico, uma vez que algumas narrativas mostram sinais de cuidadosa pesquisa histórica não muito diferente daquela dos historiadores modernos. Isso é especialmente notório nas datas e na duração dos reinados dos reis de Israel e Judá, nos livros de Reis e Crônicas. Elas são citadas cuidadosamente, muitas vezes com evidências para apoiá-las, de modo que lemos algo como o seguinte: "Manassés tinha doze anos quando começou a reinar, e reinou cinquenta e cinco anos em Jerusalém [...] Os demais acontecimentos do reinado de Manassés e todas as suas realizações, incluindo-se o pecado que cometeu, estão escritos no livro dos registros históricos dos reis de Judá" (2Reis 21:1,17). O texto aparentemente faz uma referência a arquivos genuínos de tribunais da Jerusalém ou Samaria pré-exílicas, assemelhando-se a notas de rodapé de uma obra histórica moderna. Além disso, podemos verificar algumas dessas narrativas de forma independente, valendo-nos da arqueologia e de outros registros do AOP (como fez Ussher, em seus próprios

A ESTRUTURA DA CRIAÇÃO BÍBLICA

dias). Talvez o exemplo mais conhecido seja a campanha do rei assírio Senaqueribe contra Judá, em 701 a.C., descrita em 2Reis 18 e 19, a qual pode ser comparada a um relato assírio independente (Miller & Hayes, 1986:353-65).

A conclusão é, naturalmente, que examinar as datas e os números da Bíblia não é de forma alguma um exercício simples. Por um lado, a Bíblia contém textos que ilustram uma perspectiva sobre as datas e os acontecimentos históricos bastante parecidos com a nossa, com sua preocupação de preservar a precisão histórica. Porém, por outro lado, contém textos que mostram interesse no significado simbólico dos números. Muitos textos se situam em algum ponto entre as duas concepções e, portanto, são notoriamente difíceis de interpretar, e a data mencionada em 1Reis 6:1 acima é um bom exemplo. Em sua consciência da ciência, do tempo e da história, a Bíblia é tudo, menos clara, mostrando tanto semelhanças como discrepâncias gritantes em relação à nossa cosmovisão moderna. O mesmo vale para sua consciência do espaço.

ESPAÇO

O cosmo de três camadas

Passamos agora à perspectiva hebraica antiga sobre "espaço". Assim como acontece com a compreensão do tempo conforme expressa na Bíblia, sua concepção do espaço e do cosmo está atrelada à sua perspectiva do relacionamento de Deus, enquanto Criador, com o mundo. Em nossa cultura, somos totalmente capazes de imaginar todo o escopo do universo sem precisar enxergar Deus como presente nele; porém, isso não é verdadeiro em relação à concepção bíblica. Destacamos aqui um dos pontos principais deste livro: que a diferença entre nossa mentalidade religiosa e a dos antigos autores da Bíblia se resume a diferentes concepções da relação entre Deus e o mundo; em outras palavras, nossa mentalidade é inescapavelmente matizada por influências deístas em comparação com a deles. Ao contrário dos autores bíblicos, é mais provável que pensemos no mundo natural como um sistema fechado e autossuficiente. Contudo, mesmo esse ponto demanda reflexão criteriosa. Não é verdade dizer que, se nossa era efetivamente coloca Deus fora de nossa cosmologia moderna, então a Bíblia incorpora Deus plenamente em sua cosmologia. Como ficará evidente, um dos dispositivos bíblicos para mostrar o relacionamento de Deus com o mundo físico é a simples metáfora da distância. Por vezes, Deus é descrito como estando próximo; outras vezes, inalcançável, representando sua imanência e sua transcendência, respectivamente.

As referências cosmológicas da Bíblia são frequentemente interpretadas como significando que se acreditava que o cosmo era limitado em sua extensão. Isso pode não estar tão longe assim da verdade — uma solução possível para o modelo do *Big Bang* sugere que o universo tem limites (veja "O fim do universo" no cap. 8). Se tomarmos as referências aos "confins da terra" de forma literal (p. ex., Isaías 41:8,9), a sugestão pode ser que a terra é um disco plano (ou tenha algum tipo de forma plana com "cantos") e que seria possível alcançar suas bordas caso se fosse longe o suficiente. Por esse motivo, também se diz que o céu é limitado em sua extensão (p. ex., Salmos 19:4-7). Os estudiosos muitas vezes interpretam essas afirmações de forma literal como que falando de uma terra plana que se encontra no centro de um cosmo que subsiste em três níveis ou camadas: os céus acima, a terra abaixo e as águas primitivas, com o Sheol embaixo (p. ex., P. S. Alexander, 1992:979). Isso é sugerido, por exemplo, na seguinte passagem contida nos Dez Mandamentos: "Não fareis para ti nenhum ídolo, nenhuma imagem de qualquer coisa que no céu, na terra, ou nas águas debaixo da terra" (Êxodo 20:4; Deuteronômio 5:8). Expressões semelhantes podem ser encontradas no Novo Testamento. A ascensão de Jesus (Lucas 24; Atos 1), por exemplo, é sugestiva da ideia de que o paraíso deve ser encontrado literalmente no céu (ou, pelo menos, acessível por meio dele), e o famoso hino em Filipenses contém uma declaração cosmológica tríplice: "Para que ao nome de Jesus se dobre todo joelho, nos céus, na terra e debaixo da terra" (Filipenses 2:10).

O modelo de três camadas é capaz de dar sentido a afirmações dessa natureza, mas, em geral, é uma espécie de abordagem acadêmica. Há um mito urbano moderno generalizado de que as pessoas na Idade Média acreditavam que a terra era plana, um mito que é comprovadamente falso (Cormack, 2009). É possível que exista algo desse mito urbano no modelo de três camadas dos acadêmicos. As camadas são geralmente planas, por exemplo, mas com a possível exceção da imagem ambígua dos "confins da terra" (p. ex., Salmos 135:7), a Bíblia não faz nenhum comentário explícito sobre a circularidade ou planaridade da terra. Ademais, o modelo de três camadas é incapaz de explicar todas as complexidades que surgem no material bíblico. Um bom exemplo disso é o termo "paraíso". A crença expressa em vários textos é de que o céu é um limite sólido (uma "camada" literal) no qual o sol, a lua e as estrelas

A ESTRUTURA DA CRIAÇÃO BÍBLICA

se encontram, e acima do qual estão as águas celestiais (Gênesis 1:7,8; 7:11; veja "Tempo", no cap. 2). Outras referências aos céus sendo "esticados" ou "derrotados" por Yahweh — algo semelhante ao trabalho de um artesão que trabalha em uma folha de metal — também podem testemunhar a crença de que o céu é uma "abóbada" ou extensão sólida (p. ex., Isaías 42:5; 44:24; veja van Wolde, 2009:9). Por outro lado, os termos hebraico e grego para "paraíso" podem igualmente significar "céu", de modo que possamos entendê-lo como sendo aproximadamente equivalente à nossa própria ideia de "céu" como toda a extensão acima da terra. E, com certeza, o "paraíso/céu" são descritos como o lugar no qual as aves voam (Provérbios 30:19): é o espaço criado acima da terra que contém as nuvens (Daniel 7:13), o sol, a lua e as estrelas (p. ex., Deuteronômio 4:19). Isso dificilmente significa uma "camada". Além disso, existem algumas descrições de "céu/paraíso" na Bíblia que vão além da realidade física e que descrevem uma realidade *teológica* ou simbólica, mais ou menos como nosso moderno termo "paraíso". Essa ideia raramente é encontrada no Antigo Testamento além de textos pontuais que citam o céu como o lugar no qual o trono de Deus pode ser encontrado (1Reis 22:19; Salmos 11:4; Isaías 66:1). Mas, quando chegamos à literatura apocalíptica judaica posterior e ao Novo Testamento, vemos algo mais parecido com nossa própria visão do paraíso ganhando forma (p. ex., 1Enoque 14; Mateus 18:10; Apocalipse 4), em que "céu/paraíso" é um lugar teológico de santidade singular. É a morada natural de Deus, o paraíso abençoado no qual se encontram os fiéis que partiram, transcendendo em muito o "céu" físico acima de nossas cabeças.

Se há um nível de sutileza em relação à compreensão de "paraíso" que vai além do que o modelo de três camadas é capaz de expressar, então há ainda mais sutileza em relação à quantidade de camadas que devem existir. Voltando novamente a Gênesis 1 (que é, afinal, a descrição cosmológica mais completa da Bíblia), não está claro quais camadas ou níveis estão sendo descritos de maneira tão diferente (veja "Cosmologia", no cap. 2). A característica cosmológica saliente da descrição (que é fortemente enfatizada pela narrativa do Dilúvio em Gênesis 6—9) é que a terra é cercada tanto por água acima como abaixo, com uma "abóbada" para conter as águas superiores. Esse não é um modelo de três camadas, mas, sim, a descrição de uma "bolha" cercada por água (ou uma "tenda" protetora), destacando uma característica importante da cosmovisão hebraica ausente no modelo de três camadas, a saber, a importância cosmológica da água, que aparece tão proeminentemente no tema bíblico da criação por meio do conflito mitológico do Senhor com o dragão e o mar (veja "Criação e mitologia", no cap. 3). O universo habitável é como um submarino, preservado e protegido por Yahweh nas profundezas das águas desordenadas, de modo que sua ordem criada possa florescer. Outros textos incluem o mar como uma quarta camada, além dos céus, da terra e do Sheol (p. ex., Jó 11:8,9; Salmos 139:8,9; veja Oden, 1992a:1169). E no livro do Apocalipse encontramos uma doxologia não muito diferente daquela de Filipenses 2:10, citada acima, que, em vez de apontar para três camadas, aponta para quatro, incluindo o mar: "Depois ouvi todas as criaturas existentes no céu, na terra, debaixo da terra e no mar, e tudo o que neles há" (Apocalipse 5:13). Vemos nessa passagem o cosmo descrito não tanto como composto por camadas, mas por domínios de habitação. Além disso, se nos voltarmos aos escritos dos rabinos dos primeiros séculos d.C., algumas das primeiras interpretações registradas de Gênesis 1, encontraremos evidências de especulações cosmológicas que envolvem não três camadas, nem quatro, mas *muitas* camadas — a princípio, sete céus e sete terras, assim como água (Ginzberg, 2003:5-6).

O objetivo dessa discussão não é complicar o quadro indevidamente, mas tão somente apontar as deficiências do modelo de três camadas como uma descrição *literal* da cosmologia hebraica antiga: os textos descrevem uma concepção (ou talvez concepções) que é/são mais sutil (sutis) e mais complexa(s) do que um modelo simplista pode explicar. Existe, contudo, uma possível dificuldade adicional para o modelo de três camadas: uma vez que as declarações cosmológicas que são interpretadas como evidência a seu favor são, em sua maioria, alusões metafóricas à relação de Deus com o mundo, deveriam realmente ser entendidas como afirmações de uma cosmologia literal, ou seriam mais bem interpretadas como metáforas da presença divina?

A localização de Deus

A fim de investigar essa questão, vamos examinar mais atentamente a linguagem cosmológica que descreve a localização de Deus. Há inúmeros exemplos de textos que localizam Deus nos céus, e alguns que até mesmo sugerem que ele pode olhar para baixo, a partir dos céus, em direção às pessoas na terra (p. ex., Salmos 14:2; 33:13,14). Isso sugere uma compreensão de "céu/paraíso" em que Deus está literalmente acima de nossas cabeças. Na verdade, a linguagem cristã popular muitas vezes localiza Deus no "paraíso" (p. ex., "Pai nosso, que estás nos céus", Mateus 6:9), mas poucas pessoas modernas pensariam no "paraíso" como um local no universo material, ainda que esse fosse o caso

A ESTRUTURA DA CRIAÇÃO BÍBLICA

nos tempos antigos. Com efeito, tanto as visões cosmológicas antigas como as visões modernas de paraíso afirmam o mesmo ponto: que o lugar da morada de Deus está completamente fora do alcance dos seres humanos em circunstâncias normais. Bultmann (1960:15,20) argumentou que o universo de três camadas da cosmologia hebraica era uma evidência de que o "pensamento mitológico" primitivo da Bíblia deveria ser desmitificado em nossa era científica moderna. No entanto, não apenas a ideia de uma mentalidade primitiva é pouco sustentável, como também é improvável que os antigos interpretassem seus mitos tão literalmente quanto os estudiosos modernos. Como diz Caird:

> O homem bíblico pode, por sinal, ter imaginado seu mundo como tendo o céu acima dele e o Sheol abaixo; porém, como A. M. Farrer observou, ele não foi tolo o suficiente para imaginar que a aviação poderia chegar a um ou a escavação ao outro. Qualquer um que já tenha aceitado a imagem de três camadas como uma descrição do mundo em que viveu o fez porque ela também era um símbolo permanente e universal sem o qual certos aspectos da verdade religiosa não poderiam ser apreendidos nem expressos (Caird, 1980:120-1).

Se Caird estiver certo, então a cosmologia de três camadas do academicismo moderno não é tanto uma cosmologia, mas, sim, uma maneira simbólica de expressar a "verdade religiosa" ou, em outras palavras, a relação entre Deus e o mundo, simbolizada pela distância e pela geografia. Mascall (1956:26) fez uma observação semelhante muitos anos antes, ao falar do "período real e pernicioso do literalismo" que surgiu mediante a Revolução Científica do século 17. O resultado foi que a linguagem bíblica da separação espacial de Deus em relação à terra, sempre entendida *qualitativamente* como a distinção entre as criaturas e seu Criador, era agora entendida de maneira literal e, portanto, tornou-se altamente problemática:

> O deslocamento da terra do centro do universo por Copérnico e Galileu, e a unificação do mundo sublunar e supralunar pela descoberta da gravitação universal de Newton, aboliram todas as diferenças qualitativas entre as diferentes regiões do espaço (ibidem:27).

Não era mais possível entender as referências bíblicas à diferença qualitativa entre Deus e o mundo sem considerá-las literalmente. Dessa forma, somos capazes de encontrar estudiosos lendo tais referências com relação a uma cosmologia hipotética de três camadas, como se tais referências fossem, na verdade, declarações científicas sobre a natureza do espaço físico.

É mais seguro concluir que muitas das declarações cosmológicas na Bíblia são simbólicas, e não científicas: se Deus está nos céus, então ele está totalmente fora de alcance e é completamente diferente do mundo. Esse aspecto pode ser levado adiante tomando um exemplo como o do salmo 57, que contém uma série de afirmações espaciais diferentes sobre a localização de Deus. Por um lado, Deus parece estar nos céus, porque o salmo contém uma previsão que dos céus Deus "envia[rá] a salvação" (v. 4 [VP 3]). Mas outras imagens são empregadas para espaço, localização do paraíso e as virtudes de Deus que deixam claro que a linguagem foi concebida como metafórica:

> Sê exaltado, ó Deus, acima dos céus!
>> Sobre toda a terra esteja a tua glória!
> Pois o teu amor é tão grande que alcança os céus;
>> a tua fidelidade vai até as nuvens (Salmos 57:6,11 [VP 5,10]).

As preposições usadas nessa passagem são particularmente reveladoras. Deus deve ser exaltado *acima* dos céus, e a glória de Deus está *sobre* toda a terra, uma vez que o amor e a fidelidade de Deus se estendem *até* as nuvens. Se o salmo for compreendido de maneira literal, Deus parece localizar-se inicialmente acima do céu, mas depois na terra e não muito mais longe do que as nuvens. No entanto, é evidente que não se trata de algo literal; o salmo é uma série de alusões poéticas à transcendência absoluta de Deus e à sua fidelidade universal, recorrendo a metáforas espaciais para dar ênfase a isso.

Algo semelhante pode ser dito sobre a contrapartida para os céus, ou seja, o que está abaixo da terra, o submundo (muitas vezes chamado de Sheol no Antigo Testamento). Isso não tem de ser visto como uma descrição literal de uma camada física abaixo da superfície da terra, mas, sim, de uma forma inteiramente metafórica, como o *status* simbólico dos mortos. Eles estão completamente fora do alcance dos vivos, e também incapazes de alcançar a Deus. O submundo, portanto, torna-se uma metáfora da separação dos vivos (p. ex., Jó 7:9) e talvez até mesmo de Deus (p. ex., Salmos 88:5 [VP 4]; Isaías 38:10-18).

Um exemplo ainda mais claro de paraíso sendo usado como metáfora espacial de transcendência encontra-se na oração de Salomão quando da dedicação do Templo de Jerusalém (1Reis 8). Salomão suplica a Yahweh que

A ESTRUTURA DA CRIAÇÃO BÍBLICA

ouça sua oração "dos céus, lugar da tua habitação" (v. 30), ao mesmo tempo que expressa ter consciência de que Deus não habitará mais no Templo que ele acaba de construir do que literalmente nos céus: "Mas será possível que Deus habite na terra? Os céus, mesmo os mais altos céus, não podem conter-te. Muito menos este templo que te construí!" (1Reis 8:27). Essa é uma das indicações mais claras no Antigo Testamento de que uma função primária das referências a Deus estar nos céus é apontar metaforicamente para a transcendência absoluta de Deus sobre o mundo.

Teofania

A visão que temos apresentado até agora é que muitas das descrições bíblicas do espaço físico são metáforas para a relação Criador/criação. Isso é apoiado pelo fato de que a presença de Deus está associada a vários locais físicos diferentes no Antigo Testamento, e não apenas a céu/paraíso. A teofania de Yahweh ocorre preeminentemente nas montanhas (p. ex., no Monte Sinai, Êxodo 19), e as montanhas estão fortemente ligadas a manifestações da presença divina em seu modo transcendente, como o Monte Sião (Miqueias 4), o Monte Zafon (Isaías 14:13,14) e as várias montanhas notáveis na história de Jesus (Mateus 5:1; 15:29-31; 28:16-20; Marcos 9:1-9). Mas outras características da paisagem natural também são importantes como locais para a teofania, como, por exemplo, árvores (p. ex., Gênesis 18:1; Êxodo 3:1-6), córregos (p. ex., Gênesis 32:22-32) e rios (p. ex., Salmos 36:8-10; 46; Ezequiel 1:1; Marcos 1:9-11). Dentro do modelo de três camadas, podemos compreender esses locais como "pontes" entre as três camadas físicas. Por outro lado, se adotarmos uma abordagem mais figurativa, esses vários locais naturais da teofania podem ser compreendidos como sugerindo que as distinções entre os domínios cosmológicos são, na verdade, muito mais fluidas e ambíguas do que a terminologia das "camadas" poderia sugerir; eles se deslocam juntamente com o relato sobre a presença de Deus, que pode ser tanto móvel como flexível. Em suma, eles são novamente metáforas da natureza de Deus e do relacionamento de Deus com o mundo criado. De maneira semelhante, Levenson argumenta que as referências do Antigo Testamento a uma "Jerusalém terrena" e a uma "Jerusalém celestial" indicam uma imagem do mundo composta por duas camadas que estão dispostas uma sobre a outra e se interpenetram no Monte Sião (Levenson, 1985:141-2). O sentido não é que os limites sejam nítidos, mas que existem locais em nosso mundo que revelam a presença e a santidade de Deus mais claramente que outros. São lugares físicos que também englobam ou simbolizam a transcendência divina, algo semelhante à metáfora do "paraíso".

Além das *localizações* geográficas como montanhas e nascentes, também se diz que Deus se manifesta em *fenômenos* naturais, principalmente na tempestade (p. ex., Êxodo 15:1-18; Juízes 5:4,5; Jó 37:2—38:1), no fogo (p. ex., Gênesis 15:12-21; Êxodo 3:1-6) e no terremoto (p. ex., 2Samuel 22:8), mas mesmo nas estruturas humanas (o Templo de Jerusalém e as liturgias religiosas, p. ex., 1Reis 8). O ponto é que, se nós, modernos, dificilmente acreditamos que Deus tenha um lugar de descanso literal em nosso universo, então nem mesmo os escritores bíblicos acreditavam; em vez disso, a presença de Deus está associada a diferentes tipos de lugares e diferentes tipos de fenômenos de diversos modos, apontando para a amplitude de compreensão da revelação e da obra de Deus no mundo. É bem possível que diferentes imagens e temas tenham tido suas raízes em diferentes aspectos mitológicos do passado de Israel, mas o fato de eles terem sido combinados quase perfeitamente em muitos textos, e canonizados na Bíblia, sugere que nenhuma imagem deve ser tomada como exaustiva ou historicamente autoritativa. As diferentes imagens constroem um retrato completo, o qual é multifacetado e não pode ser facilmente reduzido a um único padrão conceitual.

Um último ponto significativo sobre a linguagem da teofania é que, como Fretheim (2005:260-1) reconhece, ela está intimamente relacionada à linguagem do louvor da criação a Deus (veja também minha conclusão no cap. 3). Deus é revelado na montanha, no terremoto e na tempestade da mesma forma que a montanha, o terremoto e a tempestade louvam a Deus, mediante o exercício de funções naturais que são, não obstante, intensamente reveladoras. Longe de serem apenas metáforas coloridas para expressar o louvor *humano* a Deus, tais textos ilustram que cada canto não humano da criação tem uma santidade própria que revela a proximidade da presença de Deus. Se a teofania expressa algo da transcendência divina, então o louvor da natureza expressa algo da imanência de Deus.

Imanência

Existem muitas outras maneiras pelas quais se diz que Deus está intimamente envolvido com o mundo, o que comunica uma visão *imanente* da presença divina. Mencionaremos algumas delas no próximo capítulo, quando abordaremos a possibilidade de situar a categoria *creatio continua* nos textos bíblicos, mas outras descrições metafóricas da proximidade de Deus (Salmos 145:18)

A ESTRUTURA DA CRIAÇÃO BÍBLICA

podem ser encontradas, como, por exemplo, em certos salmos, em que Deus é descrito como nosso pastor (salmo 23), nosso abrigo (salmo 91) e nosso protetor e sombra (salmo 121). Um tipo semelhante de intimidade é encontrado nas expressões da renovação da aliança de Deus e do seu amor pelo povo (p. ex., Êxodo 29:45,46; Isaías 42:6; 43:1,2; Jeremias 31:33,34; 32:37-40; Ezequiel 37:26-28; Oseias 11).

Deve-se admitir, porém, que a imanência de Deus não é mencionada no Antigo Testamento de forma tão explícita quanto sua transcendência. No entanto, há uma tendência importante e mais sutil em ação porque, aproximadamente a partir do século 8 a.C., com o início da profecia escrita, parece ter havido uma tendência para a revelação de Deus ser procurada na sabedoria, na palavra profética, na voz e no oráculo, ou seja, em formas de enunciado humano. Esses temas falam poderosamente da imanência divina, como ilustrado na história de Elias no Monte Sinai/Horebe (1Reis 19:11,12), que alguns estudiosos (p. ex., Cross, Levenson) propõem como um desenvolvimento narrativo significativo que descreve a evolução da atitude de Israel para com a profecia. Na narrativa, Elias espera a revelação de Deus no monte, mas ele não se revela no vento fortíssimo, nem no terremoto ou no fogo, que atingem o monte (ou seja, nos sinais tradicionais de teofania), mas no "murmúrio de uma brisa suave" que se segue (Cross, 1973:193-4). A voz da consciência interior de Elias substituiu o espetáculo tremendo e inspirador de Deus que Moisés e os israelitas anteriores tiveram o privilégio de testemunhar no monte (Levenson, 1985:89-90). Em outras palavras, a teofania divina tornou-se interiorizada e expressa por intermédio da voz profética. Isso possivelmente explique, de alguma forma, o foco em desenvolvimento nos tempos do Antigo Testamento sobre os profetas escritores a partir do século 8, juntamente com a reflexão sobre a lei (p. ex., os salmos 1 e 119) e a literatura sapiencial. A imanência divina se expressa sob a perspectiva da fé interior da comunidade reflexiva e do indivíduo.

Expressões ainda mais íntimas da imanência divina podem ser encontradas no Novo Testamento e, na teologia do Espírito Santo de Paulo, a discussão da imanência divina atinge novos patamares teológicos. Se podemos dizer que a ressurreição de Jesus aconteceu pelo poder de Deus em ação (por meio do Espírito), então esse mesmo Espírito está diretamente em ação na vida dos crentes comuns (Romanos 8:11), mas como uma obra da "nova criação" (2Coríntios 5:17), não da antiga.

Talvez o melhor exemplo seja a discussão de Paulo sobre os dons espirituais e o "corpo de Cristo" em 1Coríntios 12. Nessa passagem, descobrimos que, por causa da obra imanente (e escatológica) de Deus nos crentes, eles recebem a "manifestação do Espírito" (1Coríntios 12.7). Ao exibir dons espirituais, como a palavra de sabedoria e de conhecimento, dons de curar e profecia, os próprios crentes se tornaram os locais da teofania divina. É difícil imaginar um símbolo mais abrangente da imanência divina do que esse, e qualquer descrição do relacionamento de Deus com o mundo criado deve dar-lhe a devida consideração ao lado dos símbolos bem conhecidos da transcendência de Deus (p. ex., Gênesis 1).

CONCLUSÕES

A essa altura, afastamo-nos claramente da discussão das concepções bíblicas de tempo e espaço. Isso ocorre porque muitas das declarações da Bíblia que parecem relatar o cosmo e sua estrutura são, na verdade, referências simbólicas da relação entre o Criador e a criação. Como acontece atualmente, o espaço foi um dos principais dispositivos metafóricos utilizados para apresentar a natureza de Deus e seu relacionamento com o mundo. Isso significa que a popular reconstrução acadêmica da cosmologia de três camadas deve ser usada apenas como uma aproximação rudimentar, na melhor das hipóteses, e provavelmente não deve ser considerada uma descrição rigorosa e precisa do que os antigos hebreus acreditavam sobre seu mundo físico. É possível que ela capte algo da verdade, mas os textos em que se baseia são mais bem entendidos como dispositivos metafóricos para narrar a qualidade divina da transcendência em relação a três reinos inteiramente diferntes do ser: (1) Deus, (2) os vivos e (3) os mortos. Um sistema de fronteiras metafísicas está sendo descrito, e podemos ser lembrados do sistema não relacionado de fronteiras encontrado no material legal e ritual do Antigo Testamento, que descreve o que é limpo e o que é impuro. Nenhum dos sistemas tem relação com nossas visões científicas modernas do espaço ou do cosmo, compreendendo-o tão somente em termos sociais, rituais e teológicos.

Da mesma forma, achamos difícil isolar uma visão do tempo na Bíblia que não seja, de alguma forma, influenciada por considerações teológicas. Abordamos ideias bíblicas dos primórdios e do fim cósmicos, bem como do tempo histórico entre eles, e descobrimos que todos eles são, de várias maneiras, fortemente simbólicos da obra de Deus no mundo. Os israelitas comuns devem ter sido capazes de pensar no tempo e no espaço de maneiras pragmáticas e cotidianas, sem a necessidade de incorporar Deus em seus pensamentos, mas

A ESTRUTURA DA CRIAÇÃO BÍBLICA

parece que, quando o quadro geral estava em vista, então Deus nunca estava fora de cena. Da mesma forma, abordamos a antiga ciência israelita e afirmamos que uma visão da causalidade relacionada à nossa deve ter existido; caso contrário, a tecnologia primitiva teria sido impossível; porém, nos textos da Bíblia, isso muitas vezes é expresso em termos fortemente teológicos.

Nossa moderna cosmovisão científica do mundo nos levou claramente a um estado de espírito muito mais deísta do que os antigos israelitas, ou pelo menos daqueles que estavam ativos na composição dos textos bíblicos. Se considerarmos que é relativamente simples ver o grande quadro do nosso mundo, do tempo e do espaço, de fronteiras e estruturas, sem Deus ativo nele, então os primeiros israelitas parecem ter considerado, correspondentemente, mais difícil conceber um quadro tão amplo. Seu quadro geral padrão incorporou a atividade de Deus como algo natural. O nosso raramente o faz.

No próximo capítulo, levaremos essa discussão adiante, analisando de que forma o relacionamento de Deus com o mundo pode ser entendido tanto em termos bíblicos como em termos teológicos mais contemporâneos.

CAPÍTULO 5

Criador-criação:
como esse relacionamento
pode ser descrito?

CRIAÇÃO A PARTIR DO NADA (*CREATIO EX NIHILO*)

As revoluções científicas dos últimos 150 anos tiveram implicações de longo alcance na forma como concebemos o relacionamento de Deus com o mundo. A ênfase nos modelos evolucionários tanto na física como na biologia levou a uma reavaliação da perspectiva bíblica que coloca a presença íntima de Deus no mundo em paralelo com a transcendência de Deus.

Neste capítulo, analisaremos a estrutura *teológica* do material da criação bíblica à luz da ciência moderna. Faremos isso avaliando duas categorias que têm sido amplamente utilizadas para distinguir diferentes tipos da obra criativa de Deus: a *creatio ex nihilo* ("criação a partir do nada") e a *creatio continua* ("criação contínua"). Como veremos, essas categorias são frequentemente utilizadas no campo da ciência-teologia, mas têm um *status* incerto nas visões bíblicas sobre a criação. Não obstante, ressaltarei que elas introduzem considerações importantes sobre os modelos do relacionamento de Deus com o mundo conforme encontrados na Bíblia. Em outras palavras, embora essas categorias tenham sido construídas centenas de anos depois de os textos sobre a criação bíblica terem sido escritos, introduzem uma maneira útil de ler os textos bíblicos de forma teológica e em conjunto com as interpretações científicas.

Já falamos sobre a perspectiva da *creatio ex nihilo* (veja "Introdução"): a ideia de que, quando Deus fez o mundo, nos primórdios do tempo, ele o fez literalmente "a partir do nada"; essa é uma crença que tem consequências importantes, a saber, que Deus não é nem dependente do mundo nem necessariamente parte dele. O mundo, por outro lado, é necessariamente dependente de Deus para sua existência. Essa é uma das premissas básicas do

CRIADOR-CRIAÇÃO: COMO ESSE RELACIONAMENTO PODE SER DESCRITO? **151**

"teísmo" — a crença ortodoxa em Deus como um ser objetivo e diferente do mundo — em oposição ao "panteísmo" (a crença de que o mundo é essencialmente idêntico a Deus), ou "panenteísmo" (a crença de que o mundo está "em" ou é parte de Deus). De forma contrária, o teísmo sustenta que Deus é pessoal e ativo na obra divina da criação: Deus criou o mundo nos primórdios do tempo *ex nihilo*, e continua a auxiliá-lo e mantê-lo (ou sustentá-lo), bem como está ativo nele. Da mesma forma que o mundo era inicialmente dependente de Deus para sua existência ("No princípio"), ele continua a ser dependente de Deus para sua existência contínua; o mundo é contingente no sentido mais amplo possível. Na verdade, se Deus *não* sustentar o mundo a cada momento de sua existência, então o mundo existe por meio de seu próprio poder e é, em certo sentido, igual a Deus. A posição teológica da *creatio ex nihilo* é, portanto, relevante não apenas para a maneira pela qual as coisas tiveram seu início, mas também pelo modo que continuam a existir. Em suma, a *creatio ex nihilo* não é uma explicação de "no princípio" tanto quanto uma afirmação de que há uma *relação* contínua entre o mundo criado e seu Criador. Como Stoeger (2010:181) diz em sua discussão sobre Deus e o *Big Bang*: "A criação não é um acontecimento temporal, mas um relacionamento: um relacionamento de dependência absoluta". O relacionamento é de transcendência da parte de Deus, e de contingência da parte do mundo. Outras formas de expressar isso é dizer que Deus é aquele que existe necessariamente, enquanto o mundo existe em dependência de Deus; que o Senhor é onipotente e sustenta o mundo, sendo o meio pelo qual este continua a existir. Encontramos a ideia de que Deus sustenta a ordem natural do mundo expressa em passagens bíblicas que louvam a Deus pelo ritmo do dia e das estações, e pela provisão da colheita (p. ex., Salmos 74:16,17; 145:15,16; Jeremias 5:24). Da mesma forma, os Evangelhos nos dizem que Deus sustenta o mundo de maneira suficientemente abrangente, a ponto de cuidar de cada pardal e de cada lírio do campo (Mateus 6:25-29; Lucas 12:6,24-28). A noção de que, sem o sustento explícito de Deus, o mundo seria destruído se encontra de forma memorável na aliança que Deus faz com Noé, com todos os seres vivos e com a terra, a qual, após o Dilúvio, é simbolizada pelo arco-íris (Gênesis 9:12-17).

É importante entendermos claramente a ideia da transcendência de Deus que flui da perspectiva da *creatio ex nihilo*, e que, quando falamos de transcendência, não necessariamente queremos dizer que Deus está sobre e acima do mundo criado, como se estivesse tão além dele que não tivesse contato com o mundo. Em outras palavras, não estamos fazendo menção a algum quadro de referência espacial ou temporal no qual Deus possa ou não ser encontrado. Ao falar de transcendência, referimo-nos à concepção de que Deus não é limitado pelo tempo e pelo espaço da maneira como nós somos. Isso não significa que ele esteja fora do tempo e do espaço, no sentido de não estar presente neles. Em vez disso, Deus é onipresente, de modo que todo acontecimento ou objeto no tempo e no espaço existe por meio do poder divino originador (Ward, 1996b:290). É Deus, e somente Deus, que impede o mundo de voltar a cair no nada. Dessa forma, descobrimos que o teísmo e a afirmação de que Deus criou o mundo *ex nihilo* especificam todo um conjunto de conclusões sobre o relacionamento de auxílio e sustentação de Deus em relação ao mundo. Se a ciência moderna nos fez acreditar que falar de criação é somente falar dos primórdios do tempo, então a categoria da *creatio ex nihilo* pode ajudar-nos a recuperar parte da ideia afirmada pela Bíblia de que, na verdade, se trata igualmente de um relacionamento com o Criador.

DEÍSMO

No entanto, o teísmo não é a única estrutura existente para compreendermos o relacionamento de Deus com o mundo. A ascensão da ciência moderna e seu sucesso em explicar o mundo sem recorrer a um Criador fizeram com que a relação entre Deus e o mundo passasse por um rigoroso escrutínio filosófico, teológico e científico. Uma estrutura alternativa que surgiu a partir disso foi o deísmo. Em comum com o teísmo, o deísmo afirma a transcendência de Deus e a obra inicial de Deus na criação. Contudo, depois disso ambos se afastam, uma vez que o deísmo acredita que Deus não desempenha nenhum papel no tecido do mundo depois da Criação. Na verdade, o deísmo enfatiza a transcendência de Deus a tal ponto que postula uma separação muito real entre Deus e o mundo após a criação inicial, insistindo que Deus não mais interagiu com o mundo depois de tê-lo trazido à existência. Na cosmovisão deísta, a crença em milagres e na revelação é negada, uma vez que Deus permite que o universo prossiga no caminho inicialmente estabelecido para ele, sem interferência ou orientação divina. O deísmo não nega necessariamente a ideia de *reation ex nihilo*, pois um deísta pode afirmar a sustentação providencial de Deus em relação ao mundo sem acreditar que Deus interage diretamente com sua atividade. No entanto, é seguro dizer que o deísmo discorda, em grande parte, da perspectiva do teísmo, que não apenas mantém a ideia

CRIADOR-CRIAÇÃO: COMO ESSE RELACIONAMENTO PODE SER DESCRITO? 153

de uma *reation ex nihilo* ao longo da história do mundo, como também crê que Deus está de forma *imanente* presente nela (isto é, inerente à criação e em íntima proximidade com ela).

No contexto da cosmovisão newtoniana determinista do início da época moderna, o deísmo era visto como uma opção de fé atraente, uma vez que permitia que a ciência fosse ciência: os processos científicos podiam ser entendidos como naturais e regulares, sem que houvesse necessidade de interferência divina. Embora o deísmo tenha declinado como uma opção de fé consciente, ainda assim deixou um legado inconsciente que se torna evidente quando tentamos entender histórias de milagre e revelação em nosso contexto científico: torna-se extraordinariamente difícil evitar falar de "intervenção" da maneira deísta.

Existem boas razões para buscar manter uma perspectiva teísta no lugar do deísmo. Em primeiro lugar, a ciência avançou significativamente desde o início da era moderna de Newton. Com o surgimento do darwinismo no século 19 e da nova física no século 20 (marcada especialmente pelas descobertas da relatividade, da mecânica quântica e da teoria do caos), a cosmovisão regular e quase mecânica de Newton foi amplamente substituída por uma concepção científica muito mais ampla a respeito do mundo, que reconhece a originalidade e a novidade em seu âmago. Em segundo lugar, o deísmo é uma visão, em grande parte, estranha ao mundo bíblico. Algumas passagens bíblicas podem sugerir que "Deus está nos céus" (salmo 115), o que pode indicar que Deus encontra-se fora do nosso alcance; não obstante, o Deus da Bíblia também tem um interesse pessoal e age ativamente na história e no mundo natural. Na verdade, encontramos a surpreendente ideia de que Deus se inclinou para tão perto da criação a ponto de realmente se tornar parte dela, em Cristo, e continua a atuar de forma imanente nela, pelo Espírito Santo. Se o Deus bíblico é transcendente (o que sugere uma diferença inimaginável entre Deus e o mundo), então também é imanente e presente (ou, em outras palavras, inerente ou intrínseco ao mundo, praticamente habitando no mundo). Como veremos, embora os textos bíblicos não pareçam conhecer estritamente a *reation ex nihilo*, ainda assim são fundamentados nela, e com certeza mostram sinais abundantes da noção teísta de que Deus é, ao mesmo tempo, transcendente e imanente. Por conseguinte, mesmo em face das dificuldades do teísmo que são lançadas pela ciência moderna, e apesar das atrações concomitantes do deísmo, sugerimos que um ponto de vista teísta corresponde melhor à cosmovisão bíblica.

O teísmo tem mais um ponto a seu favor como declaração de fé, uma vez que mantém uma posição mais forte do que o deísmo no debate com o novo ateísmo. O deísmo pode ser visto como uma forma de dualismo, deslocando a esfera de influência de Deus do mundo material para o espiritual. Nessa vertente, o relacionamento pessoal de Deus com os seres humanos se restringe apenas à dimensão espiritual, de modo que a crença em Deus, e sua adoração, se tornam atividades humanas cerebrais e espirituais. Essa afirmação dualista significa, por sua vez, que a ligação entre o Criador e toda a criação que vimos na conclusão do capítulo 3, expressa tão vividamente no chamado a todo o universo para participar da adoração, agora é negada. A criação não humana é esvaziada de significado divino, exceto pelo fato de que aponta para o "design" (que apenas os seres humanos podem apreciar, e apenas de modo cerebral), não havendo mais um sentido segundo o qual exista para dar glória a Deus ou para receber a glória de Deus. Assim, textos que sugerem que os rios podem "bater palmas", ou os montes "cantar de alegria" em louvor a Deus (Salmos 98:8), por exemplo, perdem grande parte de sua riqueza. De um ponto de vista teísta, são expressões metafóricas de adoração universal ao Criador mediante o cumprimento do potencial divinamente criado; é a criatura ecoando o "muito bom" do Criador (Gênesis 1:31). De um ponto de vista deísta, somente os seres humanos podem adorar a Deus e, portanto, tais textos transformam-se em metáforas da admiração humana do mundo. Isso significa que, os argumentos religiosos para a existência de Deus no deísmo perdem boa parte de sua força, já que não podem mais recorrer à grande vida do universo em relação com seu Criador; o universo, em vez disso, tornou-se um receptáculo passivo e inerte para a vida espiritual/intelectual dos seres humanos. O deísmo, então, pode fazer pouco mais do que apontar para Deus como uma hipótese explicativa para o mundo se haver tornado o que se tornou. Contudo, esse é um argumento inerentemente fraco quando colocado diante da ciência, porque a ciência é capaz de explicar grande parte do mundo sem recorrer a um artífice.

O teísmo imbui toda a criação com a presença do Espírito de Deus, dando à realidade não humana um significado espiritual próprio que ela é incapaz de ter no deísmo. Ironicamente, a crescente importância da perspectiva ecológica nas últimas décadas levou a maior respeito pelo mundo natural. Trata-se de um desenvolvimento científico, mas que tem certa ressonância com a afirmação teísta de que toda a criação detém mérito intrínseco aos olhos de Deus (cap. 8).

CRIADOR-CRIAÇÃO: COMO ESSE RELACIONAMENTO PODE SER DESCRITO? **155**

Por essas razões, teremos o cuidado de manter uma abordagem teísta neste livro. Não para sermos pejorativos em relação ao deísmo, o qual tem, por vezes, sido uma afirmação fértil da fé no período moderno (Fergusson, 2009:77), mas, sim, para trilharmos um percurso teológico o mais próximo possível daquele traçado pela Bíblia.

CRIAÇÃO CONTÍNUA (*CREATIO CONTINUA*)

Se a *creatio ex nihilo* é uma declaração teísta fundamental da transcendência de Deus em relação ao mundo, então o termo *creatio continua* pode ser usado para expressar a ideia igualmente teísta de que Deus é imanente, ou seja, presente no e com o mundo, participando dele em um sentido ativamente criativo. Mas essas qualidades de transcendência e imanência apenas descrevem a relação a partir da perspectiva do mundo. Visto da perspectiva de Deus, descobrimos que a *contingência* é aquilo que é enfatizado: a perspectiva da *creatio ex nihilo* expressa, em primeiro lugar, a contingência da própria existência do mundo, enquanto a perspectiva da *creatio continua* expressa a contingência de cada nova criação e de cada acontecimento na vida em curso do mundo.

No entanto, houve alguma incerteza em torno desse ponto no passado, uma vez que a perspectiva *ex nihilo* já contém a ideia de que Deus está ativo na sustentação e na preservação do mundo ao longo de sua existência, e isso foi interpretado por proeminentes teólogos como Tomás de Aquino como uma forma de criação contínua (Pannenberg, 1994:40). Já nos tempos modernos, Schleiermacher preferiu minimizar qualquer distinção entre o ato inicial de Criação de Deus e sua sustentação seguinte, dizendo que tudo é um ato divino de "preservação" (*The Christian faith* [A fé cristã], §38; veja Pannenberg, 1994:42). Por outro lado, outros teólogos desejaram distinguir nitidamente entre a obra inicial de Deus de criação *ex nihilo* e a obra subsequente de conservação de Deus, sustentando que conservação não é o mesmo que criação, e que apenas a ação primeva é verdadeiramente criativa (Copan & Craig, 2004:148-65).

Havendo ambiguidade nessa discussão de longa data sobre a sustentação/conservação/preservação contínua do mundo de Deus constituir "criação" (e "criação contínua"), uma nova força ingressou no conflito, a da ciência moderna. O diálogo contemporâneo entre ciência e teologia enfatiza a importância dos modelos evolutivos para nossa compreensão da criação, sugerindo que devemos levar a sério o termo *creatio continua* como representando um tipo diferente de atividade criativa daquela do tipo *ex nihilo*.

Para esclarecer a diferença entre as categorias *ex nihilo* e *continua*, vale a pena considerar o seguinte comentário de Pannenberg (1994:35): "Preservar algo existente pressupõe que ele exista". Em outras palavras, o papel preservador contínuo da *creatio ex nihilo* só se aplica às coisas que já existem. Mas e quanto a formas inteiramente novas que não existiam? Podemos até perguntar sobre novas vidas que ainda não existem. A implicação é que a "novidade" requer a introdução de um novo tipo de categoria para complementar a perspectiva *ex nihilo*. A *creatio continua* é, assim, muitas vezes utilizada no campo da ciência-teologia para expressar a ideia de que a atividade criativa de Deus não se restringe simplesmente aos primórdios do mundo, nem à sua sustentação ou à sua preservação constantes, mas é contínua, inicial e cheia de novidade a todos os momentos.

Assim, a *creatio continua* tende a pressupor a *creatio ex nihilo* (ou seja, Deus impedindo a queda do tempo, do espaço e da matéria de volta ao nada), de modo que podemos considerá-la dependente da perspectiva da criação *ex nihilo* (ibidem: 122, n.323). No entanto, a *creatio continua* ainda é uma categoria útil para representar o consenso científico atual de que o mundo encontra-se em um estado de contínuo devir.[3] Em outras palavras: o plano criativo de Deus para o mundo não foi totalmente concluído (realizado?) em seu estado inicial de *Big Bang*, nem é realizado pela sustentação divina ao que existe desde então. Em vez disso, a *creatio continua* sugere que a obra criativa de Deus está constantemente em andamento, a fim de revelar todo o potencial do mundo, que é perpetuamente original e renovado. Para usar um termo científico, a *creatio continua* vê a atividade criativa de Deus como continuamente "emergente", e não simplesmente como o desenvolvimento previsível de leis e princípios bem definidos. A *creatio continua* tem sido associada, no campo da ciência-teologia, a escritores como Arthur Peacocke e Ian Barbour, e influenciada pelo Deus panenteísta da teologia do processo. (Observe que a filosofia e a teologia do processo destacam as relações e os processos entre todas as entidades da natureza, até o nível mais ínfimo pelo qual o mundo continuamente vem a ser. Deus é visto como intimamente envolvido nesse

---

[3] "Devir" é um conceito filosófico que significa um movimento permanente pelo qual as coisas passam de um estado a outro, transformando-se; é uma mudança, uma transformação, um vir a ser (https://dicionario.priberam.org/devir). (N. E.)

CRIADOR-CRIAÇÃO: COMO ESSE RELACIONAMENTO PODE SER DESCRITO? 157

processo, uma vez que se pode dizer que Deus muda junto com o mundo e até mesmo compartilha de seu sofrimento; Barbour, 1997:284-304.) Contudo, também é possível afirmar a *creatio continua* dentro de uma abordagem teísta mais convencional, já que a imanência de Deus é vista na obra criativa do Espírito Santo (p. ex., Salmos 104:30). Como Polkinghorne explicou: "*Creatio continua* pode ser entendida como a obra do Criador no modo de imanência divina, assim como a *creatio ex nihilo*, a preservação da criação do colapso ontológico, é a obra do Criador no modo de transcendência divina" (Polkinghorne, 1998:81). Assim, embora essas duas categorias de *creatio ex nihilo* e *creatio continua* enfatizem diferentes visões do relacionamento de Deus com o mundo criado (e, portanto, diferentes modelos de Deus), em última análise, ambas podem ser vistas como basicamente compatíveis com a concepção teísta geral de que Deus é tanto transcendente como imanente em relação à criação. Embora a perspectiva *ex nihilo* da criação seja mais fundamental, ainda é útil afirmar a perspectiva da *creatio continua* ao lado dela, uma vez que incorpora prontamente elementos de acaso e emergência em nossos modelos teológicos da criação, evitando que sejam vistos de um ângulo deísta em que tudo é efetivamente predeterminado (Polkinghorne, 1994:79; van Huyssteen, 1998:105).

A CIÊNCIA PODE LANÇAR LUZ SOBRE AS PERSPECTIVAS *EX NIHILO* E *CONTINUA*?

Como essas duas categorias a respeito da Criação podem estar relacionadas aos entendimentos científicos dos primórdios e do desenvolvimento do mundo? Assim como é tentador fazer uma identificação próxima entre o modelo do *Big Bang* e os versículos iniciais de Gênesis 1 (veja "Gênesis 1 e ciência moderna", no cap. 2), também é tentador conectar o modelo do *Big Bang* com a ideia teológica da *creatio ex nihilo*, uma vez que ambas sugerem que o universo surgiu dramaticamente em um ponto definido da história. Copan e Craig, por exemplo, estabelecem essa conexão, alegando que o "começo absoluto do universo" que o modelo do *Big Bang* proporciona tem "importantes ramificações teológicas". Eles continuam e afirmam:

> Tendo em vista os fundamentos bíblicos e teológicos da doutrina da *creatio ex nihilo*, devemos *esperar* observar algo como o universo do *Big Bang*, e não um universo em estado estável ou um universo eternamente oscilante. Dadas

as evidências, o *Big Bang* representa plausivelmente o acontecimento da criação (Copan & Craig, 2004:18).

No entanto, vários problemas surgem ao se fazer essa identificação (Russell, 1996:208-9). Por exemplo, apesar do que Copan e Craig afirmam, o modelo do *Big Bang* não é um começo absoluto no sentido de uma criação *ex nihilo*, pois não postula um "nada" teológico definido anterior ao seu estado inicial, que a perspectiva da *creatio ex nihilo* tanto positivamente afirma, bem como exige. Pelo contrário, o modelo do *Big Bang* exige que exista "algo" antes que nosso espaço-tempo possa nascer, embora existam várias possibilidades especulativas sobre o que esse "algo" possa ser, como, por exemplo, a sugestão de que talvez nosso universo tenha sido criado a partir de um universo anterior, que foi destruído quando o nosso nasceu. Outra possibilidade é que nosso universo é um dos muitos que coexistem como parte do grande complexo conhecido como o "multiverso". No mínimo, algum tipo de estrutura cosmológica quântica conceitual deve existir para dar origem ao *Big Bang*. Portanto, toda explicação científica deve ser contingente até certo ponto, e nenhuma pode ser totalmente compatível com a afirmação teológica de que não havia literalmente nada antes de haver algo, uma vez que o conceito teológico de "nada" (a ausência da criação) não pode, por definição, estar aberto à investigação científica. Em outras palavras, a cosmologia do *Big Bang* simplesmente não pode reproduzir o "nada" que a abordagem *ex nihilo* afirma. Na melhor das hipóteses, o *Big Bang* pode ser um meio vívido de visualizar os primórdios do nosso universo, mas não é capaz de nos ajudar a visualizar nossos primórdios *ex nihilo*.

Contudo, há uma dificuldade ainda mais relevante por trás das tentativas de vincular a *creatio ex nihilo* com o *Big Bang*, que é correr o risco de dizer que a *creatio ex nihilo* só é relevante, em toda a história do universo, em sua concepção. Em outras palavras, é restringir a interação transcendente de Deus com o mundo ao seu início, negando, assim, a necessidade do mundo em relação à sustentação transcendente de Deus ao longo do tempo, o que significa recair no ponto de vista do deísmo.

Existe uma tentação semelhante de identificar o ponto de vista da *creatio continua* com modelos científicos de evolução cosmológica (que a cosmologia do *Big Bang* fornece) e de evolução biológica (como o neodarwinismo). Como descrevemos no capítulo 1, tanto o modelo do *Big Bang* como o neodarwinismo são de fundamental importância nas explicações científicas

CRIADOR-CRIAÇÃO: COMO ESSE RELACIONAMENTO PODE SER DESCRITO?

sobre a forma como o mundo é atualmente. Embora existam elementos de determinismo em ambos os modelos, o quadro geral também destaca o funcionamento do acaso e dos processos emergentes, que são responsáveis pelo surgimento, em vários estágios no tempo, de entidades fundamentalmente novas, e não apenas daquelas previsíveis desde o início. Esses processos podem ser considerados verdadeiramente *criativos*, uma vez que sugerem que a criação do mundo ainda está inacabada e em curso. Portanto, são análogos à ideia teológica da *creatio continua*. E o amplo reconhecimento desse ponto de vista científico tem sido importante para incentivar os teólogos a olhar de uma nova maneira para a categoria *creatio continua*. Aliás, Polkinghorne (1994:76) aponta que, embora a crença na *creatio ex nihilo* seja sempre metafísica, com base em uma percepção de que Deus é transcendente em relação à criação, a crença na *creatio continua* é mais diretamente motivada por nossa percepção científica de que o mundo está evoluindo. Essa afirmação foi feita por Aubrey Moore há bem mais de um século, quando ele explicou que o darwinismo, apesar de suscitar um debate vociferante sobre a relação entre ciência e teologia, tornara o deísmo da era anterior insustentável:

> A única concepção absolutamente impossível de Deus, nos dias de hoje, é aquela que o apresenta como um visitante casual [...] O darwinismo surgiu, e, sob o disfarce de um inimigo, fez o trabalho de um amigo. Conferiu à filosofia e à religião um benefício inestimável, mostrando-nos que devemos escolher entre duas alternativas. Ou Deus está em toda parte presente na natureza, ou ele não está em lugar algum (Moore, [1889] 1891:73).

Muitos teólogos contemporâneos estão totalmente de acordo com esse sentimento. Mackey (2006:34), por exemplo, disse de forma sucinta: "Evolução é apenas um nome para criação contínua". E não devemos ignorar os comentários bastante significativos do biólogo-teólogo Arthur Peacocke:

> Qualquer noção de Deus como Criador deve agora levar em conta que Deus está continuamente criando, continuamente dando existência ao que é novo; que Deus é o *eterno Criador*; que o mundo é uma *creatio continua*. A noção tradicional de Deus *sustentando* o mundo em sua ordem e em sua estrutura gerais deve agora ser enriquecida por uma dimensão dinâmica e criativa: o modelo de Deus sustentando e dando existência contínua a um processo que apresenta uma

criatividade intrínseca, inserida por Deus. Deus está criando, em cada momento da existência do mundo, em e por meio da criatividade perpetuamente enraizada nas próprias coisas do mundo (Peacocke, 2001:23).

O encorajamento de Peacocke é oportuno, mas, apesar disso, devemos ser cautelosos a fim de não identificar ideias científicas específicas de evolução cósmica ou biológica muito de perto com a categoria teológica de *creatio continua*. Se fizéssemos isso, correríamos o risco de criar um problema semelhante ao que vimos acima, em que abordamos as tentativas de vincular o *Big Bang* à *creatio ex nihilo*. Estaríamos sugerindo que a atividade criativa contínua de Deus se manifesta mais de algumas maneiras (especialmente aquelas descritas pelos modelos científicos evolucionários) do que em outras: Deus pareceria estar mais presente de maneira imanente, por meio do desenvolvimento de novas formas de vida, do que em formas já existentes. Além disso, correríamos o risco de ampliar uma distinção inútil entre *creatio continua* e *creatio ex nihilo*, identificando a primeira principalmente com mecanismos *naturais*, e a segunda, com o *sobrenatural*. Devemos, portanto, ter cuidado para não insinuar que, quando Deus cria de maneira contínua sua obra, está sob a alçada da ciência e é natural, ao passo que, quando Deus cria a partir do nada, isso é algo teológico e inerentemente sobrenatural. Essa diferenciação é, em grande parte, desconhecida na Bíblia (cap. 4).

Por essas razões, é útil afirmar ambas as categorias de *creatio ex nihilo* e *creatio continua* como complementares, e afirmá-las principalmente como categorias *teológicas* sem fazê-las depender da ciência. Pode ser que uma categoria em particular (*continua*) mostre analogias intrigantes com as descobertas da ciência moderna, mas isso não a torna menos teológica ou mais científica do que a outra (*ex nihilo*). A ciência moderna tem destacado a importância do acaso e da inovação em nossa compreensão da evolução do mundo, e a *creatio continua* nos permite incorporar essa noção de forma bastante ampla em nossa teologia, sem prendê-la a modelos científicos específicos. Na verdade, é importante incorporar tais elementos de imprevisibilidade, contra uma tendência que pressupõe que a atividade criativa de Deus é sempre ordenada e semelhante às leis da natureza. Esse tipo de mentalidade nos legou o deísmo.

Assim, ambas as categorias, *ex nihilo* e *continua*, são fundamentalmente teológicas: as duas descrevem a obra criativa de Deus, uma como imanente e a outra como transcendente. Isso também pode ser demonstrado na direção

CRIADOR-CRIAÇÃO: COMO ESSE RELACIONAMENTO PODE SER DESCRITO? **161**

inversa: se a evolução biológica pode ser vista como se encaixando particularmente bem no âmbito de uma categoria (*continua*), então ela exige a outra (*ex nihilo*) para o mundo em que a evolução biológica ocorre. As duas categorias se complementam, descrevendo como Deus está presente na criação e é transcendente em relação a ela. Nem precisamos dizer que essa é a solução tradicional conhecida como teísmo.

O QUE A BÍBLIA SABE SOBRE TUDO ISSO?

Creatio ex nihilo

Tendo descrito em termos gerais o estado da discussão em torno das categorias de *creatio ex nihilo* e *creatio continua*, vamos agora olhar para a forma como se refletem nos textos bíblicos sobre a criação.

Em primeiro lugar, devemos nos perguntar se estamos corretos na aplicação dessas ideias à Bíblia, uma vez que elas derivam de debates e contextos históricos posteriores. Westermann (1984:108-9,174), por exemplo, pede cautela na aplicação da categoria *creatio ex nihilo* aos textos de Gênesis, por esse mesmo motivo. Evidentemente, o anacronismo é uma das armadilhas perenes na interpretação da Bíblia, ou mesmo de qualquer texto antigo: categorias interpretativas posteriores não devem ser aplicadas de forma superficial e sem consideração suficiente em relação à cosmovisão e ao contexto histórico de seus autores. Levantamos essa questão em um capítulo anterior, no contexto da discussão da concepção trinitária de Deus (veja "Criação e os primórdios da ideia de Deus como Trindade", no cap. 3). Podemos continuar dizendo, de modo mais geral, que é importante certificar-se de que, na medida do possível, estamos lendo a teologia *a partir* da Bíblia, e não *nela*. Mas isso não significa que estejamos *proibidos* de usar categorias interpretativas posteriores, porque isso seria exaltar o texto a um *status* tão inacessível do nosso ponto de vista que seria praticamente impossível de lê-lo. Na verdade, é um aspecto importante da interpretação teológica que o texto bíblico não pode, por sua própria natureza como Escritura, ser preservado apenas em um âmbito histórico; em vez disso, ele deve ser interpretado teologicamente à luz de novos *insights* históricos, científicos e culturais, enquanto suas origens históricas ainda são respeitadas e mantidas.

Historicamente, a ideia de que a criação ocorreu de maneira *ex nihilo* não ganhou destaque *de maneira explícita* até o segundo século d.C., talvez oitocentos anos ou mais após o texto de Gênesis 1 ter sido definido pela primeira vez. Encontramos noções da criação que corroboram a *creatio ex nihilo* particularmente na obra dos primeiros teólogos da igreja, tais como Ireneu, Tertuliano e Teófilo de Antioquia (Copan & Craig, 2004:124-45), os quais defenderam a base judaica para o Deus Criador cristão diante de seu contexto cultural grego cético. Em grande parte politeísta, a cosmovisão grega tendia a seguir Platão na afirmação de que o universo era efetivamente eterno, tendo sido feito a partir de material preexistente, e que a realidade material continha um significado menor do que as formas superiores (sendo possível e inerentemente má, já que feita por um deus menor, de acordo com o pensamento gnóstico dos primeiros séculos d.C.). Diante disso, os primeiros teólogos cristãos surgiram com a revolucionária ideia de que havia apenas um Deus, que havia criado o mundo *ex nihilo* como "bom". Teófilo, Ireneu e Tertuliano não consideravam isso uma inovação, mas uma explicação daquilo que o Antigo Testamento dizia sobre o Deus Criador. Contudo, como veremos em breve, é discutível se o Antigo Testamento realmente afirma algo semelhante a uma *creatio ex nihilo*, e é possível que esses teólogos tenham insistido na noção de que a criação surgiu a partir do nada principalmente porque eles queriam fazer uma ruptura total com as suposições gregas (as quais afirmavam que "nada surge do nada") do que apenas de preocupações exegéticas (Young, 1991). De qualquer forma, isso lhes permitiu promover a noção, também contrária ao pensamento grego, de que o mundo era totalmente diferente do seu Criador. Podemos ver a lógica apologética por trás disso: somente se fosse compreendido que o único Deus que criou o mundo por intermédio do Filho era o mesmo Deus que o redimiu, como o Filho encarnado, o significado universal do cristianismo poderia ser apreciado (Louth, 2009:42).

É evidente que o contexto histórico no qual a noção *ex nihilo* cresceu estava consideravelmente distante de Gênesis 1, embora seja bem possível que a mencionada passagem bíblica também tenha sido concebida de forma polêmica contra um ambiente politeísta, mais babilônico do que helenístico. Mas há um aspecto textual importante em Gênesis 1 que torna difícil a aplicação da perspectiva *ex nihilo*: o texto bíblico não faz nenhuma afirmação clara de que não houvesse "nada" antes de haver alguma coisa. Como vimos no trecho "'No princípio'?", no capítulo 4, os rabinos dos primeiros séculos d.C. estavam convencidos de que uma série de coisas criadas tinha existido antes do "no princípio" de Gênesis 1:1, em especial a Sabedoria e a Torá. Em outras palavras, no que diz respeito a eles, a história da criação em Gênesis não a

CRIADOR-CRIAÇÃO: COMO ESSE RELACIONAMENTO PODE SER DESCRITO? 163

descreveu estritamente "a partir do nada". Naturalmente, isso não nos diz nada sobre o que o autor de P pensou enquanto juntava o texto muitas centenas de anos atrás, mas demonstra que a interpretação de Gênesis 1 na época de Ireneu *e de outros* não era, de maneira uniforme, *ex nihilo*.

Há uma consideração adicional que devemos levar em conta a respeito da questão de Gênesis 1 ser compatível com a *creatio ex nihilo*, ou seja, a dificuldade notória de traduzir os dois primeiros versículos de Gênesis 1, o que leva a quatro leituras possíveis (Hamilton, 1990:103-8; Copan & Craig, 2004:36-49; Fretheim, 2005:35; Barker, 2010:131). Em particular, duas dessas leituras se destacam e tendem a dominar as traduções publicadas em português. Elas podem ser representadas da seguinte forma:

1. No princípio Deus criou os céus e a terra. Era a terra sem forma e vazia...
2. No princípio, quando Deus começou a criar os céus e a terra, a terra era sem forma e vazia...

A primeira opção sugere que o primeiro ato de criação foi a criação da terra como algo "sem forma e vazio". A segunda opção, por outro lado, sugere que a terra já existia como um vazio sem forma quando Deus começou a criá-la. Em outras palavras, na segunda hipótese, Deus não teria começado "a partir do nada", o que significa que o primeiro ato criativo de Deus seria realmente descrito em Gênesis 1:3 ("Haja luz"). Se escolhermos a primeira opção, então, na esperança de que seja mais coerente com a categoria da criação *ex nihilo*, encontraremos uma dificuldade adicional, porque a criação de um caos é uma contradição em termos na perspectiva bíblica. Vimos isso no componente mitológico do tema da criação que descreve a história do conflito de Deus com o mar (veja "Criação e mitologia", no cap. 3). Assim, o caótico "sem forma e vazia" de Gênesis 1:2 (*tohu wabohu*, em hebraico) jamais poderia ser o *resultado* de um ato criativo de Deus, uma vez que o caos é antitético a Deus, mas seria, em geral, o *ponto de partida* da criação (Fergusson, 1998:12-3). Nesse caso, a segunda opção parece mais provável, e podemos dizer que uma função importante da primeira seção de Gênesis 1 (versículos 1-10) é mencionar a *ordenação* das águas caóticas preexistentes pela imposição de limites sobre elas por Deus, e não um ato de *criação* a partir do nada. Em apoio a isso, é notável constatar que as enigmáticas palavras em hebraico, *tohu wabohu*, se repetem em Jeremias 4:23, quando o profeta descreve uma inversão da criação (o surgimento do caos a partir da ordem) como um símbolo cósmico do juízo de Deus sobre o povo. A perversidade deles — sua desordem com respeito a Deus — é vista como um símbolo da terra primordial. Se a segunda opção for a leitura correta (e há considerável incerteza quanto a isso), Gênesis 1 descreve Deus como *ordenando* o caos preexistente, tanto quanto *criando* uma nova realidade material, e, no capítulo 2, vimos interpretações que se coadunam com isso no trecho "O templo cósmico". Entretanto, ainda persiste grande ambiguidade, e é por isso que as tentativas de fazer com que Gênesis 1 afirme a visão da *reation ex nihilo* são muitas vezes bastante forçadas.

Não obstante, existem afirmações mais favoráveis à visão da *reation ex nihilo*, como a seguinte: "Antes de nascerem os montes e de criares a terra e o mundo, de eternidade a eternidade tu és Deus" (Salmos 90:2); isso de modo algum é explicitamente *ex nihilo*, mas é amplamente compatível com a ideia. A afirmação bíblica mais antiga que pode ser tomada como literalmente *ex nihilo* pode ser encontrada no texto relativamente tardio do segundo ou do primeiro séculos a.C., o qual diz: "Reconhece que não foi de coisas existentes que Deus o fez" (2Macabeus 7:28, BJ), embora tenha sido afirmado que algumas referências do Novo Testamento também afirmam uma visão da *reation ex nihilo*, especialmente Romanos 4:17 e Hebreus 11:3 (Copan & Craig, 2004:79). Porém, mesmo no texto de 2Macabeus, essa afirmação não é, de forma alguma, tão *ex nihilo* quanto parece, até mesmo porque o pensamento judeu não se estabeleceu segundo um padrão *ex nihilo* até centenas de anos depois que os cristãos começaram a afirmá-lo, possivelmente não antes do século 15 (McGrath, [2002] 2006[a]:160-1). Afinal de contas, vimos que os rabinos dos primeiros séculos d.C. deixaram de acreditar que a expressão "no princípio" de Gênesis 1:1 significava literalmente a partir do nada.

Contudo, na busca por afirmar a visão *ex nihilo* na Bíblia, talvez estejamos procurando o tipo errado de afirmação. Pode não haver declarações inequívocas que digam que antes da Criação não havia nada além de Deus, mas há muitas afirmações que são compatíveis com a noção que serve de base à *creatio ex nihilo*: a noção de que Deus é totalmente transcendente. Afinal de contas, o tema bíblico da criação vê Deus de modo infalível como a raiz e a base de tudo o que existe e continua a existir, que é o que a expressão "a partir do nada" significa. Vemos também, em quase todas as páginas da Bíblia, o corolário da transcendência de Deus: a ideia de que a criação e, especialmente, o povo de Deus são totalmente dependentes de Deus. É possível

CRIADOR-CRIAÇÃO: COMO ESSE RELACIONAMENTO PODE SER DESCRITO?

levantar dúvidas sobre a passagem de 2Macabeus citada destinar-se a ser uma afirmação explícita da doutrina *ex nihilo*; porém, inserida em seu contexto narrativo — a esperança da mãe na vindicação e na ressurreição de seu filho mártir —, ela expressa uma crença inteiramente consonante com a *creatio ex nihilo*: de que somente Deus é a fonte da vida, e esta somente a Deus pertence (Louth, 2009:43).

Em apoio à visão *ex nihilo*, então, é possível dizer que, embora ela surja de questões e problemas teológicos posteriores, é bem provável que os escritores bíblicos a teriam afirmado, se necessário, como admite Westermann (1984:108). Se alguma vez tivesse ocorrido aos escritores bíblicos a pergunta sobre a existência de algo antes de haver qualquer coisa, eles presumivelmente teriam insistido em sua visão de que se deve olhar única e exclusivamente para o Criador como a fonte de tudo o que existe. Em resumo, pode-se dizer de maneira cautelosa que a *creatio ex nihilo* é incipiente nos relatos da criação, simplesmente em virtude da presença global e transcendente de Deus descrita neles, e da confiança e da dependência de Deus expressas em toda a Bíblia. Além disso, Copan e Craig apresentam um forte argumento para ver a *creatio ex nihilo* como uma doutrina completamente bíblica, mesmo que não seja explicitamente afirmada na Bíblia. Nas palavras deles: "Mesmo que a doutrina da criação a partir do nada não seja explicitamente afirmada, é uma inferência óbvia do fato de que Deus criou tudo completamente diferente de si mesmo" (Copan & Craig, 2004:27). A imagem bíblica de Deus como transcendente e, em última análise, como a fonte de tudo o que existe oferece provavelmente a mais forte evidência de que o tema da criação bíblica pode ser coerente com a visão da *creatio ex nihilo*. E, enquanto nos lembrarmos de que a doutrina *creatio ex nihilo* é tanto sobre o contínuo relacionamento global de Deus com o mundo como sobre a forma pela qual as coisas surgiram inicialmente, então não há necessidade de nos preocuparmos indevidamente com a tradução exata de Gênesis 1:1,2, se ela descreve uma criação a partir do nada ou uma criação a partir do caos preexistente. A questão, antes, é que Deus é transcendente sobre a criação e assim permanece.

Creatio continua
Se Deus é retratado na Bíblia como transcendente, devemos nos voltar para o outro lado da moeda e perguntar até que ponto Deus é retratado como *imanente*, tornando novo o mundo criado a cada momento. Essa é a posição da *creatio continua*, inspirada em especial pelas modernas noções evolucionárias,

tanto cosmológicas como biológicas, da criação. Embora o interesse recente na categoria da *creatio continua* tenha sido inspirado em noções científicas, argumentamos que é melhor não identificá-la demasiadamente próxima de qualquer modelo científico em particular. De qualquer forma, se quisermos procurar evidências da *creatio continua* na Bíblia, obviamente não as encontraremos em discussões sobre biologia evolutiva ou cosmologia. Uma exceção intrigante é o próprio capítulo 1 de Gênesis, em que o aparecimento da terra seca e das várias criaturas segue, de forma bastante próxima, a ordem conhecida da pesquisa paleontológica moderna. Mencionamos, no tópico "Gênesis 1 e ciência moderna", no capítulo 2, que alguns autores interpretaram isso como evidência de que P, o autor sacerdotal, estava a par da revelação divina da moderna biologia evolutiva, mas concluímos que essa é uma questão pertence mais à hermenêutica bíblica do que à biologia ou geologia. Consequentemente, para testar a categoria da *creatio continua*, devemos olhar em outra direção para os sinais na Bíblia de que Deus é considerado imanente e intrínseco aos processos criativos.

Para apoiar isso, certamente é possível identificar material bíblico que possa ser interpretado como sugerindo imanência divina. A longa descrição de Deus do mundo natural, em Jó 38—41, sugere uma participação íntima e ativa no mundo, assim como o faz o salmo 104, e por essa razão ambos os textos se prestam especialmente bem a uma reflexão ecológica (Horrell, 2010:49-61). O salmo 104 é especialmente notório como um extravagante hino de louvor por causa das habilidades criativas de Deus, e fala da criação primeira das estrelas, das profundezas e dos céus juntamente com a obra de Deus no mundo natural, animal e humano contemporâneo. Em certo sentido, esses textos misturam e combinam as qualidades transcendentes e imanentes de Deus, e há pouco aqui para indicar que qualquer um desses atos criativos — seja nos tempos contemporâneos ou "no princípio" — seja fundamentalmente considerado diferente em relação aos outros; todos parecem estar envolvidos na ação criativa de Deus. Kraus captou bem essa ideia em seu comentário sobre o salmo 104: "Toda a criação está sujeita a Yahweh: é absolutamente dependente dele, e morre sem ele. Ela vive por um ato criativo que é constantemente eficaz em renovação" (Kraus, 1989: 304). O Deus de Jó 38—41 e do salmo 104 pode, portanto, ser inferido como inerentemente criativo, tanto no início como continuamente, desde então. Além disso, existem numerosas passagens que destacam a proximidade de Deus com a humanidade no processo criativo, uma vez que os atos de gestação e parto humano

CRIADOR-CRIAÇÃO: COMO ESSE RELACIONAMENTO PODE SER DESCRITO? 167

estão ligados à atividade criativa de Deus ("fazer"/"formar"/"gerar") (p. ex., Gênesis 2:7,8; Jó 31:15; Salmos 139:13-16; Eclesiastes 11:5; Isaías 44:2,24; 49:5; Jeremias 1:5), e às vezes também à atividade salvadora de Deus (Isaías 66:9). Tudo isso sugere que há um papel para a categoria da *creatio continua* ao enfatizar a contínua atividade cotidiana de Deus na criação.

No entanto, existe certa discordância sobre essa atividade criativa cotidiana de "fazer"/"formar"/"gerar" ser verdadeiramente criativa, da mesma forma que o ato de criação de Deus "no princípio" é criativo. Em que ponto um ato de criação difere de um ato de "fazer"/"formar"/"gerar"? Existe alguma verdadeira diferença filosófica e teológica em jogo, ou essa é somente uma questão de semântica?

Westermann, por exemplo, prefere separar a criação como uma ação inicial diferente de todo trabalho posterior, de modo que não devemos falar de atividade criativa divina depois de "no princípio". Em vez disso, devemos falar da "bênção" de Deus (Westermann, 1984:175). Essa atividade de "bênção" é maior, diz ele, do que a mera discussão de "preservação" contínua que está implícita na categoria *ex nihilo*, mas não é tão revolucionária quanto a ideia de que há uma genuína *creatio continua*. Na visão de Westermann, a primeira diz muito pouco; a segunda diz demais. Em contraste com Westermann, Fretheim (2005:4-9) insiste em uma compreensão *maximalista* do material bíblico sobre a criação: boa parte do que Westermann classificaria como "bênção", Fretheim considera evidência de criação contínua. Nesse caso, quem tem razão?

A ênfase de Westermann na "bênção" como um complemento contínuo ao tema da criação "no princípio" é certamente perspicaz e não deve ser abandonada. A bênção é descrita como o poder da fertilidade, fazendo com que a criação floresça (p. ex., Gênesis 1:22), e aparece em pontos fundamentais na maneira como a humanidade é tratada de forma singular na criação (Gênesis 1:28; 9:1). Além do mais, isso descreve algo da obra de Deus na história humana (p. ex., Gênesis 12:1-3). No entanto, não está claro que essa ideia pode capturar toda a amplitude da linguagem de criação da Bíblia. Para ver isso, temos de olhar mais atentamente para o significado preciso do verbo hebraico *bara'*, muitas vezes traduzido como "criar" em Gênesis 1 e 2, além de outros lugares na Bíblia: "No princípio Deus criou [*bara'*] os céus e a terra" (Gênesis 1:1). Há muito tempo tem sido observado que *bara'* é usado extensivamente em passagens nas quais a atividade criativa de Deus está em vista (como em Gênesis 1 e no Dêutero-Isaías, por exemplo, Isaías 40:26), e, além disso, possui, de maneira característica, Deus como seu sujeito. Em outras palavras, parece referir-se a uma atividade exclusivamente divina que envolve trazer coisas novas à existência, às vezes no princípio, outras vezes na história (p. ex., Êxodo 34:10; Jeremias 31:22). Dessa forma, o verbo *bara'* é frequentemente traduzido como "criar" nas traduções para o português (p. ex., Gênesis 1:1,27; 2:3,4). Mas isso significa "criar" no sentido de criação *ex nihilo* (ou seja, conjurar uma realidade material quando anteriormente não havia nenhuma), ou significa algo mais sutil? A fim de discernir a amplitude do seu possível significado, vale a pena mencionar alguns estudos recentes. Walton (2009:39-44) argumenta que *bara'* significa "criar" em um sentido *funcional* (em vez de *material*): atribui uma função a uma entidade já existente, de modo que ela tenha um *modus operandi* no esquema das coisas. De forma alternativa, van Wolde (2009) revive uma sugestão que tem sido feita de maneira pontual desde pelo menos o século 19 (Westermann, 1984:34-5), a saber, que *bara'* em Gênesis 1 não deve ser traduzido como "criar", mas, sim, como "separar". Nesse caso, tem um significado bastante concreto e material, mas refere-se à atividade espacial de *dividir* uma entidade material preexistente. Da mesma forma, já observamos que os acontecimentos criativos de Gênesis 1:1-10 podem ser vistos não tanto como uma atividade de *criação*, mas como uma *ordenação* das águas caóticas. Por outro lado, Copan e Craig (2004:49-59) sustentam que, no contexto de Gênesis 1, *bara'* deve ser entendido como verdadeiramente uma criação *ex nihilo*.

É evidente que há uma discordância considerável sobre esse verbo fundamental, e isso se torna ainda mais incerto pelo fato de que Gênesis 1 e 2 também usa palavras mais comuns como *'asah* ("fez") e *yatzar* ("formou") de maneira semelhante à *bara'* (p. ex., em Gênesis 1:7,16,26; 2:7). A palavra *'asah* aparece também em paralelo com *bara'* em 2:4, a ponte entre os relatos da criação de P e J: "Esta é a história das origens dos céus e da terra, no tempo em que foram criados [usando *bara'*]: Quando o SENHOR Deus fez [usando *asah*] a terra e os céus [...]" (Gênesis 2:4). Consequentemente, *bara'* não deve ser impregnado de demasiada importância sobre outras palavras do conjunto "fazer"/"formar"/"gerar", uma vez que é patente que essas palavras também podem ter em vista a criação divina (Westermann, 1984:86-7, 98-100). Contudo, saber exatamente que tipo de criação divina está em vista aqui — seja "no princípio", *ex nihilo*, *continua*, "separação", funcional ou de qualquer outro tipo — é uma questão mais complicada, e provavelmente é mais bem avaliada com base em uma análise minuciosa, passagem por passagem. O mesmo se aplica à tradução precisa desses verbos, quanto ao fato de

CRIADOR-CRIAÇÃO: COMO ESSE RELACIONAMENTO PODE SER DESCRITO?

169

"fazer"/"formar"/"gerar" realmente ser diferente de "criar", dado que a tradução de *bara'* é discutível.

Portanto, sob a perspectiva do *vocabulário* da criação, podemos ver que é difícil definir claramente as narrativas de Gênesis 1 e 2 sem levar em conta outros textos que descrevem a obra de Deus de fazer/criar no mundo. Se Gênesis 1 e 2 descrevem atos de fazer/criar "no princípio", isso os coloca claramente em primeiro lugar no esquema da narrativa bíblica; mas, se esses atos são inerentemente mais "criativos" do que atos posteriores de fazer/criar, essa é uma questão discutível. O que significa que não fica claro se Westermann está certo em rebaixar os textos posteriores de fazer/criar a partir do *status* da verdadeira "criação" e submetê-los sob a nomenclatura de "bênção". Em última análise, isso parece exigir um juízo de valor sobre o tipo de nomenclatura que se prefere usar. Certamente, se alguém deseja incluir a obra de Deus na história humana ao lado de todas as outras atividades divinas na criação, como a fertilidade e sustentação da terra, ou a criação das gerações humanas, então "bênção" parece ser um termo tão bom de usar quanto qualquer outro. Mas ainda preciso ser convencido de que "bênção" capta plenamente a essência de temas como a criação da vida e novas formas de realidade.

O que talvez seja mais relevante para saber se a categoria *creatio continua* deve ser aplicada ao material bíblico é o tipo de *relação* que está sendo retratado entre Deus e as coisas que estão sendo criadas. Com certeza, se vimos a transcendência de Deus expressa em textos como Gênesis 1, então outros textos, como os já mencionados nesta subseção, retratam Deus em um relacionamento mais íntimo e condizente com a noção da imanência de Deus. Por exemplo, isso é certamente verdadeiro para a passagem que se segue, a qual retrata Deus em tamanha intimidade com o salmista que é difícil negar sua contribuição para um quadro bíblico da *creatio continua*:

> Meus ossos não estavam escondidos de ti quando em secreto fui formado
> e entretecido como nas profundezas da terra.
> Os teus olhos viram o meu embrião;
> todos os dias determinados para mim
> foram escritos no teu livro, antes de qualquer deles existir
> (Salmos 139:15,16).

Outras passagens combinam o senso da transcendência de Deus com sua imanência, em consonância com o retrato da *creatio continua*. Por exemplo, o salmo 33 descreve Deus olhando do céu para a terra; porém, ao mesmo tempo, formando o coração dos seres humanos e entendendo-os intimamente.

> Dos céus olha o Senhor
>> e vê toda a humanidade;
> do seu trono ele observa
>> todos os habitantes da terra
>> ele, que forma o coração de todos, que conhece tudo o que fazem
>> (Salmos 33:13-15).

O Novo Testamento também inclui pelo menos uma passagem que descreve a intimidade de Deus com os seres humanos de uma maneira que pode ser usada para apoiar a ideia da *creatio continua*:

> O Deus que fez o mundo e tudo o que nele há é o Senhor do céu e da terra, e não habita em santuários feitos por mãos humanas [...] embora não esteja longe de cada um de nós. "Pois nele vivemos, nos movemos, e existimos..." (Atos 17:24-28).

No entanto, é justo dizer que o Novo Testamento está mais preocupado com a imanência de Deus na obra da *nova* criação (isto é, a escatologia). Os textos que descrevem a obra criativa do Espírito fornecem a ponte. Já vimos o importante papel do Espírito na presente criação, em especial por meio da manutenção da vida biológica, seu "fôlego" (veja "Criação e Cristo", no cap. 3). O Espírito também desempenha papel essencial na nova criação. Tem-se sugerido desde Joel, profeta do Antigo Testamento, que a efusão do Espírito Santo sobre o povo de Deus seria um sinal da nova criação (Joel 2:28-32). Essa ideia é desenvolvida em muitos lugares no Novo Testamento; por exemplo, na narrativa de Pentecostes (Atos 2), na ética de Paulo (que se baseia na ideia de que o cristão é o local da nova criação pelo poder do Espírito; Gálatas 6:15) e, de modo preeminente, em Romanos 8, em que o mesmo Espírito que atua nos crentes individuais está associado ao renascimento de todo o cosmo. Assim, o Espírito é reconhecido como uma antecipação da nova criação (Joel 2:28-32; Atos 2:17-21; Romanos 8:23; 2Coríntios 1:22; 5:5; Efésios 1:13,14). Portanto, descobrimos que a categoria da *creatio continua* vai além da "preservação" ou da "conservação" contínua (que, de qualquer maneira, é mais apropriadamente descrita por *ex nihilo*) e também além da criação íntima de novas vidas humanas, abrangendo tipos inteiramente novos de trabalho criativo.

À luz desse material, a afirmação de Westermann (1984:42), de que "não pode haver *creatio continua*" na Bíblia, é muito radical. Se a presença de passagens que retratam a *transcendência* de Deus no ato de criar é tomada como justificativa para identificar um componente de *creatio ex nihilo*, então a presença de textos que falam da *imanência* criativa de Deus na história deve ser levada em conta dentro do tema da *creatio continua*. É bem verdade que tais passagens não são tão numerosas quanto aquelas que falam da obra transcendente de Deus, mas existe um senso suficiente da atividade criativa imanente de Deus para justificar a alegação de um componente da *creatio continua* no tema da criação bíblica. Sem dúvida, estamos nos aproximando da visão mais inclusiva de Fretheim, com a importante distinção de que nossa abordagem enfatiza os diferentes tipos de atividade criativa na Bíblia, falando dela sob a perspectiva do ser relacional de Deus. A visão de Fretheim está enraizada no Antigo Testamento, mas a nossa, que inclui o Novo Testamento, é capaz de assumir a visão mais inclusiva de todas: uma vez que ampliamos nossa perspectiva para assumir uma visão trinitária de Deus — e especialmente uma que vê a obra do Espírito trazendo a criação ao seu cumprimento —, então descobrimos que há um novo escopo para a categoria da *creatio continua* para além das visões predominantes do Antigo Testamento de Westermann e Fretheim.

CONCLUSÕES

Devemos ter o cuidado de não impor distinções teológicas anacrônicas sobre os textos bíblicos, uma vez que essas categorias surgem de uma reflexão teológica feita centenas de anos depois. Não obstante, ao discutirmos como as categorias da *creatio ex nihilo* e da *creatio continua* podem ser aplicadas, conseguimos extrair várias características teológicas importantes das ideias bíblicas sobre a criação, características que embasam a visão teísta de Deus. Em particular, encontramos textos bíblicos que sugerem a obra transcendente de Deus na criação, bem como textos que sugerem sua obra imanente. Alguns até mesmo sugerem os dois modos de atividade em conjunto. Pode parecer paradoxal afirmar a transcendência de Deus ao lado de sua imanência, mas essa é uma característica fundamental da imagem bíblica de Deus que não pode ser ignorada. Como Rogerson (1974:160-1) disse: "A linguagem do Antigo Testamento sobre a imanência e a transcendência de Deus é deliberadamente contraditória, pois apenas assim ela pode contar a realidade para a qual aponta".

Observamos também que, embora possa ser tentador identificar as categorias *ex nihilo* e *continua* com modelos científicos específicos, ainda assim devemos ter em mente que essas categorias são fundamentalmente teológicas e não podem ser facilmente reduzidas a explicações científicas, embora possam ser análogas e paralelas entre si. Da mesma forma, as narrativas bíblicas resistiram a uma "explicação" científica, embora tenhamos notado que elas contêm traços do pensamento científico de seus dias e, em especial, de ideias mitológicas sobre a criação que foram difundidas no AOP.

Há um último ponto relacionado a isso: as categorias *ex nihilo* e *continua* são úteis para pensar os vários tipos de contingência. A *creatio ex nihilo* declara a total dependência da criação de Deus contra uma queda "no nada". Essa é a forma teológica mais básica de contingência. Por outro lado, no capítulo 1, descrevemos outra forma de contingência que é mais precisamente dita como científica, uma vez que leva em conta a natureza evolutiva do mundo como visto pela ciência: o fato de que o mundo está em um estado de contínuo vir a ser. Essa forma de contingência é frequentemente identificada com a categoria da *creatio continua*. Entretanto, expressamos reservas quanto às tentativas de identificar as categorias teológicas como demasiadamente próximas dos modelos científicos. Certamente existem analogias e paralelos entre a *creatio continua* e os modelos científicos evolucionários, mas, uma vez que aquela é uma noção fundamentalmente teológica, tem mais a dizer. Em particular, se o modelo *ex nihilo* afirma a contingência do mundo contra um retorno ao nada, então a *creatio continua* afirma a contingência do mundo em relação a Deus, o invencível, mas frágil nos impulsos para novos caminhos. Nesse sentido, a *creatio continua* apresenta uma dimensão imprevisível e escatológica, expressa de modo sucinto na Bíblia por textos como as parábolas e os ditos de Jesus. É a mesma contingência aplicada ao reino de Deus, o qual é descoberto de modo inesperado como um tesouro escondido em um campo (Mateus 13:44), ou que cresce como uma grande hortaliça a partir da menor das sementes (Marcos 4:30-32; Nichols, 2002:202). É o mesmo tipo de contingência resumida pelas palavras de Jesus, sentado no trono celestial, quando as últimas coisas se concretizam: "Estou fazendo novas todas as coisas" (Apocalipse 21:5). Se a categoria da *creatio continua* foi comparada com o acaso e a contingência dos modelos científicos do mundo, então também pode estar ligada à incerteza e à contingência da nova criação em relação a Deus. Se os novos modelos científicos do mundo já não são deterministas, então a *creatio continua* faz a mesma coisa em relação à nova criação: ela é a

CRIADOR-CRIAÇÃO: COMO ESSE RELACIONAMENTO PODE SER DESCRITO?

derradeira de todas as novas possibilidades, indeterminadas por todos, exceto por Deus: "Quanto ao dia e à hora, ninguém sabe, nem os anjos no céu, nem o Filho, senão somente o Pai" (Marcos 13:32). Vamos explorar a dimensão escatológica do material da Bíblia sobre a criação mais detalhadamente no capítulo 8, quando adicionaremos uma terceira categoria — *creatio ex vetere* (do antigo) —, mas, por enquanto, vamos simplesmente notar que essa ideia do novo de Deus que entra continuamente no mundo (creatio *continua*) se transforma em algo novo no fim escatológico dessa criação e no início da próxima.

CAPÍTULO 6

A Queda

DESAFIOS CIENTÍFICOS

Os dois capítulos anteriores exploraram as estruturas científicas e teológicas dos textos bíblicos sobre a criação. Dissemos, contudo, muito pouco sobre J, a história da criação do autor javista (Gênesis 2:4b—3:24). Mas a importância desse texto na relação entre a ciência e a religião desde a *Origem das espécies*, de Darwin, tem sido tamanha que o relato de J merece seu próprio capítulo.

É comum ouvir estudiosos e teólogos bíblicos se referirem à história de Adão e Eva no jardim como "mito" (veja, por exemplo, Deane-Drummond, 2009:221). Certamente, a biologia evolutiva moderna não vê nenhuma credibilidade histórica no ensino de J de que o primeiro homem surgiu já totalmente formado no princípio, mesmo antes da criação dos demais animais e das plantas. A concepção científica moderna do homem afirma seu aparecimento na terra como extremamente recente, já no final de uma tortuosa cadeia evolutiva de desenvolvimento da vida que se estende por centenas de milhões de anos. Por outro lado, muitos cristãos conservadores insistem que é vital manter uma historicidade básica do relato de J: "Uma Queda histórica é um artigo de fé não negociável" (Blocher, 2009:169).

Uma afirmação tão intransigente como essa advém da importância da Queda nas teologias da redenção tradicionais do Ocidente. Se o darwinismo indica que a Queda não pode ser historicamente afirmada, então dois problemas teológicos surgem.

Primeiro, há o problema do mal. O darwinismo implica que competição, luta, sofrimento e morte sempre foram parte integrante do mundo. Teologicamente, portanto, tais coisas devem surgir do ato criativo inicial de Deus (e de seus atos criativos contínuos); são "males necessários", parte do que tornou o mundo o que ele é. O mesmo pode ser dito do pecado humano, já que pode ser interpretado como inerente à ordem original criada, caso seja visto como o resultado inevitável do egoísmo que surge da luta pela existência implantada no processo evolutivo. Sem uma Queda histórica, os seres humanos devem ter sido sempre pecadores e "caídos"; foram criados assim por Deus. Dessa forma, descobrimos que uma das primeiras e mais fundacionais controvérsias da igreja é trazida novamente à tona: o debate gnóstico.

Os ensinos cristãos influenciados pelo gnosticismo no segundo e no terceiro séculos d.C. operavam com uma cosmovisão dualista que compreendia o mundo criado como o produto maligno de uma duvidosa deidade menor. A salvação era a libertação do mundo material, de modo que significava a ascensão ao reino espiritual. Porém, pioneiros como Ireneu estabeleceram a perspectiva cristã ortodoxa da criação, apontando que a criação inicial era "boa" (Gênesis 1:31), e passaram a deduzir que ela foi criada *ex nihilo* e refletia a natureza do único Deus que a fez. Esse é um corolário importante do monoteísmo: se existe apenas um Deus, e esse Deus é bom, então a criação também deve ser boa, já que esse Deus não pode ser a fonte do mal. Dessa forma, a "bondade" básica da criação foi consagrada como uma das proposições fundamentais da doutrina da criação. A declaração de Deus em P de que a criação era "muito boa" (Gênesis 1:31), pode ter inicialmente significado mais como "adequada ao propósito" (veja "Gênesis 1 e Deus", no cap. 2); porém, diante dos debates gnósticos posteriores, a "bondade" assumiu uma dimensão moral, como o oposto do mal e do pecado introduzidos pela Queda. E "bom" tornou-se *moralmente* bom.

O darwinismo, porém, desafia tudo isso. Ao lançar dúvidas sobre a historicidade de J e a ideia da Queda, ele reavivou o antigo debate gnóstico. Berry e Noble (2009:12) declaram isso de maneira sucinta e sob uma perspectiva evangélica:

> Assim como a doutrina da criação *ex nihilo*, as doutrinas do pecado e da Queda são parte integrante da teologia cristã. A ideia de que o Criador não pode ser a fonte do pecado e do mal de alguma forma é explicada porque a raça humana está "caída" e porque há pecado no mundo. Mas muitos pensadores cristãos, especialmente desde Darwin, quiseram manter a expressão "estado caído", enquanto dispensam qualquer acontecimento chamado de "a Queda". Será essa uma opção para a teologia cristã?

Ficará claro neste e no próximo capítulo que a situação é tão complexa que uma simples resposta do tipo "sim" ou "não" a essa pergunta não é suficiente.

O segundo problema teológico levantado pelo darwinismo diz respeito a Cristo:

> A ressurreição de Jesus Cristo torna o neodarwinismo incompatível com o cristianismo. Acomodar o neodarwinismo é deixar a história bíblica, a qual é centrada na ressurreição, incoerente, pois cria uma história na qual o herói Jesus, por meio da sua ressurreição, derrota um inimigo (1Coríntios 15:26) de sua própria autoria (Lloyd, 2009:1).

Temos aqui, em poucas palavras, uma preocupação que é compartilhada por muitos cristãos conservadores sobre o darwinismo: essa doutrina é incompatível com a fé cristã porque parece tornar a realização de Cristo irrelevante. É evidente que essa preocupação parece colocar "a carroça na frente dos bois": a veracidade da Queda é importante, mas apenas na medida em que Cristo tenha algo a reverter. O *status* não negociável dessa visão da obra de Cristo é tal que a solução de Lloyd é rejeitar completamente o darwinismo (Lloyd, 2009:24-5).

Não é preciso dizer que todo esse debate teria sido totalmente estranho ao autor de J, o qual talvez tenha vivido mil anos antes da época de Jesus. E, no entanto, não podemos abordar a literatura acadêmica e os debates sobre Gênesis 2 e 3 sem chamar a atenção para o debate cristão sobre redenção. Essa é uma questão tão complicada que, mais de 150 anos depois da *Origem das espécies,* de Darwin, ainda suscita fortes emoções nos círculos cristãos. Isso é ilustrado por um recente volume de ensaios de estudiosos evangélicos, intitulado *Should Christians embrace evolution?* [Os cristãos devem aceitar a evolução?]. A resposta é um retumbante "não!"; de acordo com os autores, a evolução deve ser rejeitada, embora eles ofereçam pouco a título de substituição (Hills & Nevin, 2009:210).

O ceticismo em relação a Darwin não se limita ao cristianismo evangélico: a declaração magisterial da Igreja Católica Romana sobre a evolução, *Humani Generis* (1950), também expressa certa reserva considerável. Nessa declaração, a evolução não é condenada, mas também não é completamente aceita. Admite-se que a evolução tem valor para a investigação científica, desde que se compreenda claramente que: (a) a evolução diz respeito apenas ao corpo humano, e não à alma (pois a alma diz respeito à Igreja), e (b) a evolução não

A QUEDA   179

deve ser vista como algo que põe em perigo a posição primordial de Adão
como o primeiro ser humano, de modo que a doutrina do pecado original
(ou seja, a ideia de que a culpa original de Adão é transmitida a todos os seres
humanos de todas as épocas) possa ser salvaguardada. Em 1950, essa postura representou uma abertura significativa em relação à evolução na teologia católica, mas sua ênfase no Adão histórico (que ainda aparece no mais
recente *Catechism of the catholic church* [Catecismo da Igreja Católica], de
1994) tornou-se mais difícil de sustentar nos últimos anos, por ocasião em
que a pesquisa evolucionária ganhou ritmo. Embora continuem a respeitar
a autoridade da *Humani generis*, alguns papas recentes, como João Paulo II,
expressaram aceitação mais positiva da evolução.

O ADÃO HISTÓRICO

Não obstante os desafios, muitos intérpretes continuam a afirmar que o relato
J narra uma verdadeira queda humana da graça que aconteceu na verídica história humana. Observa-se, por exemplo, que Adão é considerado um indivíduo histórico em várias passagens bíblicas fora de Gênesis, especialmente nas
genealogias, as quais se estendem à história registrada: Gênesis 5; 1Crônicas
1; Lucas 3:38 (Berry, 1999:35). Vários estudiosos têm buscado apoio científico
para pesquisas sobre a evolução da humanidade, indagando se existe evidência científica de um único indivíduo que seria o ancestral humano comum a
todos nós.

Os primeiros fósseis hominídeos conhecidos datam de cerca de seis ou
sete milhões de anos e são oriundos da África (Ayala, 2009:91-4). Vários tipos
de formas mais desenvolvidas e mais recentes foram encontradas, mas apenas com o *Homo erectus*, há cerca de 1,8 milhão de anos, é que os hominídeos
parecem se haver espalhado muito além da África. Os seres humanos modernos (*Homo sapiens*) provavelmente surgiram pela primeira vez na África, há
cerca de duzentos mil anos, e se espalharam, substituindo gradualmente as
populações já dispersas de *Homo erectus* e *Homo neanderthalensis*. Com isso,
tem-se afirmado que todos os seres humanos modernos podem ser rastrea-
dos por meio de seu DNA mitocondrial até uma única mulher *Homo sapiens*
que viveu na África, talvez há duzentos mil anos (razão pela qual ela é com
frequência chamada de "Eva africana" ou "Eva mitocondrial"). Cada célula
humana contém mitocôndrias, pequenas organelas que fornecem energia para
a célula, e contêm algum DNA próprio. Em especial, o DNA mitocondrial é

transmitido apenas por meio da mãe, razão pela qual não é impactado pelo intercurso sexual, e pode ser rastreado até o presente.

Seria fácil interpretar mal a afirmação a respeito da Eva africana/mitocondrial, e acreditar que os cientistas encontraram evidências genéticas para a Eva histórica, a primeira mulher *Homo sapiens* a caminhar na terra; na verdade, o próprio nome *"Eva* africana/mitocondrial" sugere isso. Contudo, esse não é o caso, e muito provavelmente havia muitas outras mulheres vivas na época da Eva africana/mitocondrial que, como ela, têm muitos descendentes vivos atualmente. Acontece que o DNA *mitocondrial* delas não sobreviveu, porque, em algum momento das intervenções de milhares de gerações entre elas e nós, sua ligação passou por um homem. Por exemplo, se uma mãe tem apenas filhos homens, então seu DNA mitocondrial perde-se na geração de seus netos. A Eva africana/mitocondrial não é, portanto, a primeira mulher, mas, sim, o mais recente ancestral comum de todos seres humanos vivendo atualmente na descendência exclusivamente feminina. Essa é uma afirmação bastante diferente daquela que diz que foram descobertas evidências de uma Eva histórica (Dawkins, 1995:44-57). Observação semelhante pode ser feita sobre o ser humano do sexo masculino que viveu na África há cerca de cem mil ou cento e cinquenta mil anos e que se pensa ter sido a fonte de todo o material genético masculino atual (D. R. Alexander, 2008:224). Esse indivíduo não é o pai de todos os seres humanos, uma vez que, assim como a Eva africana/mitocondrial, muitos outros seres humanos estavam vivos naquele momento. Ademais, há uma observação relacionada sobre a ideia de "gargalos" evolutivos: tem-se sugerido que *o Homo sapiens* quase foi extinto logo em seu início, passando por uma situação literal de "Adão e Eva", na qual, em uma geração, apenas um punhado de indivíduos — talvez um casal — estariam vivos (Berry, [1988] 2001:72). No entanto, embora pareça provável que os seres humanos modernos sejam descendentes, em última análise, de seres humanos oriundos da África que depois se dispersaram por todo o mundo, e que, por vezes, tenha havido flutuações bastante drásticas no número populacional, estudos genéticos sugerem que estamos provavelmente falando de uma população humana primitiva que nunca foi inferior a dezenas de milhares, o que torna improvável que um Adão e uma Eva históricos possam ser procurados entre os primeiros seres humanos (Ayala, 2009:94).

Por outro lado, alguns estudiosos sugerem que o Adão histórico não deve ser procurado no primeiro *Homo sapiens* físico, mas no primeiro *Homo sapiens espiritualmente consciente*. Uma versão popular dessa ideia situa o

A QUEDA

Adão histórico no Período Neolítico, há cerca de aproximadamente seis mil anos atrás, e em tempos muito mais recentes do que a Eva mitocondrial ou nossos antepassados africanos (Berry, 1999:38-9; Alexander, 2008:241). Aponta-se que um "Adão neolítico" nesses termos é coerente com os relatos bíblicos de Adão e de seus descendentes imediatos, em Gênesis 2—4, em que eles são colocados em um contexto agrário e pastoral precoce que se coaduna com o Período Neolítico. Na verdade, Pearce ([1969] 1976:63), de quem a ideia inicial do Adão neolítico deriva em grande parte, chegou a ponto de sugerir que Adão foi o inventor da agricultura, agindo sob a orientação divina. Mas, além de suposições como essa, não temos como saber quem foi esse primeiro Adão espiritualmente consciente, nem onde e quando ele viveu. Tudo o que podemos dizer é que o Adão neolítico não seria o pai genético literal de todos os seres humanos modernos, uma vez que, a essa altura, o *Homo sapiens* já se encontrava disperso por todo o mundo. Ao contrário, a sugestão é que ele foi o ancestral espiritual dos seres humanos modernos — o primeiro *Homo sapiens* a receber o Espírito de Deus que lhe foi soprado e, portanto, o primeiro a ser (teologicamente) feito à imagem de Deus —, e é por esse motivo que às vezes referido como o primeiro de um novo tipo de ser humano, o *Homo divinus*. Não há, portanto, nada científico ou genético que torne o Adão neolítico diferente dos demais seres humanos da época; pelo contrário, é uma distinção inteiramente teológica.

Por mais engenhosa que seja a explicação do Adão neolítico — evitando as dificuldades científicas de um Adão histórico ao mover sua primazia para a dimensão espiritual, que a ciência não consegue atingir —, ela não vem desacompanhada de problemas teológicos (Bimson, 2009:115; Blocher, 2009:171-2). O primeiro deles é o fato de essa interpretação ser uma leitura dualista, semelhante ao gnosticismo. Os antepassados e contemporâneos do Adão neolítico — tão plenamente humanos quanto ele, e com abundante consciência religiosa (como demonstra a pesquisa arqueológica) — não eram, no entanto, "espirituais" e, portanto, não eram capazes de estar abertos a Deus, à semelhança de Adão. Isso significa que, apesar de seus numerosos atos de violência, assassinato, egoísmo e perversidade, os antepassados e contemporâneos do Adão neolítico não cometeram "pecados" como este. Seu ato de desobediência foi, de alguma forma, muito mais sério que aqueles cometidos por seus pares, uma vez que os seres humanos modernos herdaram o "pecado original" do Adão neolítico, e não o de seus pares. Essa é uma leitura pouco crível de J, o que indica que o pecado, o sofrimento e a luta pela vida têm sido onipresentes desde os primeiros seres humanos. Além disso, também não explica de maneira realista o que se tornou a característica mais importante da Queda para a teologia cristã: o fato de o sofrimento, a morte e a luta pela vida (ou seja, o mal natural) estarem ligados ao pecado humano, tendo em vista que todos entraram *juntos* no mundo "bom" criado por Deus.

Como dissemos, o desejo dos conservadores de manter a historicidade de Adão está muitas vezes enraizado não no desejo de ser fiel a J, mas nas teologias cristãs da expiação, especialmente aquelas influenciadas por Paulo e Agostinho. O comentário de Blocher é típico dessa perspectiva: "Quaisquer que sejam as tensões, a interpretação não histórica de Gênesis 3 não é uma opção para um crente cristão *fundamentado* [...] Ela está abertamente em conflito com os comentários de Paulo em Romanos 5 — já que muitos reconhecem que negam a historicidade desse acontecimentos" (Blocher, 2009: 155-6). Se quisermos acreditar em Blocher, tudo depende de Paulo e do que ele pensava sobre Adão. A questão em jogo, portanto, não é principalmente se interpretamos Gênesis 3 em termos históricos, nem se consideramos Adão um indivíduo histórico, tampouco se consideramos a Queda um acontecimento histórico. A questão interpretativa fundamental (na opinião de Blocher), ao contrário, é se *Paulo* considera Adão e a Queda históricos ou não, e se sua teologia da expiação assim o exige. Analisaremos isso em breve, depois de definir o cenário, ao olhar para o problema da morte.

J E A MORTE

Adão é importante no argumento de Paulo porque foi seu pecado que trouxe morte ao mundo. Esta se espalhou para todo ser humano que peca à semelhança de Adão (Romanos 5:12); porém, por meio de uma reversão dramática, a vida de Cristo agora se espalha para todos (Romanos 5:18; 1Coríntios 15:22). Adão representa todas as pessoas na presente era, e Cristo representa as pessoas da era por vir, em virtude de sua ressurreição. O ato de pecado de Adão leva à morte; o ato de justiça de Cristo leva à vida. A lógica é impecável, exceto pela incoerência mesquinha de que J — que muito provavelmente foi a fonte de Paulo para a tradição sobre a Adão — não diz que o pecado de Adão introduziu a morte no mundo.

Vamos analisar J uma vez mais. Sua passagem central é a seguinte: "E o Senhor Deus ordenou ao homem: 'Coma livremente de qualquer árvore do jardim, mas não coma da árvore do conhecimento do bem e do mal, porque,

A QUEDA

no dia em que dela comer, certamente você morrerá'" (Gênesis 2:16,17). Possivelmente seja essa passagem — e somente essa passagem — que levou Paulo e as gerações posteriores de intérpretes a associarem a história da desobediência no jardim à introdução da morte no mundo, já que Deus torna essa conexão clara. Entretanto, ao seguirmos a história, fica claro que isso não acontece, na verdade: o homem e a mulher não morrem. Adão e Eva são tentados pela serpente a desobedecer ao mandamento de Deus. A serpente revela que Deus os enganou; eles não morrerão (Gênesis 3:4,5). Então, o homem e a mulher seguem o conselho da serpente e desobedecem a Deus. Em vez de morrerem, eles descobrem que sua consciência encontra-se drasticamente aumentada, exatamente como a serpente previu. Com efeito, não só Adão não morre por muitos anos, como mais tarde nos é dito que ele passa a viver até a idade extremamente avançada (praticamente única) de 930 anos (Gênesis 5:5). Isso conduz a intrigantes questões teológicas sobre o caráter de Deus (veja "J e Deus", no cap. 2): Deus parece ameaçar o homem e a mulher com o que se revela ser uma inverdade, enquanto a serpente os leva à iluminação, dizendo-lhes a verdade. Desde muito cedo, reconhece-se que esse é um problema teológico, uma vez que encontramos tentativas engenhosas de resolvê-lo no período intertestamentário (p. ex., Jubileus 4:29,30; veja Kugel, 1997:68-9).

Mesmo assim, Deus impõe três castigos ao casal por causa da sua desobediência (Gênesis 3:16-24), e nenhum deles parece ser a morte (a menos que interpretemos Gênesis 3:19 como a introdução da morte): (1) Deus amaldiçoa a terra, de modo que o homem tem de trabalhar arduamente para cultivá-la e obter seu alimento; (2) Deus aumenta a dor da mulher no parto; (3) Deus expulsa-os do jardim. Os dois primeiros castigos não são arbitrários; são aplicados ao homem e à mulher em seus papéis tradicionais: o homem é o "chefe da família", enquanto a mulher é a dona do lar. Porém, é o terceiro castigo que mais está relacionado à questão da morte. A razão por trás da expulsão do jardim parece ser que, se o homem e a mulher permanecerem ali, poderão comer da árvore da vida que está no jardim, e "viv[er] para sempre" (Gênesis 3:22).

Já notamos as estranhas e mitológicas características das duas árvores (veja "J e Deus", no cap. 2): uma está ligada à morte e a outra à vida. A árvore do conhecimento do bem e do mal, aquilo que Deus tinha dito que causaria a morte do homem e da mulher, na verdade parece torná-los como Deus (Gênesis 3:22). Temos aqui uma espécie de contrapartida a P, em que a humanidade foi abençoada e *criada à imagem de Deus* (Gênesis 1:26,27). Em vez de uma bênção, eles recebem uma maldição. Além disso, a implicação de Gênesis 3:22 é que, se eles ficassem no jardim e comessem da árvore da vida e vivessem para sempre, então se tornariam *exatamente* como Deus, uma eventualidade claramente desagradável ao Deus de J, e é por isso que o homem e a mulher são expulsos do jardim. Mas em tudo isso não somos esclarecidos de antemão sobre o homem e a mulher serem imortais (Bimson, 2009:113), nem que a morte é introduzida na humanidade a essa altura; em vez disso, o texto parece funcionar na suposição de que o homem e a mulher *sempre* foram mortais (Wenham, 1987:85). Com efeito, se tivessem sido criados imortais, a árvore da vida pareceria ser algo irrelevante (Fretheim, 2005:77).

Por outro lado, algumas das primeiras interpretações dessa história, novamente dos últimos séculos a.C., sugerem que Adão e Eva foram inicialmente criados imortais, mas que Deus os puniu tornando-os mortais e, por consequência, toda a raça humana (p. ex., Sabedoria de Salomão 1:13; 2:23,24; Eclesiástico 25:24; 4Esdras 3:7; 1Enoque 69:11). Essas abordagens parecem interpretar a afirmação de Deus de que, "no dia em que dela comeres, terás que morrer" (Gênesis 2:17, BJ), como significando algo mais próximo de "no dia em que dela comer, certamente você se tornará alguém que pode morrer" (Kugel, 1997:69-71). No entanto, Westermann (1984:225) sustenta que tal tradução do hebraico é "bastante impossível". Isso é verdade, mas essa leitura tem a vantagem de que Deus não é mais visto contando uma mentira, e concorda com a avaliação de Paulo sobre a história, de que a morte entrou no mundo nesse ponto crítico do tempo. Por exemplo, uma passagem do livro Sabedoria de Salomão, a qual adota exatamente essa abordagem, oferece um paralelo marcante com uma das passagens-chave de Paulo:

> Foi por inveja do diabo que a morte entrou no mundo: experimentam-na aqueles que lhe pertencem (Sabedoria de Salomão 2:24, BJ).

> Portanto, da mesma forma que o pecado entrou no mundo por um homem, e pelo pecado a morte, assim também a morte veio a todos os homens, porque todos pecaram (Romanos 5:12).

Vamos analisar a abordagem de Paulo em breve; por ora, vamos simplesmente notar que, ao contrário dessas leituras posteriores, o texto de Gênesis 2 e 3 não faz nenhuma afirmação sobre a suposta imortalidade primária de Adão e Eva; antes, é coerente com a ideia de que eles sempre foram mortais.

A QUEDA

O que talvez seja mais revelador neste ponto é olhar a história à luz da narrativa que a segue (Gênesis 4—11). O que encontramos nesses capítulos é uma sequência de histórias que se relacionam bem de perto com o acontecimento no jardim, pois exploram os resultados complexos e devastadores de outros atos de desobediência: o surgimento do assassinato na sociedade humana (Gênesis 4), a perversidade generalizada da humanidade que acarreta no Dilúvio (Gênesis 6—9) e o fracasso da torre de Babel (Gênesis 11). Em todos esses acontecimentos, a espécie humana ultrapassa o limite e Deus responde, como no jardim, reafirmando o controle divino e enfatizando os limites da humanidade. Contudo, como demonstra Westermann:

> A narrativa certamente mostra, por meio do sofrimento, da labuta e da morte, a ligação entre a culpa do homem e sua limitação. Mas não se diz que "o salário do pecado é a morte". A penalidade da morte, a ameaça que acompanha a proibição, não se segue; ao homem, apesar de sua desobediência, é garantida a liberdade de uma vida plena (Westermann, 1974:109).

Westermann aborda algo importante aqui, uma característica significativa tanto da história do jardim em Gênesis 2 e 3 como dos outros atos de desobediência em Gênesis 4—11. Vemos que a humanidade é fortemente punida por cada ato de desobediência, mas apenas de passagem. Deus pode ameaçá-la, mas nunca a abandona totalmente: de várias formas concretas, Deus ainda a protege, cuida dela e a abençoa. As genealogias de Gênesis 5 e 11 apontam para o fato de que a bênção de Deus no ato inicial da criação da humanidade continua geração após geração. E as várias histórias sobre o pecado humano que se encontram entre as genealogias mostram que pertence à natureza humana ser deficiente em relação a Deus e uns aos outros, não apenas num único ato da história no princípio, mas continuamente. O que Westermann (1974:120-1) quer ressaltar é que a narrativa explora a dinâmica relação divino-humana de maneiras que não podem ser facilmente comprimidas em afirmações doutrinárias sobre os primórdios, expressando-se melhor por meio da sutileza de uma história prolongada. A humanidade é acometida pela culpa e pela morte ao longo do tempo, pela finitude inevitável da existência, mas, ao mesmo tempo, goza de liberdade e da bênção de Deus.

Assim, embora a história do jardim em J se tenha tornado inextricavelmente vinculada na teologia cristã a uma única e decisiva Queda e à introdução da morte no mundo, essa não é uma leitura totalmente justa do texto, especialmente quando visto no contexto mais amplo de Gênesis 4—11.

PAULO E A MORTE

Além de Gênesis 1—11, o Antigo Testamento mostra pouca consciência a respeito de Adão e Eva, e especialmente do tema imortalizado por Paulo, a saber, que essa história conta a importantíssima entrada do pecado e da morte no mundo. Por outro lado, existem textos judaicos dos últimos séculos a.C. que parecem ter consciência do tema, e que introduzem a ideia de que a história do jardim conta a respeito de uma única e definitiva queda da graça: "Ó Adão, o que fizeste? Pois, embora tenhas sido tu que pecaste, a queda não foi só tua, mas também nossa, que somos tua descendência. De que ela nos interessa, se nos foi prometida uma época imortal se nós praticamos obras que trazem a morte?" (4Esdras 7:118,119). Essa passagem, que possivelmente data do primeiro século d.C., quase contemporânea a Paulo, mostra duas características interessantes (cf. 4Esdras 3:21,22). Em primeiro lugar, usa explicitamente a terminologia "a queda" (que não aparece no Novo Testamento). Em segundo lugar, existe uma ambiguidade interessante nesse texto sobre a historicidade de Adão. Na pergunta inicial, Adão é abordado como se fosse alguém que poderia realmente ter existido ("Ó Adão"). Mas, na terceira oração gramatical, ele se assemelha mais a um símbolo da raça humana, o "nós" que "praticamos obras que trazem a morte". Da mesma forma, vemos na segunda oração gramatical que, embora tenha sido "Adão" quem pecou, "a queda" também pertence aos seus descendentes. Em outras palavras, essa passagem não parece conhecer a ideia do pecado original, mas sugere que todos são culpados por suas próprias obras, semelhante ao modo que "Adão" era culpado.

A ideia do pecado original, tão básica para as teologias da redenção do Ocidente, surgiu, em grande parte, por intermédio da resposta de Agostinho a Pelágio, no início do século 5 d.C. Pelágio ensinou que o pecado surge inteiramente do livre-arbítrio humano. O pecado é moralmente repreensível, mas é deliberado e consciente. Pode-se escolher entre seguir o exemplo da desobediência de Adão ou o exemplo de Cristo. Em outras palavras, a pessoa pode, em tese, permanecer sem pecado. Portanto, de acordo com Pelágio, embora o pecado seja generalizado, não é uma condição universal. Agostinho não poderia concordar com uma avaliação tão otimista da condição humana, pois acreditava que os seres humanos são incapazes de viver sem pecado, e

A QUEDA 187

que devemos confiar inteiramente na graça de Deus. Agostinho insistiu que todos os seres humanos carregam o pecado original por causa do primeiro ato de desobediência de Adão, que corrompeu toda a humanidade, sem outra culpa senão a de ser descendente de Adão. Sobretudo, Agostinho contou com o apoio de uma tradução latina defeituosa de Romanos 5:12 (Kelly, [1960] 1977:354, 363), que ele leu como dizendo que Adão era aquele *"em quem* todos pecaram"* — que todos os seres humanos herdam o ato original de pecado de Adão porque ele é, de alguma forma, transmitido de geração em geração —, enquanto o texto grego indica que essa frase deve ser lida como *"porque* todos pecaram". Todos nós experimentamos a morte, sugere Paulo no texto grego, porque, como Adão, todos nós pecamos. Paulo, portanto, não parece sustentar a problemática ideia de Agostinho de que o pecado seja, de alguma forma, transmitido geneticamente por nosso ancestral Adão, mas ele ainda mantém a conexão causal entre nosso pecado e nossa morte. Não é preciso dizer que isso contraria todos os relatos biológicos modernos sobre a morte, os quais dizem que a morte é uma consequência inteiramente natural e inevitável da vida.

Mas o que Paulo quer dizer quando fala de "morte"? À primeira vista, pode parecer evidente que ele se refere à mortalidade humana básica, ao fato de que todos nós, literalmente, morreremos um dia. Porém, alguns intérpretes (p. ex., Berry, 2009:67-8) têm procurado escapar ao desafio da ciência, interpretando o discurso de Paulo sobre a "morte" como morte *espiritual*. Assim como o pecado é sempre uma categoria teológica — rebelião contra Deus, que rompe a relação humano-divina —, também a "morte", nessa leitura, se torna uma categoria teológica sem relação com a morte física: denota a separação eterna de Deus, e se relaciona com a separação que Adão e Eva experimentaram figurativamente quando foram expulsos do jardim. Da mesma forma, Finlay e Pattemore (2009:61-3) assinalam que, em 1Coríntios 15, em que Paulo contrasta "morte" e "vida", a vida da qual ele fala é, na verdade, uma categoria teológica, pois significa a vida da *ressurreição*, e não a vida comum da forma como a conhecemos (1Coríntios 15:20-26). Portanto, segundo concluem, Paulo deve estar falando da morte teológica, e não da morte física. Alexander (2008:250-76) também associa isso ao modelo do Adão neolítico: se o Adão histórico for o primeiro ser humano *espiritualmente consciente* (embora ele não tenha sido de forma alguma o primeiro *Homo sapiens*, nem o primeiro a morrer fisicamente), então sua Queda pode ser descrita como a primeira morte *espiritual*.

Essa leitura de Paulo acerca da "morte espiritual" pode contornar, de modo bem conveniente, o desafio da biologia moderna, mas não é isenta de dificuldades teológicas. Existe o problema básico de que ela leva a um dualismo semelhante ao modelo do Adão neolítico, um dualismo que é muito diferente daquele de Paulo, e muito semelhante ao do gnosticismo clássico (Anderson, 2009:89). Nessa leitura, descobrimos que somente o despertar *espiritual* e a morte *espiritual*, não o que acontece em nosso reino material ordinário, são considerados importantes na questão da redenção. Em outras palavras, o mal natural e o sofrimento do nosso mundo material não podem ser redimidos; a nova criação — para a qual se costuma dizer que a ressurreição de Cristo aponta — deve ser ou um reino inteiramente espiritual (gnosticismo puro) ou, então, um reino no qual o sofrimento material e a luta evolutiva deste mundo continuam sem controle.

É altamente improvável que Paulo tivesse pensado em termos tão dualistas. A exploração paulina da nova criação em Romanos 8 deixa claro que ele a vê como a redenção de todo o cosmo material, e não apenas da alma humana (Romanos 8:19-21). Mas também é verdade que Paulo era certamente capaz de usar "morte" como metáfora para a separação entre Deus e a humanidade (Berry, 2009:67-8), e isso aparece em vários lugares no Novo Testamento (p. ex., Lucas 15:32; Romanos 6:2-11; Efésios 2:1,5; Colossenses 2:13). Mas sempre fica claro, a partir do contexto, quando a "morte" é entendida como uma metáfora, o que não é explicitamente o caso de Romanos 5, já que Paulo introduz "morte" referindo-se à morte muito literal de Cristo (versículos 8-10).

Da mesma forma, em 1Coríntios 15, Paulo pode justapor a "morte" à vida *teológica* (ou seja, a ressurreição), mas toda a lógica da passagem repousa no fato de que Jesus morreu *fisicamente* antes de ser ressuscitado. Se Paulo tem a morte *espiritual* em mente aqui, então ela é simultaneamente uma morte *física*. Para Paulo, a morte é tanto o fim da existência terrena como a separação de Deus, em comum com grande parte do pensamento judaico da época, da forma ilustrada pelas frequentes referências ao Sheol e à "cova" no Antigo Testamento (p. ex., Salmos 143:7). Segundo essa forma de pensar, só se pode escapar da morte — tanto espiritual como física — por meio da ressurreição, conforme o padrão de Jesus, em que a ressurreição é também uma transformação física e espiritual, embora envolta em mistério (1Coríntios 15:35- 51).

Portanto, a interpretação por Paulo da "morte espiritual" pode evitar as dificuldades levantadas pela ciência, mas é teologicamente problemática.

A QUEDA   **189**

Desse modo, somos forçados a voltar à conclusão de que, quando Paulo fala de "morte" em Romanos 5:12, realmente está pensando que a morte física é causada pelo pecado. Perceba, porém, que Paulo não parece acreditar no "pecado original" como transmitido ao longo das gerações desde Adão. Seu ponto parece ser que todos os seres humanos pecam da mesma forma que Adão e, portanto, todos morrem da mesma forma que Adão. Isso pode derivar de uma leitura bastante vaga de J, mas não fica claro se Paulo está nos oferecendo essa interpretação de J. Em vez disso, Paulo está usando Adão de forma vaga e figurativa: Adão é o símbolo representativo de tudo o que Cristo redimiu e reverteu, em qualquer geração de seres humanos.

Podemos agora voltar à questão da historicidade de Adão. Conservadores como Lloyd (2009:5) podem afirmar que o argumento central de Paulo em Romanos 5 exige um Adão histórico, mas nossa opinião é que isso significa interpretar mal o que Paulo está dizendo. O apóstolo pode ter acreditado que Adão era um indivíduo histórico, mas seu argumento repousa na importância *representativa* de Adão: ele representa o *pecado e a morte* que todos os seres humanos experimentam, em contraste com a *obediência e a vida* que Cristo oferece (Romanos 5:17-19). Essa compreensão de Adão como um arquétipo destacou-se em obras recentes (p. ex., Walton, 2012); até mesmo um tradicionalista como C. J. Collins (2011:130-1), que tenta se apegar a um Adão e uma Eva históricos, apresenta um modelo que, por sinal, enfatiza seu significado *representativo* e *simbólico* para a humanidade em detrimento de detalhes históricos, como, por exemplo, se eles realmente foram ou não os primeiros seres humanos.

Assim, mesmo que muitos cristãos conservadores a considerem uma questão importante, a atitude de Paulo em relação à historicidade de Adão não está, na verdade, no centro do que ele estava tentando dizer. Em suma, debater sobre o Adão e a Eva históricos pouco faz para nos ajudar a apreciar o ponto de vista de Paulo (Enns, 2012:121). É importante ressaltar que Paulo se refere explicitamente a Adão como um "símbolo" (um *tipo*; Romanos 5:14). Em comum com outras interpretações judaicas da época, Paulo usa Adão como "cada homem" (ou cada mulher) — cada um de nós se tornou nosso próprio Adão (2Baruque 54:19; Ziesler, 1989: 147) — e, portanto, todos nós igualmente, precisamos da salvação de Cristo. Com certeza, Paulo vê Adão como o autor do pecado e da morte (Romanos 5:12), mas cada nova geração seguinte compartilhou plenamente e sem exceção do pecado, mediante suas próprias obras. Portanto, ao estabelecer Adão como um *tipo* em contraste com Cristo, Paulo está procurando extrair o significado de Cristo como um universal, e não historicizar Adão como um particular. Como Dunn ressalta (1988:290), os escritores antigos tinham uma compreensão mais sofisticada e sutil dos símbolos e mitos de seu passado primitivo do que costumamos reconhecer; somos rápidos demais em rotulá-los como tendo uma "mentalidade primitiva" (cap. 4), segundo a qual tudo deve ser considerado de maneira literal.

Se estamos corretos no sentido de que a teologia da expiação de Paulo usa Adão, em grande parte, como *símbolo* para ilustrar a importância de Cristo, então as coisas começam a mudar, e nós podemos começar a desenvolver teologias evolutivas que respeitem as tradições bíblicas *sem estar presos a uma leitura historicizada de J*. O modelo de Agostinho do pecado original, por outro lado, exige que Adão seja histórico, e podemos supor que os intérpretes conservadores que se preocupam em preservar a historicidade de Adão estão lendo Romanos 5 sob uma perspectiva mais agostiniana do que paulina.

Esse importante ponto colabora, em grande medida, para enfraquecer o argumento cristão tradicional de uma Queda histórica. Mas não resolve de forma alguma todas as dificuldades, já que a combinação paulina do pecado e da morte física esbarra no darwinismo tanto quanto no modelo de Agostinho. E ainda estamos diante da necessidade de explicar teologicamente de que forma o mal e o pecado passaram a fazer parte do mundo "bom" criado por Deus. Precisamos, portanto, explorar mais profundamente a ideia da Queda.

UMA QUEDA HISTÓRICA?

A história da desobediência de Adão e Eva pode ser significativa para a teologia cristã como a fonte histórica do pecado e do mal, mas o Antigo Testamento mostra pouco ou nenhum interesse nela. É quase como se o problema da fonte do mal não fosse visto realmente como um problema até que Cristo o eliminasse. O Antigo Testamento também não parece conter a ideia (difundida nas interpretações cristãs da Queda) de que o pecado e o mal são uma espécie de infecção cósmica ("estado caído"), introduzida na "boa" criação de Deus pelo Diabo e/ou pelos seres humanos. As forças sobrenaturais do mal aparecem muito esporadicamente no Antigo Testamento, e são, com frequência, enviadas por Deus (p. ex., o "espírito mentiroso" de 1Reis 22:21-23, ou o espírito mau que atormenta Saul, em 1Samuel 16:15,16).

O Novo Testamento é um terreno mais fértil para a especulação metafísica do mal. Nos Evangelhos sinóticos, por exemplo, os quais estão imersos em uma atmosfera apocalíptica quase desconhecida no Antigo Testamento, encontramos Jesus lutando repetidas vezes contra Satanás e espíritos malignos. Da mesma forma, as cartas de Paulo e outras passagens do Novo Testamento, especialmente o livro de Apocalipse, advertem contra os poderes e as forças espirituais que se opõem a Deus (p. ex., Efésios 6:12), e que trabalham para escravizar os seres humanos (p. ex., Gálatas 4:3; Colossenses 2:8). Fala-se do próprio pecado como uma força cósmica cuja tendência é escravizar e governar (Romanos 6:12-23; Hebreus 3:13). Existe um dualismo básico entre o bem e o mal que estabelece dois domínios espirituais: Deus, de um lado, e os poderes malignos, do outro. Os cristãos foram transferidos para o primeiro enquanto efetivamente vivem sua vida diária na presença do segundo; por conseguinte, eles estão em constante perigo (p. ex., 1Coríntios 6:9-20; Efésios 2:1-3; Colossenses 1:13).

Esse tipo de dualismo apocalíptico não é especificamente cristão, e encontramos, expressos nos Manuscritos do Mar Morto e em outras literaturas apocalípticas judaicas, sentimentos a ele relacionados. Uma característica interessante dessa cosmovisão, que se assemelha ao desejo conservador moderno de manter uma Queda *histórica*, é a sugestão de que o mal é o resultado de uma queda *sobrenatural* de anjos que desobedecem a Deus. Assim, 1Enoque 6—36, por exemplo, desenvolve a passagem enigmática no início da história do Dilúvio (Gênesis 6:1-4), na lenda dos "vigilantes": os anjos caídos que se casaram com mulheres humanas e geraram uma raça de gigantes malignos. A tradição cristã tende a ver essa queda sobrenatural sob a perspectiva da "queda de Lúcifer" (Isaías 14:12-15), pela qual Satanás — outrora um anjo bom a serviço de Deus — tentou usurpar a autoridade divina e foi derrotado, levando consigo outros anjos maus. Essa história aparece no Novo Testamento sob o disfarce da batalha entre Miguel e o dragão no céu: Miguel vence, e o dragão e seus anjos são lançados na terra (Judas 6,9; Apocalipse 12:3,4,7-9). É evidente que tais histórias de uma queda sobrenatural têm exatamente o mesmo propósito teológico que a Queda histórica: preservar a bondade de Deus. A Queda histórica significa que Deus não é a fonte do mal histórico, e a queda dos anjos significa que Deus também não é a fonte do mal sobrenatural.

À luz do tratamento generalizado do Novo Testamento do mal e do pecado como realidades *metafísicas*, é interessante refletir sobre o desejo dos cristãos conservadores modernos de torná-los realidades *históricas*, ou seja, decorrentes de uma Queda histórica. Não é que as categorias *metafísicas* e *históricas* sejam excludentes, pois podem ser compreendidas como complementares, e ambas têm o efeito de distinguir a fonte do mal no mundo como diferente de Deus, retendo, assim, a santidade divina. Porém, se os cristãos conservadores são capazes de fazer do mal e do pecado realidades *históricas*, então vale a pena lembrar que o Novo Testamento mostra pouca ou nenhuma consciência disso além do difícil texto de Romanos 5.

A relativa indiferença do Antigo e do Novo Testamento à ideia de uma Queda histórica pode levar-nos a perguntar se a teologia cristã precisa realmente afirmá-la de maneira tão enfática. Antes de abordar essa questão diretamente, vamos olhar para duas possíveis tentativas de modificar o modelo histórico da Queda a fim de sanar esses problemas.

Existe uma forma de expressar a complementaridade das abordagens metafísicas e históricas do pecado e do mal que também tenta evitar os problemas científicos da Queda. Consegue-se isso interpretando a Queda de uma perspectiva *escatológica,* que é, no fim das contas, o lugar temporal para o qual toda a teologia cristã tenta apontar. Noble explica que o tempo e as condições do Fim, o *escathon*, não podem ser conhecidos sob a perspectiva da investigação científica *secular*, uma vez que, por definição, a ciência está envolvida nesta era (*saeculum*); a ciência não pode, por definição, olhar para a próxima era (Noble, 2009:116-20). Em vez disso, a nova criação deve ser conhecida por meio da revelação. O mesmo se aplica à Queda, afirma Noble. A científica e histórica investigação secular só pode olhar para o passado e projetar o futuro se assumir que as coisas sempre foram, e sempre serão, o que são na "presente era perversa" (Gálatas 1:4). Isso significa que a ciência e a história são metodologicamente incapazes de prever o *escathon* no futuro ou de detectar a Queda no passado, porque assumem tacitamente que as condições atuais do estado caído e da sujeição aos poderes malignos são a regra. Portanto, segundo Noble, a Queda só será aparente como uma realidade histórica a partir da perspectiva do Fim, e por enquanto só pode ser conhecida por meio da revelação.

Sem dúvida, algo deve ser dito em relação a isso. A Queda deve ser afirmada pela fé, embora muitos conservadores crentes sejam capazes de insistir que é um fato histórico. Mas deve-se admitir que essa engenhosa forma de evitar as dificuldades científicas e históricas da Queda, ao mesmo tempo que se aproveitam as oportunidades teológicas, é algo como um truque. Se o Adão neolítico e as explicações da "morte espiritual" deslocaram as dificuldades

A QUEDA 193

para o domínio *espiritual*, no qual a ciência não pode tocá-las, então a explicação escatológica da Queda por Noble a leva para um domínio *temporal*, que a ciência não pode alcançar. Também existe a questão de saber se essa interpretação realmente oferece algum valor explicativo, além de preservar a ideia da Queda a qualquer custo. No fim das contas, ela nos impede completamente de dizer algo concreto sobre o que aconteceu na Queda, ou quando ela aconteceu, exceto dizer que, *de alguma forma*, ela aconteceu, desde que confiemos na revelação. Não seria mais simples dizer apenas que todos os seres humanos pecaram desde o início? Nesse caso, surge uma segunda possibilidade: simplesmente dizermos que a Queda é o nome teológico para o início da consciência (e especialmente da *consciência*) na humanidade. Os primatas superiores mostram evidência de remorso, mas assumimos que somente os hominídeos (e talvez somente os seres humanos) têm bem desenvolvidos o senso de pecado e vergonha, que associamos à consciência. Esse senso deve ter-se desenvolvido em algum ponto da história durante o processo de evolução humana. As ciências biológicas podem não ser capazes de identificar a gênese da consciência, mas nós podemos concluir com segurança que ela tem sido uma realidade psicológica — e, poderíamos dizer, espiritual — na condição humana por muitos milhares de anos. Desse ponto de vista, a história de Adão e Eva poderia ser compreendida simplesmente como uma etiologia da consciência humana, em que o comer simbólico da árvore do conhecimento do bem e do mal é o momento do despertar da consciência. Embora os seres humanos (ou seus antepassados hominídeos) devam ter cometido muitos atos de egoísmo e violência, a Queda aconteceu no estágio da evolução em que primeiro começamos a experimentar a culpa e a vergonha de nossas ações, a centelha da consciência.

Por mais simples que seja esse modelo da Queda, que apresenta a vantagem adicional de não colidir com a biologia evolutiva, ainda sofre de uma série de desvantagens. Em primeiro lugar, o fato de a Queda ser vista como um assunto inteiramente humano significa que sua redenção dificilmente pode ser vista como aliviando o problema do "estado caído", do mal e do sofrimento natural, seja no reino animal, seja no reino humano. O mal humano pode ser revertido por Cristo, mas não o mal natural. Em segundo lugar, de acordo com esse modelo, a Queda é "subjetiva" — um despertar da consciência individual —, e não "objetiva", o que muda a natureza do universo. Em terceiro lugar, esse modelo da Queda contraria a interpretação tradicional, que vê a desobediência dos primeiros seres humanos como um erro grave e fatal que só pode ser redimido pela iniciativa de Deus de enviar Cristo. Contudo, esse modelo da Queda é um passo evolutivo positivo, um avanço vital na autoconsciência humana e em sua capacidade intelectual, e não um erro em grandes proporções que deve ser revertido a qualquer custo. É uma "queda para cima", e não o contrário. Portanto, embora esse modelo evolutivo de Queda histórica resolva os problemas científicos do retrato tradicional, parece tornar Cristo bastante supérfluo (Berry, 2009:67).

SÍNTESE

A doutrina da Queda histórica é problemática em muitos domínios, especialmente no da ciência evolutiva, mas tem sido considerada essencial por muitos cristãos tradicionais, sobretudo para preservar a importância de Cristo. No entanto, vimos que os escritores do Antigo e do Novo Testamento foram capazes de seguir adiante sem afirmar enfaticamente (se é que seriam capazes de fazê-lo) a Queda histórica, embora estivessem certos de que o pecado e o fracasso fossem características universais da condição humana. Na verdade, grande parte da dependência da Queda provém do domínio do pensamento agostiniano na teologia ocidental, e especialmente da insistência de Agostinho (contra Pelágio) da presença corruptora do pecado original. Mas, para aqueles que consideram insatisfatórias as tentativas modernas de apoiar a visão de Agostinho sobre a Queda, especialmente diante dos desafios da biologia evolutiva, há argumentos para reavaliar a concepção da Queda, especialmente porque nosso exame do Antigo e do Novo Testamento revela que ela é periférica para o testemunho bíblico.

A importância da Queda reside em sua conexão do livre-arbítrio humano com os primórdios históricos do sofrimento, do mal e da morte, razão pela qual Romanos 5 é tão significativo, sobretudo porque oferece a possibilidade de redenção. Qualquer reavaliação dessa ligação causal deve fornecer uma descrição transparente das dificuldades científicas envolvidas, mas não deve, de modo algum, negligenciar a capacidade do livre-arbítrio humano de cometer males terríveis, como a história do século 20 ilustra muito bem. Ao que parece, existem algumas soluções, mas elas exigem uma abordagem paralela, enfrentando o problema do mal natural, juntamente com o do mal humano. Portanto, levaremos essa discussão diretamente para o próximo capítulo.

CAPÍTULO 7

O sofrimento e o mal

OS PROBLEMAS DA DOR E DO SOFRIMENTO

No capítulo anterior, observamos que a ideia de uma Queda histórica — fundamental para boa parte do pensamento cristão sobre pecado, morte e salvação — não só é problemática do ponto de vista científico, como também encontra muito menos apoio na Bíblia do que seria possível pressupor. Voltamo-nos agora à consideração da possibilidade de uma teologia *evolutiva* adequada ser concebida: uma teologia sem uma forte dependência da Queda, mas que, não obstante, seja capaz de responder ao desafio do mal humano e da morte, bem como do sofrimento evolutivo no mundo natural.

Neste ponto, faz-se necessária uma observação. A resposta teológica ao pecado e à morte que leva em conta o contexto evolutivo é muitas vezes conhecida como "evolução teísta". Em vez disso, minha própria tendência é falar de "teologias evolutivas", porque, além do fato de haver uma pluralidade de respostas desse tipo, elas oferecem maneiras de entender *Deus* à luz da *evolução*, e não o contrário; ou seja, são incorrigivelmente teológicas, e não biológicas. Por essa razão, considero que o termo "teologias evolutivas" é mais transparente do que "evolução teísta".

Os problemas da dor e da morte são altamente significativos na formação de uma teologia evolutiva bem-sucedida. É difícil ver o cosmo como o trabalho amoroso de um magnânimo Criador que cuida de cada ave, de cada lírio e de cada erva do campo (Mateus 6:26-31) quando esse mesmo cosmo também é aleatório e ignora o sofrimento de maneira impessoal: cheio de doença, destruição e morte. Tradicionalmente, essas coisas têm sido identificadas como sinais do "estado caído" do cosmo, uma consequência da Queda da humanidade. Mas o fato de os seres humanos serem um desenvolvimento muito tardio da vida na terra torna difícil sustentar essa explicação.

De qualquer forma, o sofrimento e a morte não são males não mitigados; há algumas sutilezas a explicar. Para começar, o retrato bíblico do sofrimento natural é complexo, e não parece considerar o sofrimento no reino animal um mal ou uma manifestação do "estado caído", pois encontramos passagens que expressam louvor a Deus por fornecer presas para que os animais carnívoros comam (Gênesis 49:27; Jó 38:39-41; Salmos 104:21; 147:9). Por outro lado, também encontramos o reconhecimento (Horrell, 2010:90-5) de que haverá uma solução escatológica divina para a predação no futuro, o que significará que "o lobo viverá com o cordeiro [...] Ninguém fará nenhum mal nem destruirá coisa alguma em todo o meu santo monte" (Isaías 11:6-9; cf. 65:25). Por implicação, o consumo de carne e predação não foram inicialmente ordenados por Deus. Na verdade, de acordo com o autor Sacerdotal (P), os seres humanos e os animais eram primariamente herbívoros até depois do dilúvio (Gênesis 1:29,30; 9:1-4). Talvez as visões escatológicas de Isaías sugiram uma esperança de retorno a uma situação tão idílica como essa. Mesmo assim, o fato de que os predadores atualmente precisam matar para sobreviver — e que a morte é, de modo paradoxal, um fato da vida — não é expresso como um mal. Também não se fala de desastres naturais ou doenças no mundo humano como males, nem como resultados do "estado caído", mas, sim, como juízos de Deus, enviados para ressaltar os caminhos da santidade e da obediência (p. ex., Êxodo 23:28; 32:35; Levítico 26:21; Números 14:37; 16; 25; Apocalipse 15 e 16).

Outro ponto a considerar é que o sofrimento e a morte são necessários à vida da forma como a conhecemos. Southgate (2008:40) explica que a dor não precisa ser vista como um mal teológico, mas como um obstáculo inevitável na experiência da vida, cuja superação pode levar ao bem-estar e à maturidade. Isso pode ser verdadeiro caso estejamos pensando sob a perspectiva da história de uma vida humana individual que prevalece sobre a adversidade, ou da evolução de espécies biológicas inteiras em formas mais elevadas. Da mesma forma, a morte não é necessariamente um mal se for o fim pacífico e natural de uma vida realizada, e existem passagens bíblicas que refletem esse sentimento (p. ex., Lucas 2:25-32). De qualquer forma, os recursos alimentares naturais de nosso planeta se esgotariam rapidamente se as criaturas não morressem, com o objetivo de reabastecê-los.

Nesse sentido, Darwin não introduziu um problema totalmente novo: as dificuldades teológicas que surgem com as questões da dor, do sofrimento e da morte têm sido refletidas desde os primórdios da cultura humana, tendo sido encontradas perspectivas positivas para elas. Mas, quando a dor não é recompensada, quando não oferece nenhuma vantagem aparente e quando surge de forma imerecida, o problema teológico da futilidade da existência se torna premente; e isso é algo que o darwinismo enfatiza por meio do imenso desperdício de vidas inerente ao processo. Então, existe um equilíbrio a ser alcançado: não é que o sofrimento e a morte tenham de ser vistos como males em si mesmos, mas, sim, que *qualidades* particulares do sofrimento e da morte são problemáticas, e que a ciência moderna enfatiza o problema sugerindo que são inerentes ao mundo da forma como Deus o criou. Essa é a razão pela qual eles frequentemente recebem a designação abrangente de "mal natural".

MAL NATURAL E ESTADO CAÍDO

É um problema antigo tentar justificar um Deus bom diante do mal natural, e tal problema aparece de forma proeminente na Bíblia (p. ex., Gênesis 18:22-33; Jó). Por essa razão, as soluções modernas para o mal natural não são necessariamente algo novo. Entretanto, trazem à tona as dificuldades que estão por trás dos termos "mal natural" e "estado caído". Falar do mal natural implica, efetivamente, reunir os aspectos destrutivos e perigosos do mundo natural, rotulá-los sob a categoria teologicamente emotiva de mal e atribuir a Deus a culpa por eles. Afinal de contas, não se pode culpar a natureza por agir naturalmente. Contudo, não devemos nos esquecer de que existe ambiguidade aqui. As mesmas leis da natureza que precipitam um terremoto inesperado, matando milhares de pessoas, são aquelas que proporcionaram terras estáveis, amenas e férteis para o florescimento de criaturas terrestres ao longo de milhões de anos. Esses processos não são obviamente "maus" no mesmo sentido em que a ação humana voluntária pode ser má, e se buscássemos uma perspectiva bíblica, teríamos de concluir que eles são, na verdade, "bons" (Gênesis 1:10). É melhor evitar categorizar algo desse tipo como "mal natural".

E o que dizer do "estado caído"? Um dos principais textos bíblicos a esse respeito é a discussão de Paulo em Romanos 8:18-23, que vê toda a "criação" esperando ansiosamente pela revelação da redenção de Cristo. A criação foi "submetida à futilidade" (v. 20), diz ele, e está gemendo por libertação de sua "escravidão da decadência" (v. 21). A discussão anterior de Paulo em Romanos estava preocupada com a morte humana (cap. 6), mas aqui o enfoque

O SOFRIMENTO E O MAL

é alterado de forma significativa, assumindo uma perspectiva cósmica, em que "futilidade" e "decadência" (ou "corrupção") foram entrelaçadas no contexto do mundo inteiro. Paulo não diz, mas as interpretações tradicionais pressupõem que essa corrupção foi precipitada pelo pecado do homem e da mulher no jardim (Murray, [2008] 2011:74). De acordo com essa interpretação, o sofrimento e a morte que todas as criaturas experimentam são, portanto, resultado direto da Queda; tudo existe em um "estado caído".

Paulo não apenas não diz isso, como também o moderno retrato evolucionário do mundo torna muito difícil aceitar uma visão dessas. Se não podemos mais afirmar uma Queda histórica sem reservas, torna-se incoerente falar do mundo natural existente em um "estado caído" decorrente da propagação do pecado humano. A ciência vê a "escravidão da decadência" da segunda lei da termodinâmica como parte do tecido do mundo desde o início, assim como a competição evolutiva e a "sobrevivência do mais apto". Ficamos, então, com uma visão fundamentalmente ambígua da criação, e podemos concordar com a famosa avaliação vívida de Darwin (em carta a J. D. Hooker, datada de 13 de julho de 1856, disponível em www.darwinproject. ac.uk/entry-1924): "Que livro um capelão do Diabo poderia escrever sobre as obras desajeitadas, inúteis, erráticas, desprezíveis e horrivelmente cruéis da natureza!". Darwin percebeu que sua proposta de evolução por meio da seleção natural codifica efetivamente o sofrimento, a crueldade, o desperdício e a decadência como intrínsecos ao desenvolvimento da vida na terra. Pode ser problemático falar de "estado caído", mas devemos admitir que há *ambiguidade* na "boa" criação de Deus; ou melhor, um "lado sombrio" (Southgate, 2011:384).

O "LADO SOMBRIO"

Boa parte do pecado e da fragilidade que nós, seres humanos, experimentamos surge do egoísmo, que pode ser relacionado à mesma luta pelo domínio que vemos no mundo da natureza. Ruse sugere que devemos compreender o pecado original em termos evolutivos:

> Richard Dawkins [...] fala metaforicamente de genes egoístas, o que significa que as características devem servir aos objetivos de seus proprietários, ou os proprietários serão fracassos biológicos. Entretanto, hoje percebemos que as grandes adaptações, especialmente de seres inteligentes como os seres humanos, são

direcionadas para a cooperação com os semelhantes. Reunir-se para caçar, forjar ou lutar contra os inimigos traz grandes dividendos. Ajudar os outros pode nos levar a ajudar a nós mesmos — quando somos jovens, velhos ou estamos doentes, precisamos de ajuda, e a melhor maneira de obtê-la é estarmos preparados para ajudar os outros em suas horas de necessidade. Você coça minhas costas e eu coçarei as suas. Assim, graças à nossa evolução, somos uma mistura bastante tensa de egoísmo e de afabilidade ou altruísmo. E isso certamente está próximo do que as pessoas religiosas querem dizer com pecado original. Somos feitos à imagem de Deus, portanto somos naturalmente bons. Mas também somos caídos — o que agora faz parte da nossa natureza — e, portanto, também somos maus. Uma mistura inquieta de egoísmo e altruísmo (Ruse, 2010:234).

Os animais não humanos também demonstram egoísmo e altruísmo, e argumenta-se que há sinais de consciência moral em animais como os golfinhos. Mas não é tão claro se a imoralidade animal constitui ou não pecado como tal (Deane-Drummond, 2009:166-7). O argumento de Ruse, no entanto, apoia o ponto de vista de que o pecado nos seres humanos pode estar conectado com nosso passado evolutivo, e que constitui uma espécie de pecado original: uma tendência ao pecado que é comum a todos os seres humanos porque nos precede (Peters, 2010:930).

Essa abordagem evolucionária apresenta a vantagem de não invocar a tradicional ideia da Queda, com suas dificuldades resultantes. Existe, no entanto, o problema que temos destacado repetidamente: tal visão põe em risco a bondade de Deus, pois sugere que ele pretendia criar o homem dessa forma, com o pecado original sendo uma parte inevitável de nossa constituição evolucionária. Existe ainda outra dificuldade com essa visão, pois ela dá aos seres humanos algo como uma desculpa para seu pecado: o pecado está em nossos genes. Porém, quando nos lembramos do mal verdadeiramente terrível e extremo do qual os seres humanos são capazes — com o Holocausto sempre servindo como um lembrete sóbrio desse ponto —, então uma desculpa decorrente da tendência humana de pecar dificilmente parece adequada.

Ruse (2001:205) tentou resolver esses problemas sugerindo que, assim como Deus *escolheu* trazer à luz a criação, também cria seres que são livres para *escolher* em todos os momentos, "a fim de avaliar e decidir entre cursos de ação, e para agir de acordo com nossas próprias decisões". Mas é da natureza da liberdade que ela pode ser abusada, e um curso de ação egoísta

O SOFRIMENTO E O MAL

resultará em ganância e pecado. O argumento de Ruse é que Deus não deve ser culpado por isso, porque pode ter sido a única maneira de criar um mundo no qual houvesse liberdade. Nas palavras de Ruse: "Não é culpa direta dele [de Deus] que sejamos pecadores ou que essa seja uma tendência que herdamos" (ibidem:210).

Peacocke fez uma observação semelhante sobre a inevitabilidade do sofrimento em um mundo evolucionário caracterizado pela liberdade, e nós vemos o paradoxo de que a criação de criaturas *livres* implicava uma *limitação* autoimposta da parte de Deus:

> Essa é uma daquelas questões metafísicas sem resposta na teodiceia [...] Existem aqui restrições inerentes até mesmo à forma como um Criador onipotente poderia trazer à existência uma criação que deve ser um cosmo, e não um caos e, portanto, uma arena para a ação livre de entidades complexas autoconscientes e reprodutoras, bem como a variedade fecunda de organismos vivos em cuja existência o Criador se deleita (Peacocke, 2001: 37).

Essa limitação da parte de Deus é significativa, e Peacocke sugere que Deus dá mais um passo de autolimitação ao compartilhar o sofrimento da criação, em analogia com as formas pelas quais o processo criativo humano — do parto à criação artística — é trabalhoso e doloroso. Se Peacocke estiver certo, então existe um sentido no qual o sofrimento se torna santificado, e torna-se ainda mais difícil falar dele como um tipo de mal natural; caso ainda seja, torna-se algo voluntariamente compartilhado por Deus.

Por outro lado, existem algumas dificuldades em ver a evolução como a "única maneira" segundo a qual Deus poderia ter criado um mundo livre como o nosso (Southgate, 2011:388). A abordagem da "única maneira", aparentemente, é capaz de preservar a bondade de Deus diante do sofrimento evolucionário e da morte, mas não serve de conforto para o indivíduo que está sofrendo. Na verdade, o argumento da "única maneira" está relacionado à famosa resposta otimista de Leibniz, feita em 1710, ao problema do mal, a saber, que vivemos no "melhor de todos os mundos possíveis". Essa perspectiva foi destruída por Voltaire em seu romance *Cândido, ou o otimismo*, de 1759, e a crítica de Voltaire à teodiceia da "única maneira" — que tal otimismo soa como algo sem sentido diante de um enorme sofrimento — ainda conserva sua força.

Diante dessas dificuldades, Southgate (2008; 2011) insiste em uma abordagem mais sutil. Ele admite que o sofrimento evolutivo e a morte parecem ser necessários ao nosso mundo; devemos começar pelo argumento da "única maneira", mas não podemos parar nele. Devemos também afirmar o cuidado de Deus por cada criatura. Deus não é apenas o Deus de sistemas inteiros de sofrimento cego e indiferente, mas também aquele que experimenta alegria quando as criaturas florescem, e que chora ao lado daqueles que sofrem. Ademais, existe um plano divino abrangente que, no futuro escatológico, aperfeiçoará o "lado sombrio" da criação. Por enquanto, porém, vivemos em um estado de ambiguidade: a criação é "muito boa" (Gênesis 1:31), mas também está gemendo "como em dores de parto" (Romanos 8:22; veja Southgate, 2011:391).

Uma das atratividades da teologia evolutiva de Southgate é sua ênfase no mundo não humano, especialmente em sua crença de que o sofrimento evolucionário de cada criatura será solucionado por Deus. Seu relato não é, portanto, orientado aos seres humanos, embora ressalte que estes devem assumir plena responsabilidade por sua própria contribuição ao sofrimento do mundo, que surgiu graças à ganância em relação aos recursos naturais disponíveis (Southgate, 2008:100). Southgate sugere que os seres humanos, criados à imagem de Deus (Gênesis 1:26,27), devem respeitar seu *status* especial como cocriadores com Deus. Assim como Deus suportou a dor da evolução e do pecado humano por meio da morte de Cristo na cruz, também os seres humanos deveriam estar prontos para assumir um papel mais sacrificial em sua administração do mundo natural (Southgate, 2008:113-5).

A cruz de Cristo é frequentemente invocada nas teologias evolutivas. Como ressalta Ruse (2001:134), o fato de o cristianismo ser uma religião centrada na cruz significa que ela atrai sofrimento ao seu âmago, tornando-a uma solução teológica atraente ao darwinismo. Esse é um ponto crucial, e que vale a pena explorar. Observe, porém, que um tipo diferente de movimento teológico está sendo feito aqui a partir das teologias tradicionais da cruz. Na visão cristã tradicional, Deus sofre na cruz por meio da humanidade de Cristo e, assim, expia os pecados do mundo humano. Contudo, nas teologias evolutivas modernas, Cristo assume, *além disso*, o sofrimento evolucionário e a morte de *todo* o mundo vivo, sofrimento e morte que não são claramente resultado do pecado humano e, portanto, não exigem "expiação" propriamente dita. A cruz está sendo utilizada, portanto, de maneira marcadamente diferente das

O SOFRIMENTO E O MAL

teologias tradicionais da expiação. Vamos agora considerar como uma teologia evolutiva desse tipo pode ser elaborada.

A REDENÇÃO DA CRIAÇÃO

O ponto de partida é, inevitavelmente, a concepção evolucionária de Teilhard de Chardin. Em seu livro *The phenomenon of man* [O fenômeno do homem] (1959), Teilhard viu Cristo como o ápice do progresso evolucionário, o "ponto ômega" para o qual tende toda a criação. Para Teilhard (ibidem:293-4,297-8), isso não é verdade em um sentido espiritual ou metafórico, mas, sim, em um sentido físico muito literal: o processo de evolução biológica está se movendo em direção a Cristo, como sua consumação. Amplamente influente, mas também altamente controverso, o pensamento de Teilhard foi questionado por vários motivos (Barbour, 1997:247-9; Southgate, 2008:25-7, 36; Deane-Drummond, 2009:36-40). Uma das principais críticas é que a concepção de Teilhard do movimento evolutivo infalível do universo em direção a Cristo requer uma visão do progresso que o darwinismo simplesmente não sustenta. Também não está claro, por razões teológicas, como o Cristo de Teilhard, na qualidade de ponto ômega, deve ser conectado com o Jesus histórico e a narrativa da cruz e da ressurreição. Em suma, o referido autor parece confundir evolução com salvação. Portanto, é difícil ver como a solução de Teilhard pode ser uma resposta adequada ao problema da teodiceia. Por um lado, como a evolução inevitavelmente significa *morte* para todas as criaturas, a própria evolução não é satisfatória à esperança cristã da ressurreição para a *vida*.

A solução de Teilhard não foi amplamente adotada, e as teologias evolutivas mais recentes tendem a destacar uma série de questões que ele não abordou. Tem havido uma nova ênfase sobre (a) o sofrimento redentor de Cristo a fim de resgatar tanto o mundo não humano como o humano, e (b) a dimensão escatológica, na qual a redenção será consumada como uma obra de Deus (e não da evolução). Ademais, (c) tem sido considerado importante reafirmar o desafio da teodiceia, uma vez que Deus é visto entrando no sofrimento do mundo:

A onipresença da dor, da predação, do sofrimento e da morte como meios de criação mediante a evolução biológica implica, para qualquer conceito de Deus que seja moralmente aceitável e coerente, que não podemos deixar de tentar propor que Deus sofra em, com e sob os processos criativos do mundo com seu dispendioso desdobramento no tempo (Peacocke 2001:37).

Seja esse um problema moral ou não, existe a clara necessidade de enfatizar a presença íntima de Deus com a criação sofredora. Isso anda de mãos dadas com a percepção, trazida pelo darwinismo, de que a criação inicial ainda está em curso e inacabada. O que significa que as teologias evolutivas também se concentraram na (d) *imanência* de Deus na criação e no (e) trabalho *contínuo* de Deus na criação.

Esse é um conjunto complexo de componentes para que qualquer visão teológica da criação se equilibre, e o primeiro deles — o sofrimento de Cristo — tem sido fundamental, e, por si só, se tornou uma discussão complexa, alternando entre visões subjetivas do sacrifício de Cristo (ele é um exemplo a ser seguido) e visões objetivas (seu sofrimento realiza uma obra objetiva de redenção em si mesma). Rolston, por exemplo, ressalta o valor do sofrimento redentor a fim de fazer sentido na natureza e na história humana. O sofrimento é transformador, e a evolução nos ensina que, em toda a longa história da terra, as criaturas renunciaram à própria vida em benefício de outros: "A história é um espetáculo de paixão muito antes de alcançar o Cristo. Desde o início, inúmeras criaturas renunciaram à sua vida em benefício de outras. Nesse sentido, Jesus não é a exceção à ordem natural, mas o principal exemplo dela" (Rolston, 2001:60). Dessa forma, Rolston desenvolve a cruz de Cristo principalmente como uma *representação* subjetiva de toda a criação no que se refere ao valor da doação sacrificial. Rolston não está sozinho nisso, pois vários teólogos têm falado da cruz de Cristo como o ato preeminente da solidariedade de Deus para com as criaturas que sofrem (Peters, 2010:929-33). Diz-se que Deus redime o sofrimento em grande parte compartilhando-o.

Southgate (2008:76), por outro lado, insiste que a obra expiatória de Cristo deve ser vista de maneira objetiva. Ela não pode descansar na decisão livre e subjetiva das criaturas de aceitá-la ou não, pois o Novo Testamento testemunha o fato de que ela transformará objetivamente o cosmo em nova criação — é para *todas as coisas* (Romanos 8:19-22; Colossenses 1:20; Efésios 1:8-10). Por intermédio de Cristo, Deus "assume a responsabilidade" por todo pecado humano e por todo sofrimento não humano do mundo (Southgate, 2008:76).

Observe a escolha cuidadosa da expressão por parte de Southgate: "assume a responsabilidade". Isso revela uma das principais dificuldades que assolam as teologias evolutivas da cruz, a saber, a natureza altamente sugestiva das metáforas comumente utilizadas, como "redenção", "expiação", "sacrifício" e "reconciliação". Tradicionalmente, o pensamento cristão tem-se concentrado

O SOFRIMENTO E O MAL

no papel da cruz em corrigir o pecado *humano*, e tudo o que surge da ruptura do relacionamento humano-divino. O pecado é um conceito teológico profundo que deve ser abordado teologicamente; do pecado, advêm conceitos como "redenção", "expiação", "sacrifício" e "reconciliação", quatro metáforas comuns que falam de quebrantamento, cura de erros e um preço a ser pago. Mas, quando falamos do sofrimento e da morte que surgem da evolução — de causas inteiramente *naturais* —, faz pouco sentido mencionar os termos dessas metáforas. Se o sofrimento evolucionário e a morte são parte da criação "boa" de Deus — parte de como Deus pretendia que as coisas fossem —, não há nenhum relacionamento quebrado a ser restaurado, ou preço a ser pago. Em suma, essas são metáforas vazias, e provavelmente causam mais problemas do que trazem soluções.

Desse ponto de vista, o trecho criterioso de Southgate, de que Deus "assume a responsabilidade" pelo pecado humano e pelo sofrimento não humano, é sábio, se bem que bastante vago. Contudo, não deixa de ser apropriado, pois o referido autor vê a tomada de responsabilidade em termos mais amplos do que a cruz e suas difíceis metáforas. A cruz expia o pecado humano, mas é toda a vida encarnada de Cristo que assegura uma existência transformada para a criação sofredora. No centro da visão de Southgate, está a passagem crucial de Romanos 8:19-22. A "futilidade" à qual a criação foi submetida (v. 20) é, para Southgate (2008:94), a futilidade do processo evolutivo. Porém, a morte de bilhões de criaturas acabou por resultar na encarnação de Deus em Jesus, uma solidariedade compartilhada no sofrimento e uma esperança precária, porém definitiva, para toda a criação, a qual será realizada em uma nova criação. A morte e a ressurreição de Cristo indicam novas possibilidades para o mundo: a expiação do pecado humano e a transformação de toda a criação no futuro escatológico. Southgate propõe (ibidem:94-5) que vejamos a luta evolucionária do mundo como as "dores de parto" (Romanos 8:22), de modo que nasçam seres complexos e livres como nós. É dos seres humanos que surge o maior perigo para o mundo, mas também, no Cristo encarnado, a maior esperança.

O relato de Southgate é atrativo porque explora minuciosamente as tradições bíblicas e é honesto sobre as dificuldades que assolam as teologias evolutivas. Mas as dificuldades não são insignificantes. Assim como todas as teologias evolutivas que invocam a encarnação de Cristo como solução para o sofrimento (de modo que Deus seja visto partilhando da condição de sofredor), a abordagem de Southgate (2008:94) tem de introduzir, efetivamente, uma teologia na evolução (veja "Acaso e lei, contingência e emergência", no cap. 1), de tal forma que criaturas com autoconsciência e complexidade suficientes surjam um dia para que o Filho de Deus seja encarnado como Cristo. Essa concepção de progresso ascendente não só é altamente controversa na biologia evolutiva, como também é uma reivindicação metafísica feita em linguagem científica, com as inevitáveis dificuldades que surgem quando os desenvolvimentos teológicos estão intimamente atrelados à ciência (cap. 5); como nas abordagens que falam da cruz "redimindo" o sofrimento evolutivo, existe aqui o perigo de confundir categorias teológicas com categorias científicas. Se realmente existe um "propósito" por trás do processo evolutivo, é provável que só possa ser apreendido escatologicamente, ou seja, olhando para trás, pela perspectiva da *nova* criação: "É o ômega que determina o alfa" (Peters, 2010:929).

Portanto, as dificuldades de desenvolver uma teologia evolutiva são mais bem resolvidas por um apelo ao futuro teológico, que é, de qualquer forma, a abordagem do Novo Testamento. Devemos reconhecer que existe uma obra divina de perfeição ainda a ser concluída, da qual sabemos muito pouco e compreendemos ainda menos. Qualquer teologia evolutiva adequada deve reconhecer esse fato e ressaltar a própria provisoriedade. E isso não é uma constatação nova: foi feita inicialmente por Ireneu, há cerca de 1800 anos.

A PERSPECTIVA ESCATOLÓGICA

A visão de Ireneu sobre a criação é uma das mais antigas da teologia cristã. Há muito negligenciada por causa do paradigma agostiniano adotado pelo cristianismo ocidental, tornou-se cada vez mais valorizada no diálogo ciência-religião por causa de seus tons evolucionários. É totalmente encarnacional e, contra o desenvolvimento do dualismo gnóstico em seu tempo, Ireneu afirma a importância e a "bondade" da criação material nos propósitos de Deus. Em uma breve e inovadora passagem (*Contra as heresias* IV:38), ele relata como Deus, de início, criou os seres humanos deliberadamente sem perfeição, porque, em sua imaturidade, eles seriam incapazes de suportá-la. A criação inicial era "boa", na medida em que era "destinada à perfeição" (Gunton, 1998:56). O plano de Deus era que os seres humanos crescessem em maturidade e perfeição, do mesmo modo que as crianças crescem e se tornam adultos. Mas, à semelhança das crianças, Adão e Eva foram facilmente desviados no jardim, desobedecendo a Deus. Para Ireneu, isso não é tanto uma queda, mas um "fracasso em ascender" (Bimson, 2009:119). Por intermédio da obra de Cristo e

O SOFRIMENTO E O MAL

do Espírito, Ireneu acredita que os seres humanos podem ser restaurados do pecado e crescer rumo à perfeição em Deus.

Mas o que é "perfeição"? Em certo momento, Ireneu a conecta com a imortalidade e a imperecibilidade, como aquela do Cristo ressurreto (*Contra as heresias* IV:38,4). Em uma passagem anterior (ibidem: III:23.1), ele havia insinuado que Adão e Eva eram imortais antes de sua desobediência. Nessa passagem, porém, ele diz claramente que os seres humanos sempre foram mortais (ou seja, imperfeitos) e sujeitos à morte, porque são incapazes de "sustentar o poder da divindade" em sua imaturidade. Assim, de acordo com essa passagem, a morte é consequência da "natureza criada" da humanidade. R. P. Brown (1975:21) resume o pensamento de Ireneu da seguinte maneira: "A morte não é um castigo, mas o fim natural de criaturas imperfeitas. A imortalidade não é algo que elas tenham perdido, pois nunca foi possuída". Ireneu oferece uma solução surpreendentemente eficaz para muitos dos problemas que vimos com o modelo agostiniano da Queda. Se supusermos que a criação inicial não tinha o objetivo de ser perfeita, mas de crescer em direção a Deus por meio de Cristo, aquele que completa ("recapitula") tudo em si mesmo, então não temos necessidade de preservar uma Queda histórica a qualquer custo, nem de insistir na perfeição inicial da criação, com o propósito de preservar a bondade de Deus. A Criação será perfeita e refletirá a perfeita bondade de Deus, mas será assim no final do processo, e não no início.

Observe, porém, que a visão de Ireneu sobre a criação não é evolucionária no sentido de evolução física ou biológica (Gunton, 1998:201). Sua visão sugere que o "lado sombrio" da criação é inteiramente natural e pretendido por Deus, mas se tornará desnecessário na plenitude dos tempos, em virtude do processo miraculoso e escatológico da ressurreição, e não por meio de qualquer tipo de teleologia biológica. Cristo completa a criação e traz a perfeição, primeiro experimentando seu "lado sombrio" imperfeito (ou seja, a morte), e depois passando dela para um novo tipo de vida escatológica na qual não existe nenhum lado escuro. O ponto parece ser que devemos morrer para poder viver: devemos aceitar o sofrimento evolutivo e, ao mesmo tempo, ter esperança no futuro.

Isso está inteiramente de acordo com a apocalíptica que permeia todo o Novo Testamento: a criação só pode ser entendida da perspectiva de seu cumprimento escatológico (Fergusson, 1998:87). Com isso, salientamos um dos pontos mais fortes de Southgate: sua certeza de que as ambiguidades da evolução só podem ser amenizadas por uma visão firme da consumação futura, confirmada pela passagem visionária de Paulo em Romanos 8. Assim, caso se diga que a vida de Cristo (a qual, naturalmente, inclui seu sofrimento na cruz) é a resposta de Deus à criação sofredora, então é preciso enfatizar que isso somente se realizará plenamente a partir de uma perspectiva futura, que é essencialmente a perspectiva proporcionada pela vida do Cristo ressurreto. A ressurreição é a resposta para todo o cosmo, não apenas para os seres humanos. Por enquanto, porém, só se pode dizer, em sentido vago e metafórico, que existe uma resposta teológica para o "lado sombrio" da criação, até porque todas as afirmações teológicas feitas na era atual são metáforas da consumação futura (cap. 8).

Retomando o problema pendente do capítulo anterior — como entender a conexão causal entre o pecado humano e a morte na teologia da expiação de Paulo em Romanos 5 —, devemos admitir que, cientificamente, essas são duas coisas que não podem ser claramente conectadas no momento. Existe, contudo, uma possibilidade provisória, que envolve postular que o despertar evolutivo da consciência humana em nosso passado remoto estava ligado a um aperfeiçoamento e a um despertamento da consciência da finitude pessoal (ou seja, da morte). Dessa forma, a "Queda para cima" (veja "Uma Queda histórica?", no cap. 6) torna-se a consciência tanto da moralidade como da mortalidade. Em apoio a isso, diz-se que nossa sofisticada percepção cognitiva de nós mesmos como agentes causais livres e nossa consciência única de nossa própria mortalidade distinguem os seres humanos dos demais animais (W. S. Brown, 1998:119-20). Esses dois fatores desempenham papel importante em nosso desenvolvimento moral e espiritual: tornamo-nos conscientes de que nossas ações livres têm consequências permanentes para nós mesmos e para os outros; elas são um componente inescapável da condição humana finita (pecado), uma condição que se resume ao fato inescapavelmente finito da morte. Nosso pecado está ligado à nossa morte; ambos fazem parte de um pacote e, se somos propensos a um, então devemos também sofrer o outro, simplesmente porque somos humanos. E, se voltarmos a considerar a "heresia" do pelagianismo que iniciou essa discussão (pelo menos para Agostinho; veja "Paulo e a morte", no cap. 6), vemos que talvez haja pouca necessidade de agitação nesse relato, pois estamos sugerindo que a consciência (estar consciente do pecado) e a consciência abstrata da morte são fatores inescapáveis de nossa história evolutiva. Em outras palavras, não há como, nessa visão, cair no erro do pelagianismo: acreditar que é possível viver sem pecado mediante o esforço da vontade própria. Em vez disso, nascemos inevitavelmente com o "pecado original", assim como nascemos com a consciência de nossa morte; ambos são uma consequência de nosso passado evolutivo.

É verdade que o que estamos sugerindo aqui é uma forma bastante vaga e subjetiva de conectar pecado e morte, não uma conexão causal. O problema que enfrentamos ao refletir sobre isso é que simplesmente não existe uma maneira fácil de afirmar, juntamente com Paulo, que "pelo pecado veio a morte" (Romanos 5:12, NAA), a menos que o leiamos como que dizendo *"juntamente com* o pecado, veio o *conhecimento* da morte". Para nós, o pecado é uma categoria teológica, mas a morte é, em grande parte, uma categoria científica (natural). Para Paulo, eles poderiam ser ambos; porém, o apóstolo estava pensando de maneira escatológica, "na esperança na glória de Deus" (Romanos 5:2), quando o pecado e a morte serão problemas do passado.

O DESAFIO ECOLÓGICO

Há um aspecto final em nosso tema do sofrimento e do mal: o padecimento adicional e o mal que surgiram na terra graças à má administração dos recursos do planeta por parte da humanidade; ou seja, a crise ecológica.

Uma ideia importante, frequentemente citada nas teologias ecológicas, deriva da sugestão de Lynn White Jr. (1967), de que a atual crise ambiental decorre da doutrina cristã da criação. De acordo com essa visão, a iminente catástrofe global surgiu de uma (des)interpretação bíblica, na qual os cristãos ocidentais cumpriram o mandamento de P para "encher e subjugar a terra" (Gênesis 1:28) de forma tão abrangente que levaram o planeta à beira de um desastre. Embora apoiando o ponto geral de White, Peter Harrison fez uma modificação significativa, ressaltando que a ascensão da ciência (e suas tentativas de conquistar a natureza), que começou no século 17 em uma época crucial, quando a hermenêutica bíblica medieval fundamentada nos símbolos e alegorias estava sendo substituída por uma abordagem mais literal, graças à Reforma Protestante; isso significava que o mundo natural, assim como a Bíblia, estava sendo interpretado de maneira diferente: não mais visto com relação a um cosmo de sinais e metáforas de uma realidade espiritual mais profunda, mas seu significado começou a ser apreendido como uma realidade literal, física, e utilizado como tal. Como diz Harrison:

> Quando o mundo não podia mais ser interpretado por seus significados transcedentais, foi explorado ativamente apenas por sua utilidade material [...] Assim,

210 COLEÇÃO FÉ, CIÊNCIA & CULTURA

o literalismo contribui para o surgimento da ciência natural de duas maneiras: em primeiro lugar, retirando da natureza seu significado simbólico; em segundo lugar, restringindo os possíveis significados das narrativas bíblicas da Criação e da Queda, uma vez que não podem ser lidas a não ser como uma imposição à raça humana da necessidade de restabelecer seu domínio sobre a natureza (Harrison, 1998:206,208).

O argumento de Harrison é que a doutrina cristã da criação não é responsável pela crise ecológica que se aproxima. Em vez disso, a crise surgiu a partir um padrão muito mais complexo de desenvolvimento intelectual no Ocidente, o qual permitiu a ascensão da ciência, promovendo uma leitura mais literal do mundo e das narrativas da criação em Gênesis.

Evidentemente, é bastante irônico que a mesma tendência intelectual do literalismo que tornou possível o desenvolvimento da ciência moderna se tenha cristalizado no criacionismo, o qual rejeita grande parte da ciência moderna. Também é irônico que o criacionismo rejeite grande parte do academicismo bíblico dominante, outro produto da literalização da Reforma. Esse academicismo, no entanto, tem sido importante na redescoberta das perspectivas ecológicas na Bíblia, e um tratamento abrangente dos pontos de vista ecológicos da Bíblia já pode ser encontrado em uma série de volumes (Horrell, 2010).

Ellen Davis (2009), por exemplo, apresenta uma visão agrária dos textos do Antigo Testamento, concentrando-se na ética do uso da terra nos tempos bíblicos em comparação com a nossa. Para ela, a catástrofe ecológica de nossos tempos — em especial a partir do ponto de vista da agricultura — é uma crise moral e teológica que apresenta um contexto hermenêutico fundamental para a compreensão da Bíblia hebraica. Essa hermenêutica destaca a "centralidade da terra na Bíblia" (ibidem:9) e, sobretudo, a vocação humana de servir à "terra".

Uma das melhores ilustrações de uma perspectiva ecológica no tema da criação é a esperança escatológica para todos os seres vivos, e os teólogos modernos que desenvolveram teologias evolutivas não demoraram a ressaltar isso (p. ex., Edwards, 2009:184-9). Se "todas as coisas" foram reconciliadas com Deus por intermédio de Cristo (Colossenses 1:20), ou foram "recapituladas"/"convergidas" em Cristo (Efésios 1:10), e estão sendo feitas "novas" (Apocalipse 21:5), e se "todas as criaturas" (Apocalipse 5:13) um dia louvarão a Deus por causa de Cristo, então os seres humanos não podem se dar ao luxo

O SOFRIMENTO E O MAL   211

de ignorar seu lugar no âmbito *mais amplo* da criação de Deus. Dessa forma, pode-se dizer que uma consciência ecológica está diretamente relacionada aos textos escatológicos da Bíblia, se já não estiver "latente" em seu mais amplo tema da criação (Brueggemann, 1997:163, n. 35).

No próximo capítulo, abordaremos algumas visões bíblicas sobre o fim do mundo, e sugeriremos que existe a possibilidade de nunca terem sido tomadas como previsões literais. Entretanto, nossa crise ambiental contemporânea levanta a hipótese de que algumas dessas predições apocalípticas possam realmente ser cumpridas em nosso debilitado mundo natural de maneira um pouco mais literal, e um pouco mais cedo do que pensamos, se não atentarmos ao futuro do planeta em nossos dias. Se o desafio ecológico (e o fato do "lado sombrio" da criação) nos adverte a pensarmos escatologicamente, é claro que também existem aqui implicações para nosso comportamento atual.

CONCLUSÕES

Nos dois últimos capítulos, examinamos os desafios da biologia evolutiva em relação a uma compreensão histórica da Queda e as várias tentativas para defendê-la. Argumentamos que elas são inadequadas como interpretações do testemunho bíblico, tanto no Antigo como no Novo Testamento. Também ressaltamos que não são, inadvertidamente, motivadas por um desejo de ser fiel à Gênesis 2 e 3 tanto quanto a Paulo, bem como à perspectiva agostiniana sobre pecado e morte. Um exame mais atento revela que a ideia de uma Queda histórica é muito menos importante para os textos bíblicos do que os conservadores muitas vezes pressupõem. Ao se questionar o *status* da Queda, somos capazes de avançar para uma compreensão do mal, do pecado e da morte no mundo que é mais verdadeira em relação à Bíblia, e faz mais sentido no contexto da ciência evolutiva moderna.

Isso significa que devemos entender o sofrimento evolutivo e a morte menos como o resultado do "estado caído" do mundo, e mais como uma característica integral de sua criação inicial pelas mãos de Deus. Com certeza, o sofrimento e a morte não são explicados mais facilmente a partir dessa visão. Não podemos explicar sua primeira entrada no mundo em decorrência do livre-arbítrio humano, e devemos vê-los antes como o "lado sombrio" da "boa" criação de Deus; eles podem não ser males em si mesmos, mas apresentam uma difícil ambiguidade. Várias teologias evolutivas modernas têm considerado esse "lado sombrio" como representando um problema tão intransponível que só pode ser enfrentado afirmando o sofrimento de Deus ao lado da criação e na criação, especialmente por meio da cruz de Cristo. No entanto, a partir de um exame mais detalhado, isso se torna problemático por si mesmo, pois não fica claro quais são os erros que essa visão "redime", nem como oferece às criaturas a esperança de se libertarem do sofrimento, se até mesmo o próprio Deus precisa sofrer ao lado das criaturas. Por outro lado, introduzimos uma teodiceia baseada em Ireneu como uma solução possível, a qual remove muitas das dificuldades da Queda, sugerindo que a criação inicial nunca foi "boa" no sentido de perfeita, mas "boa" no sentido de "adequada ao propósito", e pronta para crescer rumo à perfeição no futuro escatológico. Uma teodiceia desse tipo retira a ênfase na Queda, ao enfatizar a consumação futura. Torna-se claro, portanto, que a esperança para o futuro deve formar a resposta principal tanto para a fragilidade humana como para o "lado sombrio" da Criação, e os textos escatológicos da Bíblia formam a base mais forte para essa esperança. Para esses textos é que nos voltaremos agora.

CAPÍTULO 8

Escatologia científica
e nova criação

ESCATOLOGIA CIENTÍFICA: MODELOS DO FIM DO MUNDO

O tema da criação na Bíblia não está completo até que tenhamos considerado seu complemento: a "nova criação". O começo do mundo só encontrará seu verdadeiro significado em seu fim, e sua consumação em seu novo começo (Pannenberg, 1994:142-6). Ou seja, a evolução do universo físico — altamente contingente, do nosso ponto de vista — tem um significado teológico que só será visível a partir da perspectiva de seu ponto final. Mas há aqui uma pergunta importante: até que ponto os textos escatológicos das Escrituras predizem o destino *literal* do mundo físico? As previsões apocalípticas da Bíblia, em vez disso, poderiam ser metaforicamente destinadas a uma transformação social, política ou religiosa na história? Dois mil anos de tradição cristã tenderam a supor que esses textos devem ser compreendidos de maneira literal; porém, questionaremos isso, depois de examinarmos as "escatologias científicas".

O fim da civilização humana e o fim do mundo

Há muito tempo alguns têm advertido que "o fim está próximo". Esse não somente é um tema de perene fascinação para alguns religiosos, como também tem sido popular em inúmeros romances e filmes do século 20, tanto nos gêneros de ficção científica como nos de horror, muitos deles inspirados por *The war of the worlds* [A guerra dos mundos] (1898), de H. G. Wells. Em certa medida, essa preocupação cultural com o apocalipse futuro tomou o lugar do "catastrofismo" dos séculos 17 e 18. Essa era a crença de que a forma da terra, tal como a conhecemos atualmente, tinha sido arquitetada

ESCATOLOGIA CIENTÍFICA E NOVA CRIAÇÃO

em grande parte por enormes catástrofes de um passado relativamente recente, iniciando com o Dilúvio da época de Noé. A nova ciência da geologia tornou a crença no catastrofismo amplamente redundante, quando ficou claro, por meio de pesquisas realizadas no final do século 18 e na primeira metade do século 19, que a terra era inconcebivelmente mais velha do que os cerca de seis mil anos calculados por Ussher, e que, por sinal, tinha sido formada em grande parte por processos muito lentos e uniformes ao longo dessa vasta história, e não por catástrofes. Essa filosofia veio a ser conhecida como "uniformitarismo", e tem dominado o pensamento científico desde então, sobretudo contra algumas formas de catastrofismo. E isso não é verdadeiro apenas na geologia: o darwinismo é o exemplo óbvio de um modelo científico biológico que deve muito ao uniformitarismo.

No entanto, nas últimas décadas, houve um renascimento do interesse científico nas ideias catastróficas, juntamente com a apreensão em relação a uma catástrofe em potencial vinda do espaço, inspirados pela descoberta de que a extinção dos dinossauros, cerca de sessenta e cinco milhões de anos atrás, poderia ter sido provocada pelo impacto de um gigantesco asteroide de cerca de dez quilômetros de diâmetro. Este seria excepcionalmente grande; porém, um cometa ou asteroide de apenas cem metros de largura poderia causar hoje uma destruição imensa, e possivelmente milhões de mortes humanas. Sabe-se que houve extinções em massa ao longo da história da vida na terra, em média a cada trinta milhões de anos, e que é possível que algumas tenham sido causadas pelo impacto de um cometa ou de um asteroide. Isso levou a uma discussão política sobre como proteger a terra contra esses perigos provenientes do espaço. Há uma consciência crescente da fragilidade da vida neste planeta, o que inevitavelmente leva a questões teológicas.

Além do perigo vindo do espaço, o sol, nossa fonte de luz e calor (e, portanto, de vida), um dia tornará impossível a vida na Terra. O impacto de cometas e asteroides pode ser previsto com alguma antecedência, mas é absolutamente certo que um dia o sol extinguirá toda a vida na Terra. Ele está se expandindo lentamente e, daqui a cerca de cinco bilhões de anos, alcançará seu tamanho máximo como um "gigante vermelho", quando, então, seu raio terá aumentado de tal maneira que praticamente terá engolido o nosso planeta. Muito antes disso, porém, os mares e a atmosfera da terra já terão fervido. Para que a humanidade possa sobreviver num futuro muito distante, é preciso encontrar um lar alternativo no universo.

O fim do universo

Assim como acontece com a Terra, os físicos há muito suspeitam que o próprio universo tenha uma vida útil finita. As primeiras conjecturas, a partir do século 19, basearam-se na segunda lei da termodinâmica, que indica que todos os processos físicos tenderão a aumentar a quantidade de entropia (uma medida de aleatoriedade) em um sistema termicamente isolado. O resultado é que, com o tempo, a energia será distribuída cada vez mais uniformemente (isto é, aleatoriamente) por intermédio de um sistema até que se atinja a máxima entropia possível do sistema. Se o universo é um desses sistemas isolados, então isso sugere que a energia e a matéria atualmente localizadas em estrelas, planetas (e, no nosso caso, formas de vida), aos poucos se tornarão uniformemente distribuídas por todo o universo, levando à "morte por calor". Nesse momento, será impossível que nasçam novas estrelas, planetas ou formas de vida. Como disse James Jeans:

> Pode haver apenas um fim para o universo: uma "morte por calor", na qual a energia total do universo é distribuída uniformemente, e toda a substância do universo encontra-se com a mesma temperatura. Essa temperatura será tão baixa que tornará a vida impossível. Pouco importa por que caminho se chega a esse estado final; todos os caminhos levam a Roma, e o fim da viagem não pode ser outro senão a morte universal (Jeans, 1937:11).

No entanto, apesar da retórica de Jeans, essa não é de modo algum uma conclusão inevitável, e a questão continua sendo debatida na cosmologia moderna. É verdade que todo o universo pode realmente ser considerado um simples sistema isolado, do tipo governado pela segunda lei? E, se o universo está se expandindo, como sugere o modelo do *Big Bang*, então certamente sua entropia máxima possível também aumentará, talvez de forma mais rápida do que sua entropia real está crescendo, sugerindo que a morte por calor talvez nunca seja alcançada. Existe, por conseguinte, alguma incerteza, embora pareça seguro concluir que, à medida que o universo continuar se expandindo, se tornará cada vez mais frio, e talvez um dia torne-se totalmente inóspito. Isso também se revela uma consequência da solução mais provável para o modelo do *Big Bang*.

Embora o referido modelo tenha sido muito bem-sucedido em fornecer um quadro científico consolidado para a ampla evolução do universo até seu estado atual, sua capacidade de prever o futuro do universo no longo prazo

ESCATOLOGIA CIENTÍFICA E NOVA CRIAÇÃO

é severamente prejudicada por uma série de fatores, dentre os quais nosso desconhecimento da quantidade total de matéria no universo e, portanto, de sua densidade. O problema é que toda a matéria que pode ser observada pelos astrônomos representa apenas menos de 20% do total previsto. Supõe-se, portanto, que a maior parte da matéria do universo é invisível, ou "escura", embora as formas nas quais essa "matéria escura" se encontre exatamente seja desconhecida. Altamente misteriosa, e até agora resistente à observação experimental direta, a existência de matéria escura é inferida a partir das formas inexplicáveis de muitas galáxias e de sua distribuição espacial através do céu (Dobson, 2005:309-10).

E quanto ao futuro do universo? Este tem-se expandido até o presente, mas as soluções clássicas de Friedmann e Lemaître à teoria da relatividade geral de Einstein, feitas nos anos 1920, indicam que há três cenários possíveis para sua expansão futura, todos dependentes de maneira crítica da densidade do universo. Toda a questão está relacionada à densidade do universo com a força da gravidade que atua contra a expansão do *Big Bang*, procurando recompor o universo. Os modelos surgem, portanto, a partir de estimativas do quão forte é essa atração gravitacional em comparação com a precipitação do impulso em direção ao exterior.

Como a relatividade geral indica que a massa faz curva no espaço, quanto maior a densidade do universo, mais curvado será o espaço-tempo. O primeiro tipo de modelo apresenta a situação em que o universo é mais denso do que seu valor crítico. Nesse caso, a força da gravidade um dia superará a expansão, recompondo-a. Esse tipo de universo é dito "fechado", ou seja, tem tamanho finito, e seus limites são como a superfície de uma esfera. Se você sair de sua casa e seguir uma linha reta, acabará voltando a seu ponto de partida (Jastrow, 1992:49). O universo continuará a se expandir por talvez quinhentos bilhões de anos a partir de agora, antes que se contraia sobre si mesmo, numa dramática inversão do *Big Bang* inicial, apropriadamente chamado de o "Grande Colapso" (*Big Crunch*). É possível que um novo universo renasça das cinzas a partir do nosso universo atual; não obstante, toda a vida como a conhecemos terá cessado até lá, já que, no processo de colapsar sobre si mesmo, o universo terá encolhido a um tamanho microscópico e aquecido a temperaturas inviáveis, mesmo antes da possibilidade de um novo *Big Bang*.

O segundo cenário é aquele em que a densidade do universo é menor do que seu valor crítico. Esse modelo denota um universo "aberto", que é infinito em tamanho. Se você sair de casa e viajar em linha reta, jamais voltará ao ponto de partida. Da mesma forma, o universo continuará a se expandir indefinidamente e para sempre, como tem feito nos últimos quatorze bilhões de anos. Se esse for o caso, a temperatura do universo diminuirá gradualmente (como vem diminuindo desde o *Big Bang*), até que a vida como a conhecemos se torne impossível; esse é o cenário chamado de "Grande Congelamento" (*Big Freeze*).

No terceiro tipo de modelo, a densidade é exatamente igual ao seu valor crítico, e o universo é considerado "plano". Encontra-se no vértice entre estar "fechado" e "aberto", mas também é infinito; esse tipo de universo também resulta em um "Grande Congelamento".

É difícil ter certeza de qual desses três modelos relata melhor a realidade, já que tão pouco se entende sobre a massa total do universo, mas ela parece estar muito próximo de ser plana. Muitos cosmólogos suspeitam que nosso universo se tornará realmente plano, provavelmente por alguma razão subjacente mais profunda ainda desconhecida (Penrose, 2010:66; Krauss, 2012). Nesse caso, o universo continuará se expandindo indefinidamente para um futuro frio e escuro dentro de bilhões de anos.

No entanto, esses três cenários são agora vistos como um pouco simplistas (Penrose, 2010:59-67). Está tornando-se claro que o universo está se expandindo em um ritmo crescente, que não pode ser contabilizado nessas três soluções sem incluir um termo extra nas equações da relatividade geral, a infame "constante cosmológica". Einstein havia inicialmente incorporado essa constante a fim de criar um universo estático, mas depois a descartou quando o peso da evidência observacional começou a deixar claro que, afinal de contas, o universo não é estático. Na verdade, ele mencionou a constante cosmológica como o maior engano de sua vida. De forma irônica, os cosmólogos estão agora a reintroduzindo a fim de explicar a crescente expansão em relação àquela prevista pelas três soluções de Friedmann. A base física subjacente à constante cosmológica não está atualmente clara, e é geralmente interpretada sob a perspectiva da hipotética presença de "energia escura" no universo, que é invisível e misteriosa (correspondendo à presença de "matéria escura"), mas pode constituir até 70% da energia de massa do universo (Krauss, 2012:55).

Porém, com ou sem energia escura, há um futuro sombrio pela frente. À primeira vista, a vida dificilmente sobreviverá de forma indefinida, de acordo com cada um desses modelos, com ou sem a energia escura e a constante cosmológica de Einstein. Não se deve esquecer, porém, que a vida na Terra

ESCATOLOGIA CIENTÍFICA E NOVA CRIAÇÃO

se tornará impossível muito mais cedo do que qualquer um desses modelos sugere. O planeta será engolido talvez daqui a cinco bilhões de anos, quando o sol se expandir e se tornar um gigante vermelho. Para sobreviver a médio prazo no universo, os homens precisarão, portanto, encontrar outro lar, e isso antes mesmo que os problemas de longo prazo sejam considerados. Na verdade, encontrar outro lar também pode ser uma solução para o problema de longo prazo. O trabalho atual em cosmologia e física de partículas opera com a suposição de que poderia haver muitos outros universos além do nosso, e já se sugeriu que buracos negros em nosso universo poderiam funcionar como portas de entrada ("buracos de minhoca") para alguns desses outros universos mais jovens, antes que o nosso se torne inóspito (Wilkinson, 2010:17).

No entanto, houve várias sugestões científicas para o futuro distante que apontam para outras formas inovadoras de sobrevivência mesmo quando a vida biológica se tornar impossível neste universo. Esse cenário surge de uma afirmação feita por Freeman Dyson em um influente ensaio de 1979: a "vida" poderia continuar para sempre em um universo aberto, se fosse possível substituir a vida *biológica* por uma forma equivalente de existência sintética, mas consciente, uma forma capaz de processar informações. Uma possibilidade que ele sugere é a de uma nuvem de poeira auto-organizadora (Dyson, [1979] 2002:122). Se essa forma de "vida" fosse capaz de se manter a temperaturas muito baixas, então talvez fosse possível, argumenta Dyson, que essa "vida" continuasse indefinidamente. Essa é uma sugestão intrigante, e levanta muitas questões. A suposição de que a vida pode ser reduzida ao processamento de informações tem paralelos notáveis com a concepção gnóstica de que, em comparação com a realidade espiritual da alma, a realidade material é ilusória. Se a realidade material é a fonte da destruição (como os três modelos cosmológicos preveem), então se busca a fuga no domínio espiritual (processamento de informações).

Dyson preferiu pensar em matéria de um universo "aberto", simplesmente porque ele acreditava que isso oferecia um futuro mais agradável para a vida no longo prazo. Por outro lado, Frank Tipler produziu uma escatologia científica otimista, assumindo um universo fechado (Tipler, [1994] 1996). Por causa das altas temperaturas, toda a vida baseada em carbono se tornará impossível perto do Grande Colapso, explica Tipler. Entretanto, há um significado especial em relação ao ponto final, e é por isso que Tipler se refere a ele como o "ponto ômega"; esse ponto é equivalente a Deus no esquema de Tipler, segundo o qual, à medida que a capacidade tecnológica humana for melhorando, será possível um dia substituir a vida biológica por emulações computacionais mais resilientes, que, para todos os efeitos, estarão vivas. Perto do ponto ômega, será possível que a "vida", assim definida, se expanda e preencha o universo e, portanto, experimente sua totalidade. Ela se tornará onipresente, onisciente e onipotente, ou, em outras palavras, Deus. Ademais, toda forma de vida que já viveu poderá ser ressuscitada no ponto ômega como uma simulação de computador, uma vez que o pleno conhecimento do passado do universo estará disponível. O resultado é que, de acordo com Tipler, mesmo que o universo esteja terminando, ainda assim, quando o ponto ômega se aproximar, o tempo será experimentado como se estivesse efetivamente se estendendo de forma indefinida, e a vida será, para todos os efeitos, "eterna".

As sugestões de Tipler são altamente especulativas, e têm suscitado muitas críticas e descrença tanto de cientistas como de teólogos, sendo rotuladas como "ficção científica" por alguns (Barbour, 1997:218-19; Fergusson, 1998:90; Jackelén, 2006:961). De forma irônica, os cientistas são capazes, usando os métodos e descobertas da ciência, de formular hipóteses tão elevadas e, em última análise, tão otimistas quanto as tradicionais reivindicações da fé. Na verdade, alguns estudos a respeito de milagres como a travessia do Mar Vermelho indicam que os cientistas também são capazes de explicar alguns dos mais desafiadores milagres bíblicos usando a ciência (Harris, 2007). Parece haver pouca coisa que esteja fora do alcance de sua compreensão quando se trata de explicar as reivindicações da fé; essa observação levanta questões interessantes sobre a natureza e a definição do milagre como um problema científico/teológico. Tais questões estão além do escopo deste livro, mas basta dizer que escatologias científicas como as de Tipler, que propõem explicações naturais para os cenários mais aparentemente impossíveis e excêntricos (em termos humanos), são tão teológicas em suas afirmações quanto científicas.

É notável que as sugestões de Tipler tenham sido recebidas com ceticismo em especial por parte dos teólogos, que vivem e trabalham ao lado de afirmações igualmente excêntricas e estranhas em relação ao futuro, encontradas na Bíblia e nos credos. A diferença de entendimento parece dizer respeito à metáfora. Tipler desenvolve seu modelo usando ideias científicas, acreditando que é assim que a realidade *pode realmente se revelar*. Teólogos e estudiosos bíblicos, por outro lado, estão cientes de que as narrativas escatológicas da fé são, por natureza, metafóricas, um ponto ao qual voltaremos em breve. Todavia,

ESCATOLOGIA CIENTÍFICA E NOVA CRIAÇÃO

a abordagem de Tipler não pode ser tão facilmente descartada se esperamos olhar por meio das metáforas para melhor compreender o que realmente pode estar reservado para o futuro do universo (Hardy, 1996:156-7). O relato de Tipler poderia ser mais bem julgado como outra metáfora do futuro possível — com certeza, uma metáfora improvável, dado que agora acreditamos que nosso universo seja plano e não fechado —, mas, ainda assim, uma metáfora. Nesse caso, o ceticismo deve ser acompanhado de uma abertura à amplitude do que a cosmologia e a teologia podem ter a dizer uma à outra, pois no futuro escatológico elas se tornarão uma e a mesma disciplina. No momento, porém, o trabalho teológico sobre o futuro do universo é "bastante decepcionante" (Wilkinson, 2010:52), por causa de um compromisso e de uma compreensão limitada da cosmologia. Talvez o mais importante de tudo, quando levamos em conta as perspectivas bíblicas sobre a escatologia, seja a visão de que ela tem relevância direta para o *tempo presente* (não apenas para o futuro distante), indicando que existe um imperativo bíblico de engajamento com a escatologia e com suas consequências no presente. Como veremos, porém, isso exige uma visão muito mais sutil e abrangente da escatologia do que simplesmente aquilo que a ciência tem a dizer sobre o fim do mundo.

ESCATOLOGIA NA BÍBLIA

Nova criação

A ideia de um novo começo é particularmente abundante na Bíblia, especialmente no Antigo Testamento. Ela se expressa de muitas maneiras, às vezes usando linguagem mitológica, às vezes metáforas e alusões a pontos altos do passado de Israel (p. ex., o Êxodo, ou Davi como rei), e outras vezes usando imagens bem familiares do mundo natural e social. Nos profetas hebreus, as previsões de nova criação, renovação e redenção são particularmente vívidas, e o sentido é que o novo começo combina libertação concreta para o povo de Deus e uma nova sociedade (e às vezes um novo mundo natural também). A libertação é descrita de maneiras diferentes: é o cumprimento e a conclusão da obra de Deus na história de Israel, a correção final dos erros de Israel, o fim da opressão estrangeira, um tempo de prosperidade e harmonia inigualáveis em Israel, e a oferta definitiva de adoração a Yahweh no Monte Sião, em Jerusalém (p. ex., Amós 9:11-15; Oseias. 14; Isaías 2; 11; 35; Jeremias 31 e 32; Ezequiel 40—48; Joel 3; Zacarias 8). Ainda que faça uso frequente de imagens deste mundo, a redenção é sempre uma ação divina. Isso provavelmente explica por que ela se conecta às ideias de criação (a primeira ação divina no mundo), especialmente nos profetas posteriores: no Dêutero-Isaías (Isaías 40—55) e no Trito-Isaías (Isaías 56—66). Atinge sua apoteose na linguagem da "nova criação":

> Vejam, estou fazendo uma coisa nova!
> Ela já está surgindo! Vocês não a reconhecem?
> Até no deserto vou abrir um caminho
> e riachos no ermo (Isaías 43:19).

> Pois vejam! Criarei novos céus e nova terra, e as coisas passadas não serão lembradas. Jamais virão à mente! (Isaías 65:17)

O Dêutero-Isaías, escrito durante o exílio, estabelece conexões frequentes entre criação e redenção, muitas vezes misturando metáforas naturais e mitológicas da Criação com metáforas do Êxodo (Isaías 40:3-5,27-31; 41:17-20; 42:5-9,16; 43:1,2,5-7,14-21; 44:1-5; 45:11-13; 48:20,21; 49:8-13; 51:9-11; 55:10-13). O Trito-Isaías, escrito provavelmente depois do retorno a Jerusalém, torna a ideia de nova criação ainda mais explícita, narrando a futura redenção como a formação de um novo mundo físico ("novos céus" e "nova terra"; Isaías 65:17; 66:22).

Embora a ideia de "nova criação" como uma nova formação dos céus e da terra (isto é, do universo físico) só se articule explicitamente no Trito-Isaías, ela é contínua com a linguagem mais ampla da redenção nos profetas, e também com a linguagem do juízo, que às vezes é expressa em termos igualmente cósmicos, mesmo que deva ser entendida metaforicamente como um desastre político (e não cósmico, como, por exemplo, Isaías 2:5-22). Os profetas hebreus tendem a justapor mensagens de juízo com mensagens de redenção; críticas, por um lado, e esperança de uma nova criação, por outro, quer estejam falando da perspectiva do mundo físico, quer estejam falando dos universos social, político ou religioso. E, porque a mensagem de esperança de redenção é (a) *uniforme*, no sentido de que fala sempre de renovação, e (b) *metafórica*, no sentido de que envolve muitas imagens diferentes do mundo humano e do mundo natural, vamos agrupá-la, portanto, sob o abrangente termo "nova criação". Não podemos esquecer que, se o termo "nova criação" traz à mente pensamentos sobre o fim literal deste mundo, então não está claro se os profetas hebreus pensaram de maneira tão literal. O Trito-Isaías

ESCATOLOGIA CIENTÍFICA E NOVA CRIAÇÃO

pode ter registrado a previsão de que Deus está prestes "a criar novos céus e nova terra" (Isaías 65:17), sugerindo um novo universo físico, mas é inteiramente possível que ele estivesse se referindo a isso como uma metáfora para a transformação política neste mundo (Wilkinson, 2010:63). Exploraremos essa possibilidade em breve.

Apocalíptica

Antes de contar como a linguagem da redenção e da nova criação foi adotada pelo Novo Testamento, devemos levar em conta uma tendência importante no intervalo de tempo entre o Antigo e o Novo Testamento. Não se sabe exatamente como isso aconteceu, mas parece que, nos séculos logo após o retorno do exílio (descrito em Esdras e Neemias), o gênero da profecia escrita cessou ou se transformou em um novo tipo de visão para o futuro: a visão "apocalíptica".

Tem havido muita discussão, assim como muita discordância, sobre como definir esse gênero, mas, de maneira geral, diz-se que ele contém interesse em mostrar visões de cenas celestiais e acontecimentos futuros terríveis, muitas vezes acompanhados por intermediários angélicos, viagens celestiais, símbolos codificados e imagens excêntricas. Também se pensa que o gênero apocalíptico surgiu particularmente em comunidades que se sentiam, de alguma forma, isoladas e ameaçadas, talvez por causa de perseguições religiosas. Se os profetas hebreus clássicos do século oitavo a.C. (Amós, Oseias, Miqueias e Trito-Isaías) tenderam a enquadrar suas esperanças de futuro com relação a uma renovação social e política *neste* mundo, então as comunidades apocalípticas muitas vezes apresentaram suas esperanças em termos mais cósmicos, articulando um novo começo divino que necessita, em primeiro lugar, de um fim dramático para esta ordem mundial, seguido por um juízo divino e por uma afirmação da pureza ética da comunidade apocalíptica (Hanson, 1975:11-2). Compreendida de modo literal, a "nova criação" não se tornou um símbolo de renovação deste mundo, mas de "novos céus" e "nova terra" (Isaías 66:22). Uma questão importante, à qual retornaremos, é se estes "novos céus" e "nova terra" tencionavam ser lidos de maneira literal.

Há relativamente poucos exemplos de textos apocalípticos no Antigo Testamento (os principais são Daniel 7—12, e talvez Isaías 24—27 e Zacarias 9—14), mas existem muitos após o período do Antigo Testamento. O Novo Testamento usa vários conceitos e imagens apocalípticos como sua *língua franca*. A esperança cristã da ressurreição dos mortos provavelmente deriva, em última análise, da visão da ressurreição descrita pela primeira vez em Daniel 12, em que "multidões que dormem no pó da terra acordarão: uns para a vida eterna, outros para a vergonha, para o desprezo eterno" (v. 2). Paulo vê Cristo como as "primícias" (1Coríntios 15:20,23) dessa visão, e boa parte da esperança de redenção e nova criação que foi expressa nos profetas hebreus e na literatura apocalíptica torna-se, no Novo Testamento, especialmente focalizada na pessoa e na obra de Cristo e, portanto, já realizada em certa medida nele.

De maneira semelhante, Paulo ensina que os cristãos vivem simultaneamente no antigo mundo e no novo, e grande parte de seu ensino ético assume essa tensão (p. ex., 1Coríntios 5—7). Na verdade, é em Paulo que a expressão "nova criação" aparece de modo explícito, mas ele a usa mais para referir-se ao estado espiritual totalmente novo dos cristãos do que a um novo universo físico (2Coríntios 5:17; Gálatas 6:15). Assim, embora Paulo possa falar de sua esperança na transformação futura de toda a criação (Romanos 8:18-25), fica claro que ela já foi parcialmente realizada na vida da comunidade cristã, especialmente por meio de sua experiência do Espírito Santo (2Coríntios 1:22).

No entanto, ao lado da sensação de que as esperanças escatológicas foram parcialmente cumpridas por meio da vida e da obra de Cristo, e mediante a presença do Espírito Santo nos cristãos, existe também uma clara esperança futura, muitas vezes expressa em termos que evocam mudanças físicas cataclísmicas, e possivelmente até mesmo o fim do mundo (p. ex., Marcos 13; Hebreus 1:10-12; Apocalipse 15—19). A segunda vinda de Cristo aparece com destaque nos Evangelhos sinóticos, e de modo muito significativo em Paulo (1Tessalonicenses 4:13-18). O Evangelho de Mateus, em especial, também relaciona esses acontecimentos ao dia do juízo, que resultará em condenação para uns e em salvação para outros (p. ex., Mateus 25:31-51). O livro de Apocalipse é uma revelação completa que prevê acontecimentos que abalarão (literalmente) a terra no futuro, quando a redenção for trazida para os fiéis. Os "novos céus" e a "nova terra" em Apocalipse 21 narram uma visão de redenção futura que é inteiramente universal em seu escopo, uma vez que "o primeiro céu e a primeira terra tinham passado" (v. 1). Da mesma forma, na imagem de 2Pedro 3, os "céus e a terra que agora existem" (v. 7) serão consumidos pelo fogo no "dia do Senhor" (v. 10), quando o juízo acontecerá. Essas imagens representam uma síntese de várias outras presentes no Antigo Testamento (p. ex., Isaías 66; Malaquias 3 [VP 4]), e se transformaram em uma mensagem séria de destruição e juízo. Essa mensagem tem sido mantida de

ESCATOLOGIA CIENTÍFICA E NOVA CRIAÇÃO

forma relativamente literal na tradicional expectativa cristã de juízo e condenação ao inferno para aqueles que não se arrependem, e de céu para os bem-aventurados. Mas será que ela deveria ser interpretada de modo literal?

A questão da realidade

Vários estudiosos têm argumentado fortemente que a linguagem escatológica e apocalíptica da Bíblia, especialmente nos momentos em que ela parece prever o fim do mundo, sempre se destinou a ser entendida de maneira metafórica (p. ex., Caird 1980; Wright, 1992, 1996). Por outro lado, a tendência dominante nos estudos do século 20 foi de interpretar essa esperança de modo literal, principalmente desde o estudo pioneiro de Albert Schweitzer sobre o Jesus histórico, em 1906, o qual apresentou a ideia de que Jesus era motivado pela expectativa iminente de um apocalipse literal: o fim do mundo. Diante da crença cristã tradicional, que também tende a interpretar a linguagem apocalíptica de modo literal, é um exercício interessante questionar esses pressupostos tácitos da fé. Afinal de contas, a literatura poética e profética da Bíblia está repleta de imagens metafóricas, e em muitos casos ninguém jamais pensaria em tomá-la literalmente, como, por exemplo, com a famosa declaração "O SENHOR é meu pastor" (salmo 23). Grande parte da linguagem apocalíptica compreende claramente descrições metafóricas da natureza de Deus e de sua obra no mundo, as quais, uma vez que dizem respeito ao divino, quase por definição só podem ser entendidas metaforicamente. Porém, isso se torna mais difícil quando o texto fala de acontecimentos no futuro. Por exemplo, quando Isaías previu que "as estrelas do céu serão todas dissolvidas, e os céus se enrolarão como um pergaminho" (Isaías 34:4), estava falando do fim do mundo ou de algo mais sutil? Nesse caso, o texto nos fornece pistas que tornam essa imagem bastante simples de ser interpretada, e Caird (1980:115) assinala que esse texto não deve ser tomado como uma expectativa literal de que o mundo físico acabaria, mas, sim, como uma evocação vívida do juízo da política da nação rival de Edom (Isaías 34:5).

À luz disso, os ensinos escatológicos de Jesus têm provocado controvérsia no academicismo moderno. Eles devem ser compreendidos de maneira literal ou metafórica? E, se devem ser compreendidos metaforicamente, são metáforas de quê? Por exemplo, quando se diz que Jesus prevê que o sol e a lua seriam escurecidos, as estrelas cairiam dos céus e o Filho do homem viria novamente nas nuvens (Marcos 13:24-26), essa seria uma expectativa literal de que o mundo acabaria no advento físico do Filho do homem do céu? Ou era uma linguagem inteiramente codificada, utilizando-se de imagens derivadas do Antigo Testamento, a fim de realizar uma transformação social, política ou religiosa de Israel no tempo e no mundo reais? Alguns estudiosos contornam essa difícil questão argumentando que Jesus nunca disse essas coisas, mas que elas foram colocadas em seus lábios pelos primeiros cristãos, que tinham um desejo intenso de seu retorno físico (p. ex., Allison, 1998 argumenta contra Wright, 1996; veja Allison *et al.*, 2001). Por exemplo, o Seminário Jesus, como um grupo de estudiosos, rejeitou em grande parte como não autênticos os ditos apocalípticos associados a Jesus, acreditando que fossem tradições posteriores da igreja primitiva (Funk *et al.*, 1993). Por outro lado, outros estudiosos (p. ex., Sanders 1985), no espírito de Albert Schweitzer, acreditam que os ditos apocalípticos não somente são autênticos, como até mesmo nos fornecem o conteúdo central do ensino do Jesus histórico. Outros estudiosos (especialmente N. T. Wright, 1992, 1996) acreditam que os ditos de Jesus são autênticos, mas argumentam que eles devem ser interpretados metaforicamente. Na reconstrução do Jesus histórico feita por Wright, os ditos apocalípticos funcionam como o aviso codificado de Jesus de um juízo social e político iminente sobre Israel (1996:96-7). Lidos de forma literal, eles podem parecer contar o fim do mundo, mas Jesus queria que significassem (e eles foram compreendidos assim por seus ouvintes, segundo Wright) como metáforas de um desastre político. É claro que esse desastre se tornou realidade em 70 d.C., pela ação dos romanos.

No decorrer do caminho, Wright (1992:298-9) chama a atenção para um ponto que é particularmente importante para nossos propósitos: a razão pela qual os estudiosos modernos estão dispostos a interpretar literalmente os ditos apocalípticos de Jesus desde Schweitzer se deve à influência generalizada, mas sutil, do deísmo nos tempos modernos, no qual o mundo é concebido como um sistema autossuficiente, e em grande parte fechado à influência divina; Deus normalmente está ausente, mas pode intervir de forma pontual, mas em descontinuidade radical com a ordem do mundo. Se Wright estiver certo, então os estudiosos tendem a pensar de uma perspectiva deísta, supondo que, quando o discurso apocalíptico fala do fim do mundo, ele só pode querer dizer isso de forma literal: que Deus simplesmente não age no mundo a não ser para acabar com ele e começar tudo de novo, com todo um novo universo no espaço-tempo (uma nova criação literal). Se esse for o caso, não é de admirar que alguns estudiosos questionem a autenticidade dos ditos apocalípticos de Jesus: o que realmente estão fazendo é questionar uma leitura deísta da escatologia bíblica.

ESCATOLOGIA CIENTÍFICA E NOVA CRIAÇÃO 227

Nesse caso, temos de responder à questão da realidade implícita subjacente aos ditos apocalípticos atribuídos a Jesus, não tanto à questão de sua autenticidade.

Essa mencionada realidade levanta questões importantes. Em nossa própria época, a ciência é considerada a medida preeminente do que constitui a realidade no mundo físico e, no entanto, tem revelado muitas surpresas contraintuitivas e mistérios persistentes sobre a natureza da realidade (cap. 1). Ademais, os filósofos da ciência têm ressaltado que, metodologicamente, a ciência não descobre a realidade de alguma maneira direta. A discussão detalhada dessa questão está além do âmbito deste livro, mas basta dizer que há várias escolas de pensamento que vão desde o "realismo ingênuo", em uma extremidade do espectro, que sustenta que os modelos científicos nos dizem o que realmente acontece no mundo, até o "instrumentalismo", que sustenta, em vez disso, que são ferramentas úteis ("instrumentos") para prever os resultados das observações e das experiências, mas não revelam a realidade subjacente em si mesma (Barbour, [1974] 1976:34-8). Um tipo popular de posição "intermediária" é aquela conhecida como "realismo crítico". De forma semelhante ao realismo ingênuo, a vertente crítica considera os modelos científicos autênticas representações da realidade, mas reconhece que eles também são construções humanas, sendo, portanto, incompletos e provisórios. Vários cientistas-teólogos proeminentes (Barbour, Hodgson, Peacocke, Polkinghorne) declararam apoio ao realismo crítico em seu próprio pensamento, assim como alguns estudiosos do Novo Testamento (p. ex., N. T. Wright e J. D. G. Dunn), os quais o veem como uma analogia útil para sua abordagem das sutilezas de tentar extrair a realidade histórica dos textos bíblicos.

Esse espectro de abordagens levanta a questão do que se constitui exatamente a realidade, e como podemos compreendê-la. Uma observação semelhante pode ser feita sobre o texto bíblico e nossa capacidade de descobrir a verdadeira realidade a que ele se refere, especialmente quando fala do sobrenatural da perspectiva deste mundo. Por essa razão, a interpretação dos milagres, das revelações divinas e, naturalmente, da natureza de Deus nos textos bíblicos está repleta de complexas questões interpretativas.

As previsões de Jesus sobre o futuro

O debate sobre se a linguagem apocalíptica de Jesus eventualmente tem a intenção de ser entendida de forma literal ou metafórica é um bom exemplo da dificuldade hermenêutica envolvida na determinação da realidade subjacente a um texto. Na melhor das hipóteses, predizer o futuro em qualquer campo é sempre algo cheio de grandes incertezas. Porém, a princípio, normalmente acreditamos que devemos ser capazes de compreender a realidade para a qual a previsão aponta, quer ela venha ou não a acontecer. Não é esse o caso aqui.

Tomemos um exemplo específico: o discurso apocalíptico de Jesus (Marcos 13; Mateus 24 e 25; Lucas 21), especialmente sua previsão de "terremotos em vários lugares" (Marcos 13:8). Isso funciona como um sinal do fim iminente do mundo, culminando com o retorno do Filho do homem "vindo nas nuvens com grande poder e glória" (Marcos 13:26). Uma vez que os terremotos são relativamente bem compreendidos pela geologia, poderíamos aplicar a essa imagem as descobertas da ciência moderna. Se assim fosse, descobriríamos rapidamente que essa imagem deriva, em última análise, do fato de que a terra de Israel é propensa a terremotos em razão da presença da falha transformante do Mar Morto. Talvez não seja surpreendente que o terremoto seja uma imagem difundida nas literaturas profética, poética e apocalíptica da Bíblia, geralmente funcionando como uma imagem da revelação ou do juízo divino (p. ex., Juízes 5:5; Jó 9:6; Isaías 5:25; Zacarias 14). A ciência é capaz de lançar luz sobre essa imagem e explicar como a experiência pessoal provavelmente a tornaria mais vívida para aqueles que vivem na área. É bem possível, claro, que também tenha sido amplamente compreendida pelos ouvintes e leitores da época em que o discurso sobre terremotos em certos contextos era, na verdade, um código para algo completamente diferente, talvez mesmo uma convulsão política. Contudo, a menos que o texto indique que essa era a realidade subjacente à imagem, não temos praticamente nenhum meio de saber.

Há, na verdade, um lugar nas previsões apocalípticas de Jesus em que os evangelistas, por sinal, oferecem uma clara indicação de que existe uma realidade codificada atrás de pelo menos uma das imagens usadas, a do "sacrilégio terrível": "Quando vocês virem o sacrilégio terrível no lugar onde não deve estar — quem lê, entenda —, então os que estiverem na Judeia fujam para os montes" (Marcos 13:14). O enigmático comentário editorial de Marcos, "quem lê, entenda", indica que há mais aqui do que se pode ver, e a versão posterior de Mateus adiciona maior clareza, acrescentando que estará no "Lugar Santo" (o Templo de Jerusalém?) e "do qual falou o profeta Daniel" (Mateus 24:15). Dado o indiscutível e elevado grau de familiaridade com o livro de Daniel que as primeiras comunidades cristãs devem ter desfrutado, a inserção de Mateus não parece ser necessária, porque o "sacrilégio terrível" (ou "o abominável da desolação") é um motivo recorrente no livro de Daniel (Daniel 9:27; 11:31; 12:11), e que provavelmente se refere à profanação do Templo de Jerusalém na época da revolta dos Macabeus, durante o segundo século a.C. (1Macabeus 1:54). As adições de Mateus foram feitas muito provavelmente para assegurar que seus leitores entendessem à perfeição que essas palavras de Jesus deveriam ser lidas com referência à cataclísmica destruição do Templo de Jerusalém, em 70 d.C., pelas mãos dos romanos, o que muito provavelmente já havia acontecido quando Mateus estava escrevendo (mas que ainda estaria no futuro para Jesus). A expressão "quem lê, entenda" de Marcos — apesar de ser claramente uma codificação — simplesmente não foi suficientemente explícita para Mateus. O fato de os evangelistas fornecerem essas misteriosas pistas sem explicá-las de forma mais clara (do nosso ponto de vista) sugere que eles consideram esse texto uma mensagem codificada em relação a uma realidade sociopolítica em seu tempo, isto é, *não* como o fim do mundo.

No entanto, existe aqui algum grau de incerteza. Poderíamos deduzir que, no caso de Mateus, o "sacrilégio terrível" se refere à destruição do Templo de Jerusalém; porém, isso é incerto, e temos ainda menos certeza de que é a isso que Marcos se refere (A. Y. Collins, 2007:608-12; Marcus, 2009:889-91). Se esse for o caso do único dito do discurso apocalíptico de Jesus que é deliberadamente decodificado pelos evangelistas, deparamos com uma dificuldade ainda maior ao tentar descobrir a realidade por trás dos outros sinais desse discurso. Não é de admirar, pois, que os leitores modernos tendam a interpretar o discurso de modo literal, ou então o desconsideram como uma parábola excêntrica e de pouca relevância para a vida moderna. Temos, portanto, algo em paralelo com as histórias sobre a criação em Gênesis, que, como assinalamos no tópico "Gênesis 1 e ciência moderna" do capítulo 2, tendem a ser lidas de forma literal ou, então, como "poesia" sem, contudo, atentar às realidades subjacentes mais profundas. Como os textos do Gênesis, os ditos apocalípticos podem apontar para muitas realidade subjacentes diferentes, mas temos poucas maneiras de saber isso. Esse é tanto o problema como a oportunidade da metáfora, que pode assumir o lugar da coisa a que se refere de forma tão bem-sucedida que, ao se recontá-la, torna-se inadvertidamente a realidade a que se refere.

Existe ainda outra dificuldade a respeito do fato de que qualquer descrição da ação divina deva ser metafórica por definição. Isso é verdade, quer se trate de acontecimentos escatológicos no futuro, quer se trate de acontecimentos do passado histórico, como as histórias de milagres da Bíblia. Eles falam da realidade divina em relação à realidade material deste mundo; são inerentemente metafóricos. Isso é verdadeiro antes mesmo de começarmos a fazer a difícil pergunta "o que realmente aconteceu" sobre uma história de milagre. Não temos acesso direto à realidade objetiva subjacente ao texto além do que o texto nos diz, o que, como dissemos, é, na verdade, uma metáfora da realidade divina.

Por outro lado, há muitos lugares na Bíblia nos quais o estudo histórico pode afirmar que ela está, na verdade, falando de realidades históricas e materiais que podemos compreender a partir de nossa própria experiência, e algumas podem até mesmo ser verificadas de maneira independente. Os relatos de reis e campanhas militares são bons exemplos disso (veja "Datas e números", no cap. 4), e o realismo crítico que já mencionamos é uma abordagem perfeitamente substancial a ser utilizada no estudo histórico *desse tipo de texto*. Existe, no entanto, uma diferença profunda quando estamos procurando compreender um texto bíblico que se refere a algo *inteiramente fora de nossa experiência*, como um milagre, ou uma ação divina, mesmo de criação. As profecias da nova criação, por sua própria natureza, dizem respeito à ação divina, e a uma *nova* ação a esse respeito. É evidente que todo o discurso sobre o contato entre o divino e o terreno deve ser, então, inerentemente metafórico: uma tentativa de explicar o sobrenatural sob a perspectiva do nosso mundo. Mas isso é tudo que podemos fazer: falar da nova criação usando a linguagem de nossa criação, imagens de nosso mundo que se referem a uma realidade que vem de outro mundo.

A nova criação é, portanto, por sua própria natureza, uma incógnita. Simplesmente não temos controle sobre sua realidade (como ela será), pois é fundamentalmente *nova*, e um ato *divino* de *criação*. Existem aqui três camadas imediatas de metáforas, e devemos acrescentar a complicação adicional de que não temos a chave para revelar o código por trás de muitas das imagens apocalípticas associadas a Jesus.

Se parece que estamos todos à deriva ao tentar compreender a realidade subjacente à nova criação, há um ponto fixo teológico (Fergusson, 1998:93-4). A imagem da segunda vinda de Cristo, sobre as nuvens com os anjos, tende a dividir os cristãos fundamentalistas — que discutem sobre a natureza do "arrebatamento" e as interpretações pré-milenaristas, amilenaristas e pós-milenaristas de Apocalipse 20 — de muitos outros cristãos que, em relação a isso, são adeptos a certo grau de agnosticismo, sem dúvida por causa de seus tons exagerados e mitológicos. Mas, no fundo, a ideia da segunda vinda articula um importante ponto teológico sobre o viés cristão em relação à nova criação. Assim como Deus escolheu revelar-se humano na encarnação, a fim de redimir a criação, ele o fará novamente em sua consumação. Essa é a razão pela qual o Novo Testamento é capaz de colocar Cristo tanto na fundação do mundo como em seu cumprimento final e na reparação do Último Dia: sua ressurreição demonstra seu papel no passado da criação, fornece aos crentes esperança e propósito na presente criação, indica que seus ensinos éticos devem ser levados a sério e aponta para a realidade do futuro na nova criação. A ressurreição de Jesus é a chave.

Ressurreição e uma terceira categoria de criação: criação "a partir do antigo" (ex vetere)

É útil, neste momento, detalhar as categorias teológicas da criação. A nova criação corresponde à *creatio ex nihilo* ou à *creatio continua*? Um pouco de reflexão indica que precisamos de uma terceira categoria, pois uma criação que redime a antiga deve ser, em certo sentido, uma transformação da antiga, ao mesmo tempo que oferece uma ruptura total com ela; não é uma criação "a partir do nada", nem um ato "contínuo" de criação. Polkinghorne (1994:167) sugeriu de maneira útil o termo *creatio ex vetere* — "criação a partir do antigo".

O primeiro exemplo bíblico que demonstra que a nova criação é uma transformação "da antiga" é a ressurreição de Jesus. A tradição do túmulo vazio (Mateus 28; Marcos 16; Lucas 24; João 20) indica que os evangelistas acreditavam que a ressurreição de Jesus foi corporal (isto é, que o Jesus ressurreto não é um ser puramente espiritual) e, no entanto, se compreendidos de modo literal, eles também parecem ter acreditado que era mais do que a ressurreição de um cadáver, uma vez que mencionam Jesus como capaz de feitos impossíveis, tais como a capacidade de aparecer e desaparecer à vontade, de caminhar através das paredes e de ascender a Deus pela eternidade. Do mesmo modo, a célebre descrição que Paulo faz do corpo da ressurreição em 1Coríntios 15 pode ser altamente alusiva, usando imagens variadas dos mundos celestial e terreno e, no entanto, antecipa de modo claro um novo tipo de realidade, que de alguma maneira está inextricavelmente relacionada à antiga (1Coríntios 15:35-57). Paulo pode até relatar o corpo da ressurreição como um "corpo espiritual", mas, ainda assim, é um "corpo" (1Coríntios 15:44), embora "imperecível" e "imortal".

Grande parte dessa linguagem, tanto nos Evangelhos como em Paulo, é altamente metafórica; no entanto, considerada em conjunto, sugere um estado de existência que é reconhecidamente humano e físico, e ainda assim representa uma transformação em algo novo e desconhecido. E, considerando que a igreja cristã sempre sustentou que a ressurreição de Jesus é o precursor daquilo que os crentes podem esperar na nova criação, então essa ressurreição é fundamentalmente uma transformação *redentora*: redimiu a morte de Cristo na cruz, e também está envolvida em sua atividade redentora pelo "pecado do mundo" (João 1:29). Essa é uma mensagem de profunda esperança: a antiga criação não é rejeitada, mas é a matéria-prima do que está por vir. Qualquer que seja a ideia cristã a respeito da nova criação, deve ter em seu cerne a ressurreição de Jesus.

No entanto, muitos cristãos, diante da dificuldade de acreditar em um milagre desse tamanho, preferiram pensar na ressurreição de Jesus em termos espirituais e no céu como uma realidade espiritual, onde as almas não físicas dos bem-aventurados residem por toda a eternidade. Nesse caso, a "ressurreição" se torna uma metáfora dualista para a libertação da alma do corpo material na morte, a fim de que possa unir-se a Deus. Isso pode evitar o desafio da materialidade, mas é também uma manifestação da crença gnóstica. Por essa razão, muitos teólogos modernos resistem em falar da alma como uma entidade separada do corpo humano, e estão inclinados a falar do ser humano como uma unidade psicossomática. Mascall assinala que o cristianismo tem tentado manter de maneira persistente — muitas vezes contra as probabilidades, com certo embaraço — que nossa condição final não é apenas a imortalidade espiritual, mas a ressurreição do corpo, como demonstrou Jesus. Isso tem consequências profundas para todo o cosmo:

> Por que somos por natureza seres físicos ligados por nosso metabolismo corporal tanto uns aos outros como ao resto do mundo material ("O que quer que a Sra. T. coma", o Sr. de la Mare nos lembrou, "se transforma na senhora T."), nossa ressurreição envolverá nada menos que a transformação de toda a ordem material (Mascall, 1956:17).

Para ser mais preciso, a ressurreição do corpo implica a transformação de todo o cosmo, incluindo todas as criaturas que atualmente sofrem em sujeição ao "lado obscuro" da evolução. Ela oferece salvação em potencial para toda a criação, que se encontra atualmente em "escravidão da decadência" (Romanos 8:21) e é "perecível" (1Coríntios 15:42).

A tentativa de compreender o que está por trás dessas previsões — que devem ser metafóricas em maior ou menor grau — é um teste extremo à

ESCATOLOGIA CIENTÍFICA E NOVA CRIAÇÃO

nossa imaginação. A Bíblia prevê que "não haverá mais morte [...] nem dor, pois a antiga ordem já passou" (Apocalipse 21:4), mas é difícil imaginar como um sonho dessa natureza seria uma possibilidade verdadeiramente biológica, tendo em vista nosso conhecimento científico atual. Sabemos que a decadência e a perecibilidade — juntamente com o sofrimento, a dor e a morte — são (paradoxalmente) essenciais para o florescimento da vida biológica neste mundo de recursos finitos. E a facilidade de sentir dor física, por exemplo, é uma importante função biológica protetora (pelo menos nos seres humanos), sem a qual, inconscientemente, infligiríamos ferimentos terríveis a nós mesmos no curso da vida cotidiana — "a dádiva da dor" (Murray, [2008] 2011:112-21). No entanto, esperamos que o sofrimento e a morte sejam coisas do passado na vida por vir. De que forma, isso não sabemos. Mas, quanto mais ciência aprendemos, mais estranho e impossível parece ser um mundo tão transformado. Não devemos esquecer, porém, que as previsões bíblicas são metáforas de uma esperança inimaginável que não deve ser lida ou imaginada de maneira muito literal; caso contrário, todo o gênero será mal compreendido.

Ainda assim, para compreender a natureza arrebatadora de tais metáforas em nosso mundo moderno, temos de falar fundamentalmente das leis da natureza: como poderiam mudar para alcançar tal transformação? Será que elas podem mudar, em primeiro lugar? Até que ponto a ciência atual pode contribuir para essa discussão? (Observe que os cosmólogos já especulam que as leis da física podem ser diferentes, nas diferentes partes do multiverso.) Também precisamos falar de nossa própria identidade e continuidade. Se formos falar de uma ressurreição e de uma transformação literais, serei ressuscitado no corpo em que morri, ou no corpo que eu tinha aos 21 anos de idade? Espero que a existência da ressurreição envolva alguma descontinuidade com minha existência atual para que ela se torne "imortal". Mas o que será essa descontinuidade? O que deve permanecer em continuidade para que eu continue sendo "eu", e o que pode ser transformado? As perguntas proliferam e se tornam rapidamente absurdas, mas não são de modo algum novas. Agostinho as considerou em profundidade (*Enchiridion* 84-92; veja Mascall, 1956:19), assim como Paulo, séculos antes dele (1Coríntios 15:35-54).

A resposta a esse enigma parece ser pura e simplesmente a *esperança*. Esta deve permanecer nos propósitos de Deus como um grande "mistério", a saber, que "todos seremos transformados" (1Coríntios 15:51). Jackelén (2005:215) assinalou sabiamente que, quanto mais esperamos uma continuidade pessoal entre a forma de nossa existência atual e o mundo por vir, menos liberdade concedemos a Deus para realizar a transformação do "lado obscuro" dessa criação. Portanto, ao nos entregarmos à esperança *incondicional* nos propósitos de Deus, seremos capazes de encontrar nosso verdadeiro eu.

Desse modo, encontramos um novo entendimento do retrato de Romanos 8, em que toda a criação espera ansiosamente por algo que hoje não está claro, "a revelação dos filhos de Deus" (v. 19, NAA). Isso também é algo que não está claro para nós. A ressurreição de Cristo *ex vetere* demonstra o padrão para sua transformação, e é o único ponto fixo, mas sobre o qual não sabemos praticamente nada, exceto o que nos dizem os textos bíblicos.

É fundamental, por conseguinte, tanto para manter a natureza misteriosa e divina da futura transformação escatológica como para manter certo grau de circunspecção crítica em relação aos textos bíblicos, que eles não sejam constrangidos em demasia.

No entanto, devemos observar que vários estudos já tentaram fornecer perspectivas científicas sobre a ressurreição de Jesus, a fim de investigar o que pode ser dito fisicamente sobre a nova criação. Uma sugestão, por exemplo, é que essa nova criação exista como uma nova dimensão, ou um universo paralelo que, de alguma maneira, se cruza com o nosso (Polkinghorne, 2011:107). Essas ideias encontram-se em um estágio inicial: estão em grande parte apenas começando a mapear algumas das questões em potencial (Polkinghorne, 1994, 2002, 2005; Russell, 2002a, 2002b) e, com exceção de Wilkinson (2010), os textos bíblicos quase não são considerados. Mas essa é uma omissão crítica, porque os textos sobre a ressurreição contêm muitos problemas interpretativos pertinentes. Não podemos simplesmente assumir que o Jesus ressurreto, conforme descrito no Novo Testamento, pode ser tomado como um dado para a reconstrução das características físicas da nova criação, quando, na verdade, *os textos do Novo Testamento é que são os dados, não o Jesus ressurreto*. Não só estamos necessariamente a remover o objeto de investigação (o Jesus ressurreto), como também essa é uma remoção ao mesmo tempo altamente significativa e complexa, sob uma perspectiva hermenêutica. Existe diversidade suficiente nas várias tradições bíblicas da ressurreição para indicar que não podemos simplesmente harmonizá-las entre si. Enquanto Lucas, por exemplo, se esforça para enfatizar a natureza *terrena* do Jesus ressuscitado (p. ex., Lucas 24:39-43), Paulo enfatiza o lado *sobrenatural* do corpo da ressurreição (1Coríntios 15:50). Com isso, descobrimos imediatamente que

ESCATOLOGIA CIENTÍFICA E NOVA CRIAÇÃO

temos duas observações bem relevantes que não são coerentes. Portanto, se quisermos respeitar a diversidade dos textos, quaisquer conclusões que tirarmos das tradições da ressurreição serão mais complexas e mais preliminares do que têm sido até agora.

Outras dificuldades surgem a partir desses pontos. Assim como ocorre com os ditos apocalípticos de Jesus, as tradições da ressurreição dizem respeito a uma realidade que está literalmente fora deste mundo, uma tentativa de mostrar a redenção escatológica divina nos termos do nosso mundo atual. Isso significa que quaisquer conclusões que delas retiremos são alusões teológicas, e não provas físicas que podem ser tratadas de maneira científica. Isso não é uma negação enfática da ressurreição, nem dos relatos dos Evangelhos, mas um aviso metodológico sobre as limitações da ciência, e dos tipos de textos com os quais estamos lidando. Quaisquer conclusões científicas feitas a partir de um estudo desse tipo são, na melhor das hipóteses, análogas, e, além disso, são *interpretações* do texto, não afirmações objetivas sobre uma realidade que existe além dele. Essa pode ser uma simples observação, mas muitas vezes não é apreciada no campo da ciência-teologia, assim como o importantíssimo contexto das tradições da ressurreição no Novo Testamento: elas são descritas a fim de fornecer orientação ética e apoio pastoral para a vida dos cristãos *na era atual*; elas apenas denotam a vida no futuro distante na medida em que for relevante à questão de como viver a vida agora (p. ex., 1Coríntios 6:9-20; 15:58).

Nova criação e a possibilidade da criação cíclica

A consideração do ponto de vista escatológico da Bíblia nos leva a pensar mais profundamente sobre sua visão de tempo. Já assinalamos (veja "O fim do tempo?", no cap. 4) que, se tomarmos a visão mais longa, do começo ao fim, existe um sentido no qual uma visão linear do tempo deve ser modificada para assumir um caráter mais cíclico. Isso também é evidente, até certo ponto, em uma proporção menor. A famosa passagem de Eclesiastes 3 sugere que o tempo é infinitamente cíclico em uma escala pequena (sazonal): "Para tudo, há uma ocasião certa; há um tempo certo para cada propósito debaixo do céu: tempo de nascer e tempo de morrer, tempo de plantar e tempo de arrancar o que se plantou" (Eclesiastes 3:1,2). Com certeza, os ritmos das estações e da natureza são cíclicos e, quando interagem com o tempo linear, pode surgir uma novidade evolutiva (Wilkinson, 2010:35). Isso pode ser modificado por uma perspectiva escatológica, e encontramos a previsão de que os ciclos

236 COLEÇÃO FÉ, CIÊNCIA & CULTURA

de luz e escuridão, calor e frio, plantio e colheita se tornarão um dia único de verão no futuro escatológico:

> Naquele dia não haverá calor nem frio. Será um dia único, um dia que o SENHOR conhece, no qual não haverá separação entre dia e noite, porque, mesmo depois de anoitecer, haverá claridade. Naquele dia águas correntes fluirão de Jerusalém, metade delas para o mar do leste e metade para o mar do oeste. Isso acontecerá tanto no verão como no inverno (Zacarias 14:6-8).

Esse é um bom exemplo da sutileza que pode ser encontrada nas expressões escatológicas do tempo no Antigo Testamento. Escrita centenas de anos antes de Jesus, a visão cristã mais uniforme do tempo — centrada na cruz e na res- surreição de Cristo por um lado, e na segunda vinda, por outro lado — não está em vista. O Antigo Testamento é mais diversificado em suas expressões escatológicas do tempo, embora elas ainda estejam, naturalmente, bastante ligadas à redenção. E, como a redenção é com frequência concebida em ter- mos materiais no Antigo Testamento, como a libertação de Yahweh da adver- sidade nesta vida, existe um sentido segundo o qual vemos mais de um ato final e definitivo de nova criação. Existe um sentido em alguns textos de que atos divinos de nova criação ocorrem mediante ciclos de criação, queda e depois redenção, em que o antigo é redimido de maneiras imprevisíveis que podem ser comparadas com o ato primevo de criação. Exemplos particular- mente bons ocorrem no Dêutero-Isaías (43:14-19; 51:9-11), nos quais a reden- ção do Êxodo inicial conecta-se com temas mitológicos de criação, mas, em razão de uma "queda" (o exílio babilônico), uma nova criação é antecipada, a qual envolverá uma nova redenção. Do mesmo modo, em vários salmos (74, 77 e 89) o salmista ora pela libertação de Deus em termos que recordam a criação e às vezes o êxodo. Desse modo, a esperança é efetivamente expressa por uma nova criação metafórica, em qualquer situação de opressão que o escritor esteja vivendo no momento em que escreve.

Portanto, é interessante notar que a nova criação que nasce do êxodo, a saber, o assentamento na terra de Canaã, não foi de modo algum a reden- ção final. Em vez disso, logo levou a muitos outros ciclos de Criação, Queda e depois redenção. Esses ciclos estão descritos no livro de Juízes. O povo de Israel se afasta de Yahweh e adora outros deuses (Queda). Consequentemente, o povo sofre nas mãos de seus inimigos, invocam Yahweh e, então, um juiz é levantado para libertá-los e conduzi-los a uma época de nova prosperidade

ESCATOLOGIA CIENTÍFICA E NOVA CRIAÇÃO

(nova criação). Esse padrão se repete constantemente. Por exemplo, um ciclo completo é dado apenas nos poucos versículos que contam a carreira de Otoniel como juiz (Juízes 3:7-11).

Uma analogia científica

Existem analogias científicas interessantes à ideia de um tempo cíclico, muitas delas ligadas à noção de "emergência", de uma realidade nova e inesperada que emerge da desordem (cap. 1). Na verdade, W. P. Brown (2010:210-20) já sugeriu a emergência como uma analogia científica às profecias do Dêutero-Isaías sobre a nova criação a partir de situações desoladoras de desespero.

Sabe-se agora que muitos aspectos da natureza operam por meio de ciclos de criação que necessitam, em primeiro lugar, de catástrofes (Queda). Talvez vejamos isso como uma situação lamentavelmente ineficiente, mas que parece ser típica de grande parte do mundo natural. Um exemplo bem conhecido na física é o fenômeno da "criticalidade auto-organizada", em que a ideia de criação é acompanhada por sua destruição e renovação (Bak, 1997). Essencialmente, esse fenômeno apresenta um estado no qual um sistema de algum tipo (seja ele animal, vegetal ou mineral) está perpetuamente à beira da transformação em um novo tipo de existência; está em um estado "crítico" que dificilmente se pode dizer que seja estável, mas retém uma espécie de estabilidade e de criatividade em virtude de sua perpétua oscilação. Um dos exemplos mais simples disso é o comportamento de uma simples pilha de areia seca. À medida que a areia vai caindo constantemente sobre uma superfície plana, lentamente se transforma em uma pilha cônica em que os lados se tornam cada vez mais íngremes, até que se atinja certo ângulo crítico. Não importa quanto mais areia seja acrescentada, a pilha mantém esse ângulo crítico, porque avalanches de todos os tamanhos ocorrem na lateral da pilha. Conforme mais areia for adicionada à parte superior da pilha, as avalanches preservam o equilíbrio levando areia para baixo, e assim o ângulo crítico é mantido. Mas as avalanches são aleatórias, tanto em tamanho como em frequência. Às vezes, mesmo a adição de apenas alguns grãos de areia causa uma avalanche muito maior que atravessa toda a pilha; diz-se, portanto, que a pilha está em estado crítico, e nele permanece.

Não são apenas as pilhas de areia que seguem um comportamento crítico auto-organizado; os exemplos são muitos e variados, desde as extinções animais preservadas no registro fóssil, passando pela frequência e pelo tamanho de terremotos e erupções vulcânicas, pela distribuição de rios e riachos, pelo desenvolvimento de fiordes no litoral da Noruega e até mesmo em exemplos no mundo dos seres humanos, como os engarrafamentos de trânsito e as flutuações da bolsa de valores. A questão é que o estado crítico, no qual o sistema parece estar em seu ponto mais turbulento, experimentando uma avalanche após outra em todas as escalas, é muitas vezes o estado mais favorável a ser atingido. As avalanches não só são inevitáveis, como também permitem que o sistema explore cada canto de seu estado crítico, e se instale numa espécie de meio positivo de criação, que se iguala à destruição. É irritante ficar em um engarrafamento, mas, de forma irônica, isso provavelmente permite um fluxo de tráfego maior do que um sistema rigorosamente regulado, em que todos dirijam a uma velocidade constante. É claro que exemplos como esse apontam para o surgimento de novos tipos de ordem dinâmica (turbulenta) construída por meio da desordem.

A conclusão a que podemos chegar a partir desse exemplo é que a criticalidade auto-organizada é uma boa ilustração de um conjunto diversificado de fenômenos naturais que se renovam perpetuamente mediante ciclos de destruição e catástrofe. Nesse sentido, encontramos uma analogia científica que corresponde aos exemplos bíblicos de ciclos de criação, aueda e, por fim, redenção.

Encontramos uma analogia, mas será que ela nos fornece novos *insights*? Ela certamente não pode acrescentar nenhuma profundidade ontológica às realidades potenciais por trás dos textos bíblicos, uma vez que a analogia é extraída do mundo da natureza, enquanto os textos referem-se, sobretudo, ao mundo humano. Se existe algum *insight* a ser extraído da analogia, talvez a questão de que o estado crítico não é de modo algum um estado infeliz: pode ser turbulento, resultando tanto em prejuízo como em lucro, mas é simplesmente o estado mais favorável ao progresso. Em nosso próprio mundo humano e imperfeito, talvez também nos congratulemos com a turbulência dos ciclos da nova criação. A Queda é lamentável e dolorosa, mas praticamente inevitável em nosso mundo quebrado, e se a redenção resultar disso, não apenas reforçamos nossos laços com o divino, como também aprendemos uma nova lição e, com sorte, nos tornamos mais fortes. Tudo isso não é para encontrar subsídios para uma pregação, mas para dar um exemplo possível de como uma analogia da ciência pode ser desenvolvida em uma direção teológica positiva, deixando claro que não é mais do que uma analogia, mas talvez uma oportunidade de adquirir uma nova perspectiva sobre textos antigos.

ESCATOLOGIA CIENTÍFICA E NOVA CRIAÇÃO

Existe ainda outro ponto teológico que deriva disso. Ao apresentar meu exemplo da criticalidade auto-organizada, claramente não descobri uma "explicação" para os textos bíblicos, mas uma analogia que diz que os ciclos de criação, queda e redenção que vemos na Bíblia se assemelham em sentido figurado a alguns aspectos do mundo natural. Porém, uma vez que os textos bíblicos relatam principalmente os ciclos em situações bastante *humanas* (libertação do exílio, guerra, opressão), não precisamos de uma ilustração científica para explicar a realidade subjacente a eles, pois já são parte e parcela da experiência humana. Por isso, nunca nos ocorreria que meu exemplo da criticalidade auto-organizada oferecesse algo mais profundo do que uma analogia vaga.

Mas consideremos agora outros tipos de textos que narram novas criações, textos que usam imagens do mundo *natural* (como as previsões apocalípticas do fim do mundo). Poderíamos estar inclinados a comparar esses textos com as escatologias científicas, tais como as de Tipler e Dyson. Mas, se esse for o caso, devemos lembrar que as comparações estão operando no nível da analogia tanto quanto minha analogia da criticalidade auto-organizado: analogia de textos que são *metafóricos* por sua própria natureza.

Se parece que estou insistindo nesse ponto relativo à analogia e à metáfora, é porque é um assunto pouco apreciado no campo da ciência-teologia. Vimos que a linguagem da nova criação contém muitos dos temas de esperança na Bíblia, e se concentra, em especial, na obra e no ensino de Jesus no Novo Testamento, e na esperança de um mundo potencialmente novo depois disso. Abordamos amplamente a questão da realidade em potencial por trás da linguagem da nova criação, e sugerimos que, como ela sempre brota de uma fonte divina, tem uma natureza metafórica, uma vez que expressa a esperança de redenção *divina*. Isso significa que, embora a interpretação de muitas das imagens possa ser atrativa pelos métodos da ciência, existe a necessidade real de levar em conta tanto a natureza analógica das explicações científicas como a natureza metafórica da linguagem bíblica. Somente uma abordagem *teológica* integrada é capaz de formar a ponte entre elas.

CONCLUSÕES

Começamos este capítulo revisando as perspectivas científicas do fim da vida na Terra e do fim do universo. Vimos que o futuro distante parece ser sombrio. Por outro lado, ao rever o material bíblico sobre o tema da nova criação, encontramos uma expressão diversificada de esperança nos propósitos de Deus. Textos apocalípticos, sobretudo, parecem expressar isso sob a perspectiva do fim deste mundo físico e da esperança de um novo mundo. No entanto, destacamos o fato de que o academicismo bíblico tem debatido até que ponto isso deveria ser entendido de forma literal. Acrescente-se a isso a consideração de que as previsões escatológicas são, na melhor das hipóteses, metafóricas por sua própria natureza. Trabalhos recentes focalizaram especialmente a ressurreição de Jesus como o elemento central da nova criação, mas nossa discussão preliminar sugeriu que um trabalho hermenêutico mais sensível deve ser empreendido antes que as narrativas da ressurreição dos Evangelhos possam ser lidas como projetos com vistas ao futuro. Como forma de ilustrar a dimensão metafórica em que a ciência poderia ajudar na interpretação da escatologia bíblica, analisamos — não modelos do fim do mundo, mas uma área completamente diferente da ciência — os ciclos de criação e destruição conhecidos como "criticalidade auto-organizada". Sugerimos que isso poderia oferecer uma analogia científica mais apropriada a alguns dos ricos materiais da nova criação na Bíblia do que os modelos do fim do universo, e enfatizamos seu papel análogo.

O trabalho teológico sobre escatologia que leva em conta a ciência tem sido relativamente escasso, e não se tem envolvido de perto com os materiais bíblicos (Jackelén, 2006:959; Wilkinson, 2010:52). Tal discussão, conforme tem acontecido, tende a supor que os textos apocalípticos da Bíblia podem ser lidos de forma relativamente literal como predizendo algo de uma extinção física deste mundo. Por essa razão, a discussão referiu-se diretamente às previsões da ciência sobre o possível destino do nosso universo. Já deveria estar claro que acredito que alguns erros de categoria aparecem nessa maneira de pensar. Em primeiro lugar, não se leva em consideração toda a diversidade e toda a sutileza do tema da nova criação; e, em segundo lugar, não se leva em conta a possibilidade de saber se alguma vez houve a pretensão de entender de maneira tão literal, a ponto de prever o verdadeiro fim do mundo. Isso reflete claramente uma falta de atenção aos tipos de realidade que os textos poderiam estar invocando, e às muitas questões interpretativas que são levantadas pelo academicismo bíblico.

Se, no capítulo 5, descobrimos que a ciência tem pouco a dizer diretamente ao tema da criação da Bíblia, quando se trata da criação inicial e contínua, então descobrimos que a ciência também tem relativamente pouco a dizer sobre a dimensão escatológica desse tema. Como temos enfatizado vez

ESCATOLOGIA CIENTÍFICA E NOVA CRIAÇÃO 241

após vez, a realidade da escatologia bíblica é consideravelmente mais sutil do que aquela dos modelos científicos do futuro distante. No Antigo Testamento, ela é mais profética em relação às esperanças e preocupações atuais, das realidades sociais e políticas, do que da forma do universo físico (embora não devêssemos excluir por completo essa última opção). Embora o Novo Testamento sugira uma salvação futura para todo o cosmo, ele o faz sob a perspectiva da vida cotidiana dos cristãos, vivida na experiência do Espírito. O equilíbrio pode ser visto em termos trinitários: enquanto a ressurreição de Cristo aponta para uma *futura* obra universal de nova criação, a obra escatológica do Espírito em cada cristão aponta simultaneamente para uma realidade *presente*.

Fundamentalmente, a escatologia bíblica é, antes de tudo, uma expressão de esperança, a confissão de uma relação de fé existente entre a criatura e o Criador. Portanto, como qualquer relação de confiança e fidelidade, requer uma dimensão moral que a ciência não pode compartilhar. Como diz Jackelén (2006:962): é "a diferença entre *é* e *deve ser* [...] A escatologia bíblica se preocupa menos com o fim do mundo do que com o fim do mal". E como Gunton (1998:225-6) assinalou: "O teste crucial de qualquer teoria cosmológica [...] é a ética que ela gera". E assim, enquanto a visão de Tipler sobre o fim do mundo é uma ética de "dominação tecnológica", e enquanto outras cosmologias científicas só podem oferecer pessimismo incessante, a teoria cosmológica do Novo Testamento promove uma ética escatológica de pureza e esperança que é vivida no aqui e agora. É uma realidade que, pelo menos no momento atual, é muito opaca para a ciência, mas nem por isso menos significativa.

Conclusões

CIÊNCIA E CRIAÇÃO:
UMA RELAÇÃO COMPLEXA

A criação é um tema teológico importante na Bíblia, com muitas vertentes e diversas camadas de significado, mas nós vimos que a ciência moderna só tem impacto sobre elas em um nível surpreendentemente superficial. Embora possamos identificar traços de uma visão científica antiga nos textos, que está claramente ultrapassada em nossa perspectiva moderna, ela serve a objetivos teológicos mais amplos que ainda são relevantes. Em outras palavras, o fato de os textos bíblicos sobre a criação estarem drasticamente ultrapassados do ponto de vista científico não invalida seus vários retratos do relacionamento entre Deus e a criação; na verdade, a ciência moderna pode dizer muito pouco de maneira direta sobre essa relação. Além disso, contra as tendências reducionistas da ciência, descobrimos que a Bíblia tem uma abordagem muito mais abrangente. Seus textos sobre a criação raramente podem ser reduzidos a um único nível de significado, a uma única interpretação ou a uma única explicação, e certamente não uma explicação apenas no que se refere à realidade física. O fato de termos descrito uma série de tipos muito diferentes de textos sobre a criação que coexistem uns com os outros, alguns dos quais, por exemplo, falavam dela em termos mitológicos enquanto outros falavam da Sabedoria divina, aponta para o "multiculturalismo" básico da Bíblia.

Por outro lado, a ciência moderna prestou um serviço relevante aos textos da Bíblia sobre a criação, ao indicar que algumas interpretações de longa data devem ser reavaliadas. O caso óbvio em questão é a interpretação cristã tradicional ocidental de Gênesis 2 e 3, que lê esses capítulos como a história da Queda (cap. 6). A biologia evolutiva cria sérias dificuldades para essa interpretação, porém, ao mesmo tempo, inspirou novas teologias modernas de criação e redenção que conduziram a uma melhor apreciação das sutilezas dos textos bíblicos. Além disso, o fato de a cosmologia e a biologia modernas destacarem as visões evolutivas do universo levou a uma nova apreciação da ideia da *creatio continua* como um suplemento à visão teológica consensual da *creatio ex nihilo* (cap. 5). De maneira semelhante, as previsões científicas do futuro distante de nosso universo levaram ao interesse pelos textos apocalípticos da Bíblia, e por sua ideia de nova criação, que interpretamos tendo em vista uma terceira categoria de criação, a *creatio ex vetere* (cap. 8). Dessa forma, podemos ver que a ciência desempenhou papel importante na renovação da apreciação das ideias bíblicas sobre a criação, mesmo que ela não seja capaz de lançar muita luz de maneira direta sobre essas mesmas ideias. Em última análise, os textos dizem muito pouco sobre a criação física do mundo, mas muito sobre o relacionamento criativo de Deus com esse mundo, e sobre quem Deus é.

QUEM É DEUS, O CRIADOR?

Uno, mas diverso

Uma consistência atraente começa a surgir entre as categorias da criação *ex nihilo*, *continua* e *ex vetere*. Cada uma delas mostrou ressonância com o tema bíblico da criação, e foi submetida a "explicações" científicas, mas revelaram profundidades teológicas que vão além do que uma explicação física poderia proporcionar. Além disso, embora cada categoria tenha descrito ostensivamente a ideia de como a criação surge, ainda assim, na realidade, cada uma delas apresenta uma ideia sobre o relacionamento de Deus com o mundo.

- A categoria da *creatio ex nihilo* foi conectada ao modelo do *Big Bang*, mas vimos que ela é mais bem expressa como uma declaração da transcendência de Deus. Essa foi a principal evidência que nos permitiu associar essa categoria às teologias bíblicas da criação, que, de outra forma, não mostram uma consciência explícita da ideia de que a criação poderia passar a existir "a partir do nada". No entanto, elas expressam de maneira frequente o relacionamento transcendente de Deus com o mundo, e Gênesis 1 é um bom exemplo disso.

- A categoria da *creatio continua* tem conexões atrativas com a evolução cosmológica e biológica, e com a ideia científica de "emergência", porém é mais claramente uma expressão da imanência de Deus. Os textos bíblicos que retratam Deus em um relacionamento íntimo com os seres humanos e os animais são a melhor ilustração desse ponto de vista.

- Por fim, a categoria da *creatio ex vetere* foi conectada com cosmologias físicas, e especialmente com a discussão sobre o fim do universo.

CONCLUSÕES

Entretanto, ela é fundamentalmente um termo descritivo da atividade redentora de Deus na criação e, por isso, conecta-se melhor com a ressurreição de Jesus, a suprema ação redentora na crença cristã. Há inúmeros exemplos de outros textos bíblicos que se enquadram na categoria de "nova criação", especialmente nos profetas hebreus, que podem ser descritos como uma espécie de criação "a partir do antigo" em relação a realidades sociais e políticas, mas não necessariamente significando um fim literal para nosso mundo físico.

Por mais convenientes que sejam, essas categorias são simplificações para o que às vezes são retratos divinos muito sutis e complexos nos textos bíblicos. São também anacronismos, mas são igualmente atributos divinos fundamentais, como "transcendente" e "imanente". Essas últimas categorias e esses termos podem ser identificados por meio de vários textos bíblicos, mas a própria Bíblia não desenvolve de forma conveniente uma terminologia que seja equivalente. O discurso bíblico apresenta Deus como uno, mas seus retratos divinos e de suas obras na criação são sutis e diversos. A tensão entre essas duas observações tem implicações importantes para a forma como entendemos a linguagem sobre a criação.

Percebemos que é impreciso falar de uma única teologia da criação na Bíblia, mas que devemos falar de teologias bíblicas da criação, e sobre *visões* bíblicas do assunto. Esse é mais um elemento da apresentação paradoxal de Deus na Bíblia, já que vimos que o discurso bíblico sobre a criação é outra forma de falar da natureza divina. Se a Bíblia é capaz de falar das ações criativas transcendentes de Deus em um momento, é igualmente capaz de falar das ações criativas imanentes de Deus no momento seguinte, bem como das ações redentoras de Deus pouco tempo depois. O paradoxo não pode ser enfrentado a menos que reconheçamos que nossa tendência natural é tentar explicar a diversidade por meio da simplificação: fornecendo modelos simplificados para o complexo e o desconcertante. Os retratos bíblicos de Deus, no entanto, são altamente resistentes a esse tipo de simplificação, assim como são resistentes aos poderes de explicação da ciência. O Deus da Bíblia pode ser uno, mas não pode ser unificado ou simplificado sem diminuir ou deturpar o testemunho bíblico. Portanto, o Deus bíblico é, ao mesmo tempo, uno e diverso, assim como o discurso bíblico sobre a criação pode ser visto como uno e diverso.

A mensagem é que as três categorias da criação não são tipos diferentes da obra criativa de Deus. No que diz respeito à Bíblia, Deus realiza uma única obra, mas que, de modo paradoxal, parece ter diferentes dimensões, ou ser separável em compartimentos bastante diferentes e incompatíveis, de acordo com nossa percepção. Desse ponto de vista, a obra divina da criação *ex nihilo*, *continua* e *ex vetere* não são três atos diferentes, mas um único ato criativo, ao mesmo tempo que apontam para a diversidade do Deus uno. Não é por acaso que isso nos lembra da linguagem trinitária a respeito de Deus — três em um e um em três —, pois foi por meio de observações como essas, da obra divina diversificada nos palcos da criação e da redenção, que as três pessoas da Trindade vieram a ser reconhecidas e distinguidas como tal. Mas as três categorias de obra criativa não devem ser identificadas com as três pessoas da Trindade; em vez disso, são distinções dessa natureza que têm sido importantes no desenvolvimento do pensamento trinitário. E o academicismo teológico moderno tende a ressaltar esse ponto ao destacar a centralidade da doutrina da Trindade, afirmando que é em seu âmbito que todas as outras ideias teológicas encontram seu lar, e que todas elas são várias aplicações da fé em Deus como Trindade (p. ex., Webster, 2003:43). Com essa afirmação abrangente em mente, voltamo-nos agora a considerar como a ideia de Deus como Trindade pode abranger o que temos dito sobre a criação, a ciência e a Bíblia.

A Trindade, a ciência e a criação

No parágrafo "A criação e os primórdios da ideia de Deus como Trindade", no capítulo 3, argumentamos que, apesar do problema do anacronismo, faz bastante sentido hermenêutico desenvolver uma leitura trinitária do material da Bíblia sobre a criação. Isso não apenas respeita o contexto canônico no qual os textos são lidos como uma base fundacional do cristianismo, como também mantém em equilíbrio o paradoxo da imanência e da transcendência divinas. Permite-nos, portanto, manter a posição teísta da Bíblia sobre e contra o onipresente espírito do deísmo de nosso mundo moderno.

Duas vantagens surgem imediatamente a partir de uma visão trinitária da criação.

Em primeiro lugar, ela destaca os papéis simultaneamente criativos e redentores do Filho (Colossenses 1:14,15), de modo que a criação não pode ser compreendida independentemente de sua conclusão e de sua perfeição. Não se negligencia, com isso, o problema da teodiceia, mas ele é envolvido por uma conclusão escatológica, em que "não haverá mais dor" (Apocalipse 21:4).

Em segundo lugar, Deus se tornou visível e físico em Cristo; de forma alguma um poder intangível e impessoal, nem um conceito filosófico abstrato,

CONCLUSÕES

mas um ser humano como nós (Wilkinson, 2009b). O Criador, portanto, tornou-se intimamente ligado à criação em seu nível mais básico, o da matéria e da "carne". Como se tem enfatizado de com frequência nas teologias ortodoxas orientais, isso leva a um senso no qual a matéria comum e as criaturas comuns podem ser "deificadas" ou "divinizadas", isto é, misteriosamente glorificadas e aperfeiçoadas: assumidas no ser real de Deus, no qual nos tornamos "participantes da natureza divina" (2Pedro 1:4). A transfiguração (p. ex., Marcos 9:1-10, cf. 2Pedro 1:16-18) e a ressurreição de Cristo ilustram que sua carne material, essa pequena parte de nosso universo, já participa do processo escatológico (Edwards, 2009:181).

A adoção de uma visão trinitária também pode trazer uma compreensão mais sutil do mundo criado. A "doutrina social da Trindade", que enfatiza as três pessoas divinas em termos relacionais dinâmicos entre si, alcançou grande amplitude teológica nas últimas décadas, mas é, sem dúvida, uma redescoberta da maneira patrística de pensar. Um de seus pontos fortes é que ela tem o efeito de vivificar toda a criação, não apenas os seres humanos. Ao enfatizar as relações (talvez até o ponto da interdependência, veja "Criação e narrativa", no cap. 3) entre as três pessoas que constituem Deus, e também entre Deus e o universo criado, enfatizamos o fato de que a criação não humana tem suas próprias responsabilidades criativas com respeito a Deus, mas também sua própria liberdade. Essa ênfase na liberdade é necessária se, por exemplo, quisermos afirmar os textos bíblicos que falam de toda a criação unindo-se em louvor a Deus (p. ex., Isaías 55:12). Dessa forma, damos a todo o cosmo uma vida de adoração própria, simplesmente em virtude de seu ser, o qual não deve mais ser visto como pura fisicalidade a ser explicada pela ciência ou explorada pela tecnologia. E isso nos leva a outro ponto crucial: os textos da Bíblia sobre a criação não podem ser totalmente compreendidos, pelo que são, fora da dimensão de louvor e adoração, uma dimensão que aqueles que tratam isso como um debate puramente cerebral muitas vezes não compreendem (veja "Conclusões", no capítulo 3).

Portanto, se os seres humanos foram feitos como criaturas livres em relação a Deus, e respondem com adoração, então o mesmo deve ser dito do restante do universo: Deus lhe concedeu *liberdade* e autonomia para ser o que ele o criou para ser, mas Deus também o *sustenta*, sobretudo por meio de sua criação e de sua renovação contínuas. Esses são termos relacionais, e não se traduzem bem na linguagem da ciência. Na verdade, isso é provavelmente uma vantagem, porque as tentativas de articular a obra divina no mundo usando linguagem científica tendem a cair em abordagens do tipo "deus das lacunas", ou em um deísmo sutil, especialmente quando falamos da ação divina como uma "intervenção". Porém, quando nos lembramos de que todas as descrições da obra divina são sempre metafóricas, fica claro que as descrições científicas não têm autoridade intrínseca sobre as relacionais; é simplesmente um caso de utilização de qualquer tipo de metáfora que seja mais bem-sucedido. Com efeito, quando a fé em Deus como Trindade está em vista, as metáforas relacionais se prestam mais facilmente a uma descrição da interação de Deus com o mundo do que as metáforas científicas.

Mas isso não significa que devemos falar somente em termos relacionais quando relatamos a obra de Deus. Falar em termos científicos pode complementar a antiga convicção teológica de que Deus é fiel, constante e confiável: cheio de "amor e de fidelidade", e deleita-se com a lei e a ordem (p. ex., Êxodo 34:6,7). A afinidade com a lei é um componente permanente da personalidade de Deus, expressa em grande parte da Bíblia e consagrada especialmente na "Lei de Moisés" (veja "Criação e narrativa", no cap. 3), mas também nas alianças com Noé, Abraão e Davi. Não surpreende que, tendo em vista esse retrato de Deus, seja possível dizer que as leis da natureza fluem do próprio ser de Deus. Essas próprias leis ostentam *status* praticamente divino em alguns ramos da física (veja "As leis da natureza", no cap. 1), bem como argumenta-se que a metodologia empírica da ciência moderna surgiu da doutrina cristã da criação, a qual sustenta que a criação é ordenada e "boa", refletindo a natureza de Deus. Em suma, existe uma semelhança mais do que passageira entre os pressupostos da ciência moderna e o doador divino da lei do judaísmo e do cristianismo. As leis da natureza não são necessariamente um constructo teórico criado sem levar Deus em conta, mas podem ser manifestações da própria natureza de Deus (McGrath, [2002] 2006a:225-32).

Acaso, lei e contingência revisitados

Como vimos no capítulo 1, existem muitas sutilezas contidas na expressão abrangente "leis da natureza", incluindo a importância paradoxal de acontecimentos aleatórios, que podem ter um comportamento semelhante ao das leis quando uma abordagem estatística (isto é, probabilística) é adotada. As ciências modernas veem uma complexa interação tanto do acaso como da necessidade em ação no mundo natural, e os diferentes tipos de ciência discernem seu significado de maneiras distintas.

CONCLUSÕES

Isso tem consequência para os modelos de Deus (Clayton, 2008:41-2). Se enfatizarmos a importância da lei sobre o acaso na formação do mundo, evidenciaremos uma visão determinista do mundo que vê um paralelo teológico no retrato do doador transcendente da lei, e possivelmente até mesmo o Deus ausente do deísmo. Se, por outro lado, destacamos a importância do acaso e da emergência sobre a lei, enfatizamos a originalidade e a novidade no cerne da criação, e nossa visão de Deus muda de acordo com isso. Esse último ponto de vista, no entanto, não teve pronta aceitação nos círculos teológicos, e tem havido alguma preocupação em minimizar o papel-chave atribuído ao acaso na biologia evolutiva, interpretando a evolução em termos mais ou menos teleológicos (Fergusson, 2009:78). No entanto, essa preocupação é provavelmente deslocada, porque o acaso na criação pode ser comparado ao modelo da *creatio continua*, e à obra imanente do Espírito. Assim, descobrimos que o mundo criado pode ser visto como dotado de uma liberdade criativa fundamental que a visão determinista de outra forma esmaga. Que os seres humanos e outras criaturas tenham livre-arbítrio já não é mais o enigma filosófico de que eles se encontram em um universo determinado, mas um marcador da graça de Deus em criar e sustentar o mundo para que cresça e frutifique em liberdade.

Esses dois ângulos não precisam ser incompatíveis. Eles podem ser reunidos em uma visão segundo a qual o mundo se desenvolve por acaso dentro dos limites das leis impostas a ele. Um mundo assim é capaz de explorar todas as suas potencialidades sem ser "controlado" (Carr, 2004:939). Isso se torna possível por uma relação Criador-criação não diferente daquela de um pai e seu filho, uma metáfora usada com frequência pela Bíblia (p. ex., Isaías 66:13; Lucas 11:11-13). Um Deus que cria o mundo, permitindo que ele desenvolva a si mesmo, é como um pai que permite que seu filho aprenda e amadureça por meio de brincadeiras livres e criativas. Existem limites, claro, mas eles encorajam em vez de limitar a criatividade; eles são adaptáveis.

Levando tudo isso em consideração, parece importante ter em mente, portanto, esses diversos modelos divinos em simultâneo, algo que a ideia de Deus como Trindade faz de maneira absolutamente clara.

Ademais, ao contrário da visão generalizada de que é difícil integrar o acaso nas teologias da criação, aquele pode ser visto como promovendo uma visão forte da contingência do processo criativo. No capítulo 1, delineamos dois tipos de contingência: a que surge teologicamente, do fato de que o cosmo existe, e a que surge cientificamente, do fato de que o universo está evoluindo continuamente. No capítulo 5, exploramos a categoria da *creatio continua* e apontamos que, embora se pareça com esse segundo tipo de contingência (evolutiva), ela é teológica e, portanto, faz um tipo de afirmação diferente. A contingência teológica e a contingência evolucionária não são idênticas, embora possam relacionar-se entre si de forma análoga. Mas é aparente que a preocupação que alguns sentem por incorporar o acaso às teologias da criação surge porque essas duas formas de contingência são facilmente confundidas. Uma confusão semelhante surge na tendência de muitos teólogos de procurar "propósito" e teleologia na evolução. Ao fazer isso, eles compreendem mal a ciência, a qual resiste firmemente a aplicar tais explicações teológicas "de cima", quando não há garantia científica para fazê-lo (Peters, 2010:925-9). A crença na teleologia é um problema para muitos cientistas que, pelo contrário, apontam para a força dominante do acaso que impulsiona a evolução biológica, de tal forma que não pode haver nenhuma direção proposital para ela (Rolston, 2005:222). Embora se diga com frequência que a evolução mostra sinais de progresso em direção a formas de vida de maiores complexidade e diversidade (Nichols, 2002:193-5), isso também é passível de discussão (Schloss, 2002:72-6). De qualquer forma, falar de progresso ou de "propósito" na evolução levanta dificuldades teológicas próprias, porque implica "orientação" divina por trás dos processos evolutivos, e levanta os problemas que fluem do discurso deísta da "intervenção" divina. Afinal de contas, por que alguns aspectos da natureza devem ser vistos como mais orientados que outros? Por que a evolução deve ser vista como mais dirigida do que qualquer outro processo físico aleatório, como, por exemplo, a queda de uma folha?

Uma visão teísta mais ponderada estaria aberta à contingência evolutiva e ao papel do acaso na evolução, vendo-a teologicamente como uma expressão da dádiva de Deus da *liberdade* ao mundo, e não como um problema a ser evitado. O acaso, que é tão crucial à operação da evolução, é o mesmo que decide a queda de uma folha. Ambos são processos contingentes no sentido *científico*, e são apenas *teologicamente* contingentes no sentido de que todos os processos criados são teologicamente contingentes em relação a Deus. Em outras palavras, o acaso evolucionário não é mais teologicamente "criativo" do que o acaso que decide a queda de uma folha. A contingência teológica do ponto de vista da *criação* continua, por outro lado, faz uma afirmação muito diferente: aponta para a novidade e o frescor da *ação divina* na criação, e só se relaciona com a ideia científica do acaso por meio de analogia. Em suma, *creatio continua* não é o mesmo que evolução.

CONCLUSÕES

O logos *e as leis da física*

Uma perspectiva trinitária pode dar mais sentido às formas como as contingências científicas e divinas se complementam, sobretudo se considerarmos Cristo, que, por meio de sua encarnação, faz a ponte entre ambos.

A Sabedoria divina, um componente fundamental do tema da criação no Antigo Testamento, foi retomada pelo Novo Testamento e se expressa de modo particular na pessoa de Jesus de Nazaré (veja "Criação e Cristo", no cap. 3). Isso fica claro no esquema joanino do *logos*. Com isso, vemos a afirmação paradoxal de que um ser humano que morreu como um criminoso comum também foi responsável por fazer o mundo "no princípio" (João 1:1). O Redentor também deve ser o Criador. A associação entre Cristo e a Sabedoria significa que, em algum sentido, Cristo incorpora os princípios divinos de organização e lei, incluindo o que está registrado nas Escrituras (isto é, a Torá). Além disso, o Jesus retratado por Mateus ressalta o mesmo ponto: "Não pensem que vim para abolir a Lei ou os Profetas; não vim abolir, mas cumprir" (Mateus 5:17). Dizer que Jesus personifica a lei bíblica (e a profecia) é apenas um pequeno passo em relação à afirmação de que ele personifica toda a Sabedoria divina, até mesmo aquela que foi discernida no mundo natural pela ciência. Na verdade, já começamos a notar que as expressões do Antigo Testamento do tema da criação podem ver a lei (Torá) e a criação (lei natural) como numa espécie de simbiose holística (veja "Criação e narrativa", no cap. 3). Também existe uma venerável tradição que remonta aos tempos medievais, de que o mundo natural constitui um "livro" revelador da obra criativa de Deus, em conjunto com a Escritura (Harrison, 1998:3). Uma conexão semelhante pode ser feita entre Cristo e a ciência por intermédio do conceito de *logos,* que, quer o tracemos no Evangelho de João por meio do pensamento estoico, quer o façamos pela tradição da Sabedoria judaica, ainda encerra a ideia de que "todas as coisas foram feitas por intermédio dele" (João 1:3). Portanto, em virtude de seu papel na criação como o *logos* e a personificação da Sabedoria divina, faz sentido afirmar que em Cristo estão contidos "todos os tesouros da sabedoria e do conhecimento" (Colossenses 2:3; cf. Colossenses 1:15-20 e Hebreus 1:3). Isso significa que nele também devem estar contidas as leis da natureza, conforme procuradas pelos cientistas — não apenas as leis preditivas e matematicamente regulares, mas também aquelas que dão origem a propriedades complexas e emergentes. Em suma, Cristo como *logos* deve incorporar tanto o acaso como a necessidade, e os princípios por trás de todos os processos criativos no universo. Se esse for o caso, então o Espírito pode ser visto como o comunicador divino desses princípios para as criaturas do mundo, a centelha divina que aciona e dá vida a todos os processos criativos. Isso é o que está por trás da ideia de Pannenberg, que via o Espírito como um campo criativo divino, de maneira análoga aos campos elétrico, magnético e gravitacional da física (Pannenberg, 1994:209-10).

É evidente que uma coisa é falar do Espírito — a presença divina invisível e intangível — como mediador das leis da natureza (especialmente se o Espírito puder ser comparado a um campo físico), e outra coisa é falar do Cristo encarnado — um ser físico como nós — como *corporificando* as leis da natureza. Em que sentido isso pode ser verdade? Embora o termo "encarnação" seja posterior ao Novo Testamento, é bastante útil para a insistência do Novo Testamento de que Cristo é um ser humano exatamente como nós, feito de "carne e ossos" (p. ex., Lucas 24:39; João 1:14; 1João 4:2; 2João 1:7). Portanto, seja qual for o sentido em que afirmamos que Cristo corporifica as leis da natureza, a doutrina da encarnação significa que devemos afirmar isso em sua própria carne e ossos humanos.

Uma maneira de entender isso é voltar-se para o princípio antrópico e a ideia de que as constantes físicas e as leis da física foram deliberadamente "afinadas" para produzir vida humana inteligente como nós. Se esse for o caso, Cristo corporifica essas leis porque foram propositalmente projetadas para produzi-lo em carne e osso (G. L. Murphy, 1994:111). No entanto, essa é uma afirmação altamente controversa, e poucos filósofos ou teólogos (tampouco cientistas) interpretariam o princípio antrópico com tanta força (Ward, 2008:236-9), nem postulariam Cristo como o *telos* da ciência de uma forma tão semelhante a Teilhard.

Outra possibilidade de entender como Cristo personifica as leis da natureza é sugerida por um importante texto bíblico: "Então Deus disse: Façamos o homem à nossa imagem, conforme a nossa semelhança" (Gênesis 1:26). Tem sido infinitamente debatido como exatamente esse texto deve ser entendido. Uma interpretação importante, por causa de Agostinho, aponta a "imagem de Deus" localizada na racionalidade humana, uma insinuação da mente divina implantada nos seres humanos (McGrath, [2002] 2006a:200-4). Portanto, se o Cristo encarnado é verdadeiramente a personificação da Sabedoria divina, então seria razoável esperar que sua natureza humana seja um reflexo disso — certamente ele é à imagem de Deus, em virtude de sua racionalidade — e que, portanto, outros seres humanos que compartilham sua imagem e sua natureza humana também são

CONCLUSÕES

253

capazes de sondar as profundezas da Sabedoria divina por meio de uma investigação racional.

Dessa forma, temos a base para construir uma teologia da ciência (cf. a "teologia científica" de McGrath, [2002] 2006b:297-313). Com frequência, os cientistas com uma mente mais filosófica têm-se perguntado por que a ciência em geral, e a matemática em particular, são tão bem adaptadas ao ato de referir-se ao mundo físico. Humanamente falando, esse sucesso permanece um mistério; o mundo não precisava ser tão receptivo à nossa racionalidade, a menos que haja uma razão profunda por trás de tudo isso, e que "temos a mente de Cristo" (1Coríntios 2:16). Os textos da Bíblia sobre a criação nos fornecem, portanto, uma explicação para o milagre da ciência moderna, ou seja, seu sucesso incessante na compreensão do mundo físico: é porque a ciência acessa diretamente a mente que fez todas as coisas.

A BÍBLIA E A CIÊNCIA

Neste livro, tentamos demonstrar uma maneira de trazer a Bíblia para um enfoque contínuo no diálogo ciência-religião.

Com isso, traçamos um percurso entre duas correntes que se chocam: por um lado, uma fé na criação, expressa na forma de literalismo bíblico, e, por outro lado, uma posição que tem pouca consideração pela forma e a pertinência dos textos sobre a criação na Bíblia. Consideramos como central a natureza humana, mas santificada, da Bíblia. E argumentamos que nosso percurso é mais bem orientado tanto pelo moderno academicismo bíblico crítico como pela ciência moderna, dentro do contexto de uma estrutura teológica trinitária. Dessa maneira, argumentamos que uma fé viva encontra um meio de se apropriar das teologias da criação encontradas na Bíblia e de se engajar construtivamente com a ciência.

Ao longo do caminho, exploramos muitas das maneiras pelas quais a ciência fala aos textos bíblicos da criação. De modo geral, descobrimos que os textos bíblicos são notavelmente resilientes às tendências imperialistas da ciência, e apontam de maneira fundamentada para uma realidade além daquela revelada pela ciência moderna, e para uma fé na criação que não é limitada pelas descobertas científicas, mas que é, em muitos aspectos, enriquecida por elas. Essa é uma mensagem claramente em desacordo com a concepção popular de que a ciência refutou a Bíblia. Mas é evidente que, no que diz respeito à natureza da criação, a ciência só pode nos levar até esse ponto.

BIBLIOGRAFIA

ALBRIGHT, John R. "Time and eternity: hymnic, biblical, scientific, and theological views". *Zygon* 44 (2009), p. 989-96.

ALEXANDER, Denis R. *Creation or evolution? Do we have to choose?* (Oxford: Monarch, 2008).

ALEXANDER, Philip S. "Early Jewish geography". In: FREEDMAN, D. N., org. *The Anchor Bible dictionary* (New York: Doubleday, 1992). vol. 2, p. 977-88.

ALLISON, Dale C. *Jesus of Nazareth: millenarian prophet* (Minneapolis: Fortress, 1998).

ALLISON, Dale C.; BORG, Marcus J.; CROSSAN, John Dominic; PATTERSON, Stephen J.; MILLER, Robert J., orgs. *The apocalyptic Jesus: a debate* (Santa Rosa: Polebridge, 2001).

ANDERSON, David. "Creation, redemption and eschatology". In: NEVIN, Norman C., org. *Should Christians embrace evolution? Biblical and scientific responses* (Nottingham: IVP, 2009), p. 73-92.

AVERBECK, Richard E. "Ancient Near Eastern mythography as it relates to historiography in the Hebrew Bible: Genesis 3 and the cosmic battle". In: HOFFMEIER, James K.; MILLARD, Alan, orgs. *The future of biblical archaeology: reassessing methodologies and assumptions* (Grand Rapids: Eerdmans, 2004), p. 328-56.

AYALA, Francisco J. "Being Human after Darwin". In: NORTHCOTT, Michael S.; BERRY, R. J., orgs. *Theology after Darwin* (Milton Keynes: Paternoster, 2009), p. 89-105.

BAILEY, Lloyd R. *Noah: the person and the story in history and tradition* (Columbia: University of South Carolina Press, 1989).

BAK, Per, *How nature works: the science of self-organized criticality* (Oxford: Oxford University Press, 1997).

BARBOUR, Ian G. *Myth, models and paradigms: a comparative study in Science and religion* (New York: HarperSanFrancisco, [1974] 1976).

_____. *Religion and science: historical and contemporary issues* (New York: HarperOne, 1997).

BARKER, Margaret. *Creation: a biblical vision for the environment* (London: T. & T. Clark, 2010).

BARR, James. *Fundamentalism* (London: SCM, [1977] 1981).

_____. *Escaping from fundamentalism* (London: SCM, 1984).

BARTLETT, Robert. *The natural and the supernatural in the Middle Ages: the Wiles lectures given at the Queen's University of Belfast, 2006* (Cambridge: Cambridge University Press, 2008).

BARTON, Stephen C. "'Male and female he created them' (Genesis 1:27): interpreting gender after Darwin". In: BARTON, Stephen C.; WILKINSON, David, orgs. *Reading Genesis after Darwin* (Oxford: Oxford University Press, 2009), p. 181-201.

BARTON, Stephen C.; WILKINSON, David. "Introduction". In: BARTON, Stephen C.; WILKINSON, David, orgs. *Reading Genesis after Darwin* (Oxford: Oxford University Press, 2009), p. xi-xiv.

BENTOR, Y. K. "Geological events in the Bible". *Terra Nova* 1 (1989): 326-38.

BERRY, R. J. *God and evolution: Creation, evolution and the Bible* (Vancouver: Regent College Publishing, [1988] 2001).

_____. "'This cursed earth: is 'the Fall' credible?'". *Science and Christian Belief* 11 (1999): 29-49.

_____. "Did Darwin dethrone humankind?". In: BERRY, R. J.; NOBLE, T. A., orgs. *Darwin, Creation and the Fall: theological challenges* (Nottingham: Apollos, 2009), p. 30-74.

BERRY, R. J.; NOBLE, T. A. "Foreword". In: BERRY, R. J.; NOBLE, T. A., orgs. *Darwin, Creation and the Fall: theological challenges* (Nottingham: Apollos, 2009), p. 11-14.

BIMSON, John J. "Doctrines of the Fall and sin after Darwin". In: NORTHCOTT, Michael S.; BERRY, R. J., orgs. *Theology after Darwin* (Milton Keynes: Paternoster, 2009), p. 106-22.

BLOCHER, Henri. "The theology of the Fall and the origins of evil". In: BERRY, R. J.; NOBLE, T. A., orgs. *Darwin, Creation and the Fall: theological challenges* (Nottingham: Apollos, 2009), p. 149-72.

BRIGGS, Richard S. "The hermeneutics of reading Genesis after Darwin". In: BARTON, Stephen C.; WILKINSON, David, orgs. *Reading Genesis after Darwin* (Oxford: Oxford University Press, 2009), p. 57-71.

BROOKE, John Hedley, *Science and religion: some historical perspectives* (Cambridge: Cambridge University Press, 1991).

_____. "Science and theology in the Enlightenment". In: RICHARDSON, W. Mark; WILDMAN, Wesley J., orgs. *Religion and science: history, method, dialogue* (New York: Routledge, 1996), p. 7-27.

BROWN, Robert P. "On the necessary imperfection of creation: Irenaeus' *Adversus Haereses* IV, 38". *Scottish Journal of Theology* 28 (1975): 17-25.

BROWN, Warren S. "Cognitive contributions to soul". In: BROWN, Warren S.; MURPHY, Nancey; MALONY, H. Newton, orgs. *Whatever happened to the soul? Scientific and theological portraits of human nature* (Minneapolis: Fortress, 1998), p. 99-125.

BROWN, William P. *The seven pillars of Creation: The Bible, science, and the ecology of wonder* (Oxford: Oxford University Press, 2010).

BRUEGGEMANN, Walter, *Theology of the Old Testament: testimony, dispute, advocacy* (Minneapolis: Fortress, 1997).

_____. *Teologia do Antigo Testamento: testemunha, disputa e defesa* (São Paulo: Paulus/ Academia Cristã, 2014).

BUCKLEY, Michael J. *At the origins of modern atheism* (New Haven: Yale University Press, 1987).

BULTMANN, Rudolf, *Jesus Christ and mythology* (London: SCM, 1960).

_____. *Jesus Cristo e mitologia* (São Paulo: Fonte Editorial, 2000).

BURGE, Ted. *Science and the Bible: evidence-based Christian belief* (Philadelphia: Templeton Foundation Press, 2005).

CAIRD, G. B. *The language and imagery of the Bible* (London: Duckworth, 1980).

CARLSON, Richard F.; LONGMAN III, Tremper. *Science, Creation and the Bible: reconciling rival theories of origins* (Downers Grove: IVP, 2010).

CARR, Paul. H. "Does God play dice? Insights from the fractal geometry of nature". *Zygon* 39 (2004): 933-40.

CLAYTON, Philip. "Contemporary philosophical concepts of laws of nature: the quest for broad explanatory consonance". In: WATTS, Fraser, org. *Creation: law and probability* (Aldershot: Ashgate, 2008), p. 37-58.

COGAN, Mordecai, "Chronology". In: FREEDMAN, D. N., org. *The Anchor Bible dictionary* (New York: Doubleday, 1992). vol. 1, p. 1002-11.

COHN, Norman, *Noah's flood: the Genesis story in Western thought* (New Haven: Yale University Press, 1996).

COLLINS, Adela Yarbro. *Mark: a commentary* (Minneapolis: Fortress, 2007).

COLLINS, C. John. *Did Adam and Eve really exist? Who they were and why it Matters* (Nottingham: IVP, 2011).

CONWAY MORRIS, Simon. *Life's solution: inevitable humans in a lonely universe* (Cambridge: Cambridge University Press, 2003).

COPAN, Paul; CRAIG, William Lane. *Creation out of nothing: a biblical, philosophical, and scientific exploration* (Grand Rapids: Baker Academic/ Apollos, 2004).

CORMACK, Lesley B. "That medieval Christians taught that the earth was flat". In: NUMBERS, Ronald L., org. *Galileo goes to jail and other myths about science and religion* (Cambridge: Harvard University Press, 2009), p. 28-34.

CORNER, Mark. *Signs of God: miracles and their interpretation* (Aldershot: Ashgate, 2005).

CROSS, Frank Moore. *Canaanite myth and Hebrew epic: essays in the history of the religion of Israel* (Cambridge: Harvard University Press, 1973).

CULLMANN, Oscar. *Christ and time: the primitive Christian conception of time and story* (London: SCM, 1951).

_____. *Cristo e o tempo* (São Paulo: Fonte Editorial, 2020).

DAVIES, Eryl W. *Numbers*. New Century Bible Commentary (Grand Rapids: Eerdmans, 1995).

DAVIS, Ellen F. *Scripture, culture, and agriculture: an agrarian reading of the Bible* (Cambridge: Cambridge University Press, 2009).

DAWKINS, Richard. *River out of Eden: a Darwinian view of life* (London: Weidenfeld & Nicolson, 1995).

BIBLIOGRAFIA

_____. *O rio que saía do Éden: uma visão darwiniana da vida* (Rio de Janeiro: Rocco, 1996).

DAY, John, *God's conflict with the dragon and the sea: echoes of a Canaanite myth in the Old Testament* (Cambridge: Cambridge University Press, 1985).

_____. *Psalms* (Sheffield: Sheffield Academic Press, 1992).

_____. *Yahweh and the gods and goddesses of Canaan* (Sheffield: Sheffield University Press, 2000).

DEANE-DRUMMOND, Celia. *Christ and evolution: wonder and wisdom* (Minneapolis: Fortress, 2009).

DELL, Katharine. *"Get wisdom, get insight": an introduction to Israel's wisdom literature* (London: Darton, Longman & Todd, 2000).

DOBSON, Geoffrey P. *A chaos of delight: science, religion and myth and the shaping of Western thought* (London: Equinox, 2005).

DOUGLAS, Mary. *Purity and danger: an analysis of concept of pollution and taboo* (London: Routledge, [1966] 2002).

DUNN, James D. G. *Christology in the making: a New Testament inquiry into the origins of the doctrine of the incarnation* (London: SCM, [1980] 1989).

_____. *Romans 1—8* (Dallas: Word, [1980] 1989).

_____. *Comentário à Carta de Paulo aos Romanos* (São Paulo: Paulus, 2022).

_____. *Jesus, Paul, and the Gospels* (Grand Rapids: Eerdmans, 2011).

_____. *Jesus, Paulo e os Evangelhos* (Petrópolis: Vozes, 2017).

DYSON, Freeman J. "Time without end: physics and biology in an open universe". In: ELLIS, George F. R., org. *The far-future Universe: eschatology from a cosmic perspective* (Philadelphia: Templeton Foundation Press, [1979] 2002), p. 103-39.

EDWARDS, Denis. "Hope for Creation after Darwin: the redemption of 'all things'". In: NORTHCOTT, Michael S.; BERRY, R. J., orgs. *Theology after Darwin* (Milton Keynes: Paternoster, 2009), p. 171-89.

ELLIS, George F. R. "Multiverses and ultimate causation". In: WATTS, Fraser, org. *Creation: law and probability* (Aldershot: Ashgate, 2008), p. 59-80.

ENNS, Peter. *The evolution of Adam: what the Bible does and doesn't say about human origins* (Grand Rapids: Brazos, 2012).

FARRER, Austin. *A science of God?* (London: SPCK, [1966] 2009).

FATOORCHI, Pirooz. "Four conceptions of *creatio ex nihilo* and the compatibility questions". In: BURRELL, David B.; COGLIATI, Carlo; SOSKICE, Janet M., orgs. *Creation and the God of Abraham* (Cambridge: Cambridge University Press, 2010), p. 91-106.

FERGUSSON, David A. S. *The cosmo and the Creator: an introduction to the theology of Creation* (London: SPCK, 1998).

_____. "Darwin and providence". In: NORTHCOTT, Michael S.; BERRY, R. J., orgs. *Theology after Darwin* (Milton Keynes: Paternoster, 2009), p. 73-88.

FINLAY, Graeme; PATTEMORE, Stephen. "Christian theology and neo-Darwinism are compatible". In: FINLAY, Graeme; LLOYD, Stephen; PATTEMORE, Stephen; SWIFT, David, orgs. *Debating Darwin. Two debates: is Darwinism true and does it matter?* (Milton Keynes: Paternoster, 2009), p. 31-67.

FRANKFORT, H.; FRANKFORT, H. A.; WILSON, John A.; JACOBSEN, Thorkild. *Before philosophy: the intellectual adventure of ancient man. An essay on speculative thought in the Ancient Near East* (Harmondsworth: Penguin, [1946] 1949).

FRETHEIM, Terence E. *God and world in the Old Testament: a relational theology of Creation* (Nashville: Abingdon, 2005).

FUNK, Robert W.; HOOVER, Roy W.; THE JESUS SEMINAR. *The five Gospels: the search for the authentic words of Jesus* (New York: HarperSanFrancisco, 1993).

GARNER, Mandy. "To infinities and beyond...". *Cam: Cambridge Alumni Magazine* 58 (2009): 30-33.

GINZBERG, Louis. *Legends of the Jews. Volume one: Bible times and characters from the Creation to Moses in the wilderness* (Philadelphia: Jewish Publication Society, 2003).

GOULD, Stephen Jay. *Wonderful life: the burgess shale and the nature of history* (London: Vintage, [1990] 2000).

GRAVES, Robert; PATAI, Raphael. *Hebrew myths: the Book of Genesis* (Manchester: Carcanet, [1963] 2005).

GUNKEL, Hermann. *Genesis*. Trad. Mark E. Biddle (Macon: Mercer University Press, 1997).

GUNTON, Colin E. *The Triune Creator: a historical and systematic study* (Grand Rapids: Eerdmans,1998).

HAMILTON, Victor P. *The Book of Genesis chapters 1—17* (Grand Rapids: Eerdmans, 1990).

HANSON, Paul D. *The dawn of apocalyptic* (Philadelphia: Fortress, 1975).

HARDY, Daniel W. *God's ways with the world: thinking and practising Christian faith* (Edinburgh: T. & T. Clark, 1996).

HARRIS, Mark J. "How did Moses part the Red Sea? Science as salvation in the Exodus tradition". In: GRAUPNER, Axel; WOLTER, Michael, orgs. *Moses in biblical and extra-biblical traditions* (Berlin: de Gruyter, 2007), p. 5-31.

HARRISON, Peter. *The Bible, protestantism, and the rise of natural science* (Cambridge: Cambridge University Press, 1998).

_____. "The development of the concept of laws of nature". In: WATTS, Fraser, org. *Creation: law and probability* (Aldershot: Ashgate, 2008), p. 13-35.

HAWKING, Stephen W. *A brief history of time: from the Big Bang to black holes* (London: Bantam, 1988).

_____. *Uma breve história do tempo* (Rio de Janeiro: Intrínseca, 2015).

HAWKING, Stephen; MLODINOW, Leonard. *The grand* design (London: Bantam, 2010).

_____. *O grande projeto* (Rio de Janeiro: Nova Fronteira, 2011).

HEISENBERG, Werner. *Physics and philosophy: the revolution in modern science* (London: Penguin, 1989).

HILLS, Phil; NEVIN, Norman. "Conclusion: should Christians embrace evolution?". In: NEVIN, Norman C., org. *Should Christians embrace evolution? Biblical and scientific responses* (Nottingham: IVP, 2009), p. 210-20.

HODGSON, Peter E. *Theology and modern physics* (Aldershot: Ashgate, 2005).

HORRELL, David G. *The Bible and the environment: towards a critical ecological biblical theology* (London: Equinox, 2010).

HØYRUP, Jens. "Mathematics, algebra, and geometry". In: FREEDMAN, D. N., org. *The Anchor Bible dictionary* (New York: Doubleday, 1992). vol. 4 p. 602-12.

HURTADO, Larry W. *Lord Jesus Christ: devotion to Jesus in earliest Christianity* (Grand Rapids: Eerdmans, 2003).

_____. *Senhor Jesus Cristo: devoção a Jesus no cristianismo primitivo* (São Paulo: Paulus/ Academia Cristã, 2012).

_____. *How on earth did Jesus become a God? Historical questions about earliest devotion to Jesus* (Grand Rapids: Eerdmans, 2005).

JACKELÉN, Antje. *Time and eternity: the question of time in church, science, and theology* (Philadelphia: Templeton Foundation Press, 2005).

_____. "A relativistic eschatology: time, eternity, and eschatology in light of the physics of relativity". *Zygon* 41 (2006): 955-73.

JAKI, Stanley L. "The universe in the Bible and in modern science". *Ex Auditu* 3 (1987): 137-47.

JASTROW, Robert. *God and the astronomers* (New York: W. W. Norton, 1992).

JEANS, James. *The mysterious Universe* (Cambridge: Cambridge University Press, 1937).

KELLY, J. N. D. *Early Christian doctrines* (London: A. & C. Black, [1960] 1977).

_____. *Patrística: origem e desenvolvimento das doutrinas centrais da fé cristã* (São Paulo: Vida Nova, 2009).

KRAUS, Hans-Joachim. *Psalms 60—150: a commentary* (Minneapolis: Augsburg, 1989).

KRAUSS, Lawrence M. *A universe from nothing: why there is something rather than nothing* (New York: Free Press, 2012).

KUGEL, James L. *The Bible as it was* (Cambridge: Belknap Press, 1997).

LAMOUREUX, Denis O. *Evolutionary Creation: a Christian approach to evolution* (Cambridge: Lutterworth, 2008).

LENNOX, John C. *Seven days that divide the world: the beginning according to Genesis and science* (Grand Rapids: Zondervan, 2011).

LEVENSON, Jon D. *Sinai and Zion: an entry into the Jewish Bible* (New York: HarperSanFrancisco, 1985).

BIBLIOGRAFIA

LÉVY-BRUHL, Lucien. *Primitive mentality* (London: George Allen & Unwin, 1923).

LLOYD, Stephen. "Christian theology and neo-Darwinism are incompatible: an argument from the resurrection". In: FINLAY, Graeme; LLOYD, Stephen; PATTEMORE, Stephen; SWIFT, David, orgs. *Debating Darwin. Two debates: is Darwinism true and does it matter?* (Milton Keynes: Paternoster, 2009), p. 1-29.

LOUTH, Andrew. "The six days of Creation according to the greek fathers". In: BARTON, Stephen C.; WILKINSON, David, orgs. *Reading Genesis after Darwin* (Oxford: Oxford University Press, 2009), p. 39-55.

LUCAS, Ernest. *Can we believe Genesis today? The Bible and the questions of science* (Nottingham: IVP, [1989] 2005).

_____. *Gênesis hoje: Gênesis e as questões da ciência* (Viçosa: ABU/ Ultimato, 2005).

MACKEY, James P. *Christianity and Creation: the essence of the Christian faith and its future among religions. A systematic theology* (New York: Continuum, 2006).

MACQUARRIE, John. *Jesus Christ in modern thought* (London: SCM, 1990).

MARCUS, Joel. *Mark 8—16: a new translation with introduction and commentary*. The Anchor Yale Bible (New Haven: Yale University Press, 2009).

MASCALL, E. L. *Christian theology and natural science: some questions on their relations* (London: Longmans, Green, 1956).

McCALLA, Arthur. *The Creationist debate: the encounter between the Bible and the historical mind* (London: Continuum, 2006).

McGRATH, Alister E. *A scientific theology* (Edinburgh: T. & T. Clark, [2002] 2006a). vol. 1: *Nature*.

_____. *A scientific theology* (Edinburgh: T. & T. Clark, [2002] 2006b). vol. 2: *Reality*.

_____. *A scientific theology* (Edinburgh: T. & T. Clark, [2003] 2006c). vol. 3: *Theory*.

MILLER, J. Maxwell; HAYES, John H. *A history of ancient Israel and Judah* (London: SCM, 1986).

MOLTMANN, Jürgen. *God in Creation: an ecological doctrine of Creation* (London: SCM, 1985).

MOORE, Aubrey. "The Christian doctrine of God". In: GORE, Charles, org. *Lux Mundi: a series of studies in the religion of the incarnation* (London: John Murray, [1889] 1891), p. 41-81.

MORGAN, Robert; BARTON, John. *Biblical interpretation* (Oxford: Oxford University Press, 1988).

MURPHY, George L. "Cosmology and christology". *Science and Christian Belief* 6 (1994): 101-11.

MURPHY, Roland L. "Wisdom in the OT". In: FREEDMAN, D. N., org. *The Anchor Bible dictionary* (New York: Doubleday, 1992). vol. VI, p. 920-31.

MURRAY, Michael J. *Nature red in tooth and claw: theism and the problem of animal suffering* (Oxford: Oxford University Press, [2008] 2011).

NASH, Kathleen S. "Time". In: FREEDMAN, David Noel; MYERS, Allen C.; BECK, Astrid C., orgs. *Eerdmans dictionary of the Bible* (Grand Rapids: Eerdmans, 2000), p. 1309-12.

NICHOLS, Terence L. "Evolution: journey or random walk?". *Zygon* 37 (2002): 193-210.

NOBLE, T. A. "Original sin and the Fall: definitions and a proposal". In: BERRY, R. J.; NOBLE, T. A., orgs. *Darwin, Creation and the Fall: theological challenges* (Nottingham: Apollos, 2009), p. 99-129.

NORRIS, Richard A. Jr., org. *The Christological controversy* (Philadelphia: Fortress, 1980).

ODEN, Robert A. Jr. "Cosmogony, cosmology". In: FREEDMAN, D. N., org. *The Anchor Bible dictionary* (New York: Doubleday, 1992a). vol. 1, p. 1162-71.

_____. "Myth and mythology". In: FREEDMAN, D. N., org. *The Anchor Bible dictionary* (New York: Doubleday, 1992b). vol. 4, p. 946-56.

PANNENBERG, Wolfhart. *Jesus: God and man* (London: SCM, 1968).

_____. *Systematic theology*. Trad. Geoffrey W. Bromiley (Edinburgh: T. & T. Clark, 1994). vol. 2.

_____. *Teologia sistemática* (São Paulo: Paulus/ Academia Cristã, 2009). vol. 2.

_____. "Eternity, time, and space". *Zygon* 40 (2005): 97-106.

PARKER, Andrew. *The Genesis enigma* (London: Doubleday, 2009).

PEACOCKE, Arthur. *God and science: a quest for Christian credibility* (London: SCM, 1996a).

_____. "The incarnation of the informing self-expressive word of God". In: RICHARDSON, W. Mark; WILDMAN, Wesley J., orgs. *Religion and science: history, method, dialogue* (New York: Routledge, 1996b), p. 321-39.

_____. "The cost of new life". In: POLKINGHORNE, John, org. *The work of love: Creation as senosis* (Grand Rapids: Eerdmans). p. 21-42.

PEARCE, E. K. Victor. *Who was Adam?* (Exeter: Paternoster, [1969] 1976).

PENROSE, Roger. *Cycles of time: an extraordinary new view of the universe* (London: Bodley Head, 2010).

PETERS, Ted. "Cosmos as Creation". In: PETERS, Ted, org. Cosmo *as Creation: theology and science in consonance* (Nashville: Abingdon, 1989), p. 45-113.

_____. "Constructing a theology of evolution: building on John Haught". *Zygon* 45 (2010): 921-37.

PIMENTA, Leander R. *Fountains of the great deep* (Chichester: New Wine Press, 1984).

POLKINGHORNE, John. *Science and Christian belief: theological reflections of a bottom-up thinker* (London: SPCK, 1994).

_____. *Science and theology: an introduction* (London: SPCK, 1998).

_____. *The God of hope and the end of the world* (London: SPCK, 2002).

_____. *Exploring reality: the intertwining of science and religion* (New Haven: Yale University Press, 2005).

_____. *Science and religion in quest of truth* (London: SPCK, 2011).

PROVAN, Iain; LONG, V. Philips; LONGMAN III, Tremper. *A biblical history of Israel* (Louisville: Westminster John Knox Press, 2003).

_____. *Uma história bíblica de Israel* (São Paulo: Vida Nova, 2016).

ROGERSON, J. W. *Myth in Old Testament Interpretation* (Berlin: De Gruyter, 1974).

_____. *The supernatural in the Old Testament* (Guildford: Lutterworth Press, 1976).

_____. "The Old Testament view of nature: some preliminary questions". In: VAN DER WOUDE, A. S., org. *Instruction and interpretation: studies in Hebrew language, Palestinian archaeology and biblical exegeses.* Oudtestamentische Studien (Leiden: Brill, 1977), p. 67-84.

_____. "The world-view of the Old Testament". In: ROGERSON, John, org. *Beginning Old Testament study*, (London: SPCK, 1983), p. 55-73.

ROLSTON, Holmes III. "Kenosis and nature". In: POLKINGHORNE, John, org. *The work of love: Creation as kenosis* (Grand Rapids: Eerdmans, 2001), p. 43-65.

_____. "Inevitable humans: Simon Conway Morris's evolutionary paleontology". *Zygon* 40 (2005): 221-9.

RUSE, Michael, *Can a Darwinian be a Christian? The relationship between science and religion* (Cambridge: Cambridge University Press, 2001).

_____. "Atheism, naturalism and science: three in one?". In: HARRISON, Peter, org. *The Cambridge companion to science and religion* (Cambridge: Cambridge University Press, 2010), p. 229-43.

RUSSELL, Robert John. "T = 0: is it theologically significant?". In: RICHARDSON, W. Mark; WILDMAN, Wesley J., orgs. *Religion and science: history, method, dialogue* (New York: Routledge, 1996), p. 201-24.

_____. "Eschatology and physical cosmology: preliminary reflection". In: ELLIS, George F. R., org. *The far-future universe: eschatology from a cosmic perspective* (Philadelphia: Templeton Foundation Press, 2002a), p. 266-315.

_____. "Bodily resurrection, eschatology, and scientific cosmology". In: PETERS, Ted; RUSSELL, Robert John; WELKER, Michael, orgs. *Resurrection: theological and scientific assessments* (Grand Rapids: Eerdmans, 2002b), p. 3-30.

SANDERS, E. P. *Jesus and Judaism* (London: SCM, 1985).

_____. *The historical figure of Jesus* (London: Penguin, 1993).

SCHLOSS, Jeffrey P. "From evolution to eschatology". In: PETERS, Ted; RUSSELL, Robert John e WELKER, Michael, orgs. *Resurrection: theological and scientific assessments* (Grand Rapids: Eerdmans, 2002), p. 56-85.

SCHROEDER, Gerald L. *Genesis and the Big Bang: the discovery of harmony between modern science and the Bible* (New York: Bantam, [1990] 1992).

SEGAL, Robert A. "What is 'mythic reality'?". *Zygon* 46 (2011): 588-92.

SHARPE, Kevin; WALGATE, Jonathan. "The emergent order". *Zygon* 38 (2003): 411-33.

SOUTHGATE, Christopher. *The groaning of Creation: God, evolution and the problem of evil* (Louisville: Westminster John Knox, 2008).

BIBLIOGRAFIA

_____. "Re-reading Genesis, John and Job: a Christian response to Darwinism". *Zygon* 46 (2011): 370-95.

STOEGER, William R. "God, physics and the Big Bang". In: HARRISON, Peter, org. *The Cambridge companion to science and religion* (Cambridge: Cambridge University Press, 2010), p. 173-89.

TEILHARD DE CHARDIN, Pierre. *The phenomenon of man* (London: Collins, 1959).

TIPLER, Frank J. *The physics of immortality: modern cosmology, God and the resurrection of the dead* (London: Pan, [1994] 1996).

TOBIN, Thomas H. "Logos". In: FREEDMAN, D. N., org. *The Anchor Bible dictionary* (New York: Doubleday, 1992). vol. 4, p. 348-56.

VAN HUYSSTEEN; J. Wentzel. *Duet or duel? Theology and science in a postmodern world* (London: SCM, 1998).

VON RAD, Gerhard. *Wisdom in Israel* (London: SCM, 1972).

VAN WOLDE, Ellen. "Why the verb ארב does not mean 'to create' in Genesis 1.1—2.4a". *Journal for the Study of the Old Testament* 34 (2009): 3-23.

WALTON, John H. *The lost world of Genesis one: ancient cosmology and the origins debate* (Downers Grove: IVP, 2009).

_____. *O mundo perdido de Adão e Eva: o debate sobre a origem da humanidade e a leitura de Gênesis* (Viçosa: Ultimato, 2016).

_____. "Human origins and the Bible". *Zygon* 47 (2012): 875-89.

WARD, Keith. *God, chance and necessity* (Oxford: Oneworld, 1996a).

_____. *Religion and Creation* (Oxford: Clarendon, 1996b).

_____. *The big questions in science and religion* (West Conshohocken: Templeton Press, 2008).

_____. *The word of God? The Bible after modern scholarship* (London: SPCK, 2010).

WATTS, Fraser, "Concepts of law and probability in theology and science". In: WATTS, Fraser, org. *Creation: law and probability* (Aldershot: Ashgate, 2008), p. 1-12.

WEBSTER, John. *Holy Scripture: a dogmatic sketch* (Cambridge: Cambridge University Press, 2003).

WENHAM, Gordon J. *Genesis 1—15*. Word Biblical Commentary (Nashville: Thomas Nelson, 1987). vol. 1.

WESTERMANN, Claus, *Creation* (Philadelphia: Fortress, 1974).

_____. *Genesis 1—11: a commentary* (London: SPCK, 1984).

_____. *O livro de Gênesis: um comentário exegético-teológico* (São Leopoldo: Sinodal, 2013).

WHITCOMB, John C.; MORRIS, Henry M. *The Genesis Flood: the biblical record and its scientific implications* (Phillipsburg: Presbyterian & Reformed Publishing Company, 1961).

WHITE JR., Lynn. "The historical roots of our ecological crisis". *Science* 155 (1967): 1203-7.

WILKINS, John S. "Could God create darwinian accidents?". *Zygon* 47 (2012): 30-42.

WILKINSON, David. "Reading Genesis 1—3 in the light of modern science". In: BARTON, Stephen C. e WILKINSON, David, orgs., *Reading Genesis after Darwin* (Oxford: Oxford University Press), p. 127-44.

_____. "Worshipping the Creator God: the doctrine of Creation". In: BERRY, R. J.; NOBLE, T. A., orgs. *Darwin, Creation and the Fall: theological challenges* (Nottingham: Apollos, 2009b), p. 15-29.

_____. *Christian eschatology and the physical universe* (London: T. & T. Clark, 2010).

WILLIS, W. Waite. "A theology of resurrection: its meaning for Jesus, us, and God". In: CHARLESWORTH, James H., org. *Resurrection: the origin and future of a biblical doctrine* (New York: T. & T. Clark, 2006), p. 187-217.

WRIGHT, N. T. *The New Testament and the people of God* (London: SPCK, 1992).

_____. *O Novo Testamento e o povo de Deus: origens cristãs e a questão de Deus* (Rio de Janeiro: Thomas Nelson Brasil, 2022).

_____. *Jesus and the victory of God* (London: SPCK, 1996).

WYATT, Nick. *The mythic mind: essays on cosmology and religion in Ugaritic and Old Testament literature* (London: Equinox, 2005).

YOUNG, Frances. "'Creatio ex nihilo': a context for the emergence of the Christian doctrine of Creation", *Scottish Journal of Theology* 44 (1991): 139-51.

ZIESLER, John. *Paul's Letter to the Romans* (London: SCM, 1989).

ÍNDICE DE PASSAGENS BÍBLICAS E DE FONTES ANTIGAS

TEXTOS BÍBLICOS

ANTIGO TESTAMENTO

GÊNESIS

1   26, 27, 37, 45, 59-62, 64, 65, 67-75, 77, 79, 80, 83, 86, 87, 91, 92, 95, 100, 122, 123, 136, 139, 140, 146, 157, 161, 162-164, 166-169, 244
1 e 2   23, 58, 110, 167, 168-169
1—3   25, 26, 27, 63
1—11   83, 87, 186
1:1   123-124, 162, 164, 167, 168
1:1,2   165
1:1-10   163, 168
1:1—2:4   23, 58-76
1:2   59, 62, 66, 86, 92, 94, 105, 107, 124, 163
1:3   62, 100, 107, 163
1:4   27
1:4,5   123
1:5   62, 71, 123
1:6   92, 100
1:6,7   66, 69
1:6-10   123
1:7   168
1:7,8   139
1:8   66, 71
1:9   66, 67, 100
1:10   27, 62, 198
1:11,12   79
1:12   27, 118
1:13   71
1:14   100
1:14-18   66
1:16   62, 66, 168
1:16-18   90
1:18   27
1:19   71
1:20   100
1:21   27
1:22   167
1:23   71

1:24   79, 100, 118
1:25   27, 118
1:26   100, 168, 252
1:26,27   59, 61, 66, 183, 202
1:26-30   89
1:27   168
1:28   66, 81, 87, 167, 209
1:29   81
1:29,30   197
1:31   27, 60, 71, 76, 82, 154, 177, 202
2 e 3   45, 58, 79, 80, 81, 83, 178, 184, 185, 211, 243
2—4   181
2:3   61, 125, 168
2:4   168
2:4—3:24   23, 176
2:7   78, 105, 168
2:7,8   167
2:9   79, 81
2:16,17   77, 81, 183
2:17   78, 184
2:18   76
2:18,19   81
2:19   79
2:21,22   78
2:23   76
3   77, 83, 92, 104, 182
3:1   78
3:4,5   82, 183
3:16-24   183
3:19   183
3:22   79, 183-184
3:22-24   81
4   185
4—11   77, 185-186
5   80, 134, 135, 179, 185
5:5   183
6—9   23, 68, 87, 127, 139, 185
6:1-4   191
6:6   82
6:19   118

7:11   67, 139
7:12   135
7:14   118
7:22   105
8:2   68
8:21,22   127
8:22   121, 132
9:1   167
9:1-4   197
9:1-17   87
9:12-17   151
9:13   68
11   80, 185
12   83
12—50   80
12:1-3   167
15:12-21   144
18:1   143
18:22-33   82, 198
19:31   117
32:22-32   143
49:27   197

ÊXODO

1:7   87
1:8-16   87
3:1-6   143, 144
7—10   88
12   129
14   94, 120
14 e 15   88
15—17   88
15:1-18   93, 144
19   143
20:4   138
20:8-11   125
23:28   197
24:18   135
25—27   73
25—31   88
29:45,46   145
32:11-14   82

ÍNDICE DE PASSAGENS BÍBLICAS E DE FONTES ANTIGAS

32:35   *197*
34:6,7   *248*
34:10   *168*
35—40   *88*

LEVÍTICO
26:21   *197*

NÚMEROS
14:37   *197*
16   *197*
16:28-32   *117*
25   *197*
32:13   *135*

DEUTERONÔMIO
4:19   *139*
5:8   *138*
5:12-15   *125*

JOSUÉ
3:13   *116*
3:16   *115*
23:14   *117*

JUÍZES
3:7-11   *237*
5:4,5   *117, 144*
5:5   *228*

1SAMUEL
6:9   *117*
16:15,16   *190*

2SAMUEL
22:8   *144*

1REIS
2:2   *117*
5:13 [VP 4:33]   *120*
6 e 7   *73*
6:1   *129, 135, 137*
7:23   *121*
8   *142, 144*
8:27   *143*
8:30   *143*
19:11,12   *145*
22:19   *139*
22:21-23   *190*

2REIS
18 e 19   *137*
21:1   *136*
21:17   *136*
25   *87*

1CRÔNICAS
1   *179*

2CRÔNICAS
4:2   *121*

6:5   *129*

JÓ
7:9   *142*
9   *120*
9:6   *228*
9:8   *93*
9:13   *93*
11:8,9   *140*
26:12,13   *93*
28   *96, 120*
31:15   *167*
36:27-29   *69*
37:2—38:1   *144*
38—41   *93, 95, 111, 120, 166*
38:1   *93*
38:4-7   *60*
38:8-11   *93*
38:12   *131*
38:39-41   *197*
40 e 41   *93*

SALMOS
1   *145*
8   *89, 111*
8:3-8   *89*
9   *89*
11:4   *139*
14:2   *140*
19   *88, 111*
19:4-7   *138*
19:6,7   *89*
23   *145, 225*
29   *92, 117*
33   *89, 170*
33:6   *100*
33:9   *100*
33:13,14   *140*
33:13-15   *170*
36:8-10   *143*
46   *143*
57   *142*
57:4 [VP 3]   *142*
57:6 [VP 5]   *142*
57:11 [VP 10]   *142*
65   *89, 92*
65:8   *132*
74   *236*
74:12-17   *92*
74:16   *131*
74:16,17   *151*
77   *236*
77:17-21 [VP 16-20]   *92*
87:4   *93*
88:5 [VP 4]   *142*
89   *236*
89:6-18 [VP 7-19]   *92*

90   *129*
90:2   *164*
90:4   *130*
90:10   *129*
91   *145*
93   *92*
98   *89, 111*
98:8   *154*
102:26-28 [VP 25-27]   *132*
104   *59, 93, 111, 120, 166*
104:5-9   *92*
104:10   *115*
104:21   *197*
104:26   *93*
104:29,30   *105*
104:30   *157*
105   *89*
115   *153*
117   *89*
119   *145*
119:89   *100*
121   *145*
135:7   *138*
136   *90*
136:3   *90*
136:7-15   *90*
136:8,9   *90*
139:8,9   *140*
139:13-16   *167*
139:15,16   *169*
143:7   *188*
145:15,16   *151*
145:18   *144*
147:9   *197*
148:5   *100*

PROVÉRBIOS
3:18   *81*
3:19   *96*
8   *96, 97, 101*
8:22   *96*
8:22,23   *123*
8:22-31   *95, 97*
8:28,29   *69*
8:29   *97*
8:30   *96*
8:35   *100*
16:15   *69*
30:19   *139*

ECLESIASTES
1:4-7   *118, 235*
1:14   *95*
3   *118, 235*
3:1,2   *235*
7:2   *117*
8:16,17   *96*

11:5 *167*
12:1-7 *96*
12:13 *96*

ISAÍAS
2 *221*
2:5-22 *222*
5:6 *69*
5:25 *228*
11 *221*
11:6-9 *197*
14:12-15 *191*
14:13,14 *143*
24—27 *223*
27:1 *93*
29:16 *94*
30:7 *93*
34:4 *225*
34:5 *225*
35 *221*
38:10-18 *142*
40—55 *90, 222*
40:3-5 *91, 222*
40:21 *123*
40:26 *167*
40:27-31 *222*
41:4 *123*
41:8,9 *138*
41:17-20 *91, 222*
42:5 *139*
42:5-9 *94, 222*
42:6 *145*
42:9 *91*
42:16 *91, 222*
43:1,2 *145, 222*
43:5-7 *222*
43:14-19 *236*
43:14-21 *91, 222*
43:19 *91, 222*
44:1-5 *222*
44:2 *167*
44:24 *91, 139, 167*
45:11-13 *222*
48:6,7 *91*
48:20,21 *91, 222*
49:5 *167*
49:8-12 *91*
49:8-13 *222*
51:9-11 *91, 94, 222, 236*
52:11,12 *91*
55:10-13 *222*
55:12 *91, 247*
56—66 *222*
64:8 *94*
65:17 *126, 222, 223*
65:25 *197*
66 *224*

66:1 *139*
66:9 *167*
66:13 *249*
66:22 *126, 222, 223*

JEREMIAS
1:5 *167*
4:23 *163*
5:24 *151*
10:12 *86, 107*
10:13 *69*
31 e 32 *221*
31:22 *168*
31:33,34 *145*
32:37-40 *145*

EZEQUIEL
1:1 *143*
17:23 *118*
30:3 *130*
37:26-28 *145*
39:4 *118*
39:17 *118*
40—48 91, 221

DANIEL
7 *94*
7—12 *223*
7:13 *139*
9:27 *229*
11:31 *229*
12 *224*
12:2 *224*
12:11 *229*

OSEIAS
11 *145*
14 *221*

JOEL
2:28-32 *170*
3 *221*

AMÓS
5:18 *130*
5:20 *130*
9 *126*
9:3 *93*
9:11-15 *221*

MIQUEIAS
4 *143*

HABACUQUE
3:6 *117*

ZACARIAS
8 *221*
9—14 *223*
14 *228*

14:6-8 *236*

MALAQUIAS
1:11 *115*
3 [VP 4] *224*

NOVO TESTAMENTO

MATEUS
1:1-17 *133*
3:16,17 *106*
4:2 *135*
5:1 *143*
5:17 *251*
6:9 *140*
6:25-29 *151*
6:26-31 *196*
8:29 *130*
11:19 *101*
11:25-30 *101*
13:31 *64*
13:44 *172*
15:29-31 *143*
18:10 *139*
19:16 *132*
24 e 25 *228*
24:15 *228*
25:31-46 *224*
27:40-43 *106*
28 *231*
28:16-20 *143*
28:19 *106*

MARCOS
1:9-11 *143*
1:15 *130*
4:30-32 *172*
9:1-9 *143*
9:1-10 *247*
10:2-12 *99*
13 *224, 228*
13:8 *228*
13:14 *228*
13:24-26 *225*
13:26 *228*
13:32 *173*
13:33 *130*
15:39 *106*
16 *231*

LUCAS
2:25-32 *197*
3:23-38 *133*
3:38 *179*
11:11-13 *249*
12:6 *151*
12:24-28 *151*
15:32 *188*

ÍNDICE DE PASSAGENS BÍBLICAS E DE FONTES ANTIGAS

21 *228*
24 *138, 231*
24:39 *252*
24:39-43 *234*

JOÃO
1 *100*
1:1 *100, 123, 251*
1:1-4 *102*
1:1-18 *99*
1:3 *100, 251*
1:3,4 *100*
1:4,5 *100*
1:10 *100, 102*
1:14 *99, 100-101, 112, 252*
1:16 *101*
1:18 *99, 101*
1:29 *232*
6:54 *132*
14:26 *106*
15:26 *106*
20 *231*
20:22 *105*

ATOS DOS APÓSTOLOS
1 *138*
2 *105, 170*
2:17-21 *170*
17:24-28 *170*

ROMANOS
1:26,27 *118*
4:17 *164*
5 *182, 188-190, 192, 194, 208*
5:2 *209*
5:8-10 *188*
5:10 *106*
5:12 *182, 184, 187-189, 209*
5:12-21 *102*
5:14 *189*
5:17-19 *189*
5:18 *182*
6:2-11 *188*
6:12-23 *191*
6:22 *132*
8 *103-104, 106, 170, 188, 208, 234*
8:9 *104*
8:11 *104, 145*
8:15-17 *106*
8:18 *134*
8:18-23 *104, 198*
8:18-25 *224*
8:19-21 *188*
8:19-22 *204, 205*
8:20 *198, 205*
8:21 *198, 232*

8:22 *202, 205*
8:23 *170*
9:20,21 *94*
11:21 *118*
11:24 *118*
11:36 *107*
13:11 *130*

1CORÍNTIOS
2:16 *253*
5—7 *224*
6:9-20 *191, 235*
7:29 *133*
8:6 *102*
10:11 *133*
10:32 *106*
11:7-12 *99*
11:14 *118*
12 *145*
12:7 *146*
12:27 *107*
15 *187, 188, 231*
15:20 *103, 133, 224*
15:20-26 *103, 187*
15:21,22 *102*
15:22 *182*
15:23 *103, 224*
15:24 *133*
15:24,25 *103*
15:26 *178*
15:35-51 *188*
15:35-54 *233*
15:35-57 *231*
15:42 *232*
15:44 *231*
15:45-49 *102*
15:50 *234*
15:50-54 *133*
15:51 *233*
15:58 *235*

2CORÍNTIOS
1:22 *170, 224*
5:5 *170*
5:17 *102, 127, 145, 224*
13:13 *106*

GÁLATAS
1:4 *133, 192*
4:3 *191*
6:15 *102, 127, 170, 224*

EFÉSIOS
1:8-10 *204*
1:10 *107, 210*
1:13,14 *170*
2:1 *188*
2:1-3 *191*

2:5 *188*
6:12 *191*

FILIPENSES
2:5-11 *111*
2:10 *102, 138, 140*
2:11 *103*

COLOSSENSES
1 *105*
1:13 *191*
1:13-20 *106*
1:14,15 *246*
1:15-20 *101, 102, 251*
1:18 *123, 133*
1:20 *105, 204, 210*
2:3 *251*
2:8 *191*
2:13 *188*

1TESSALONICENSES
4:13-18 *224*

HEBREUS
1:2,3 *102*
1:3 *251*
1:10-12 *224*
3:13 *191*
4:12 *25*
8:9 *129*
11:3 *100, 164*

1PEDRO
1:5 *134*
4:17 *130*
5:1 *134*

2PEDRO
1:4 *247*
1:16-18 *247*
2:12 *118*
3 *224*
3:7 *224*
3:8 *130*
3:10 *224*
3:10-13 *126*
3:18 *133*

1JOÃO
1:1 *123*
2:25 *132*
4:2 *252*

2JOÃO
1:7 *252*

JUDAS
6 *191*
9 *191*

APOCALIPSE
4 *139*
4:11 *111*
5:13 *140, 210*
12 *94, 99*
12:3,4 *191*
12:7-9 *191*

13 *94, 99*
15 e 16 *197*
15—19 *224*
20 *94, 99, 230*
21 *224*
21 e 22 *26, 102, 126*
21:1 *224*

21:4 *233, 246*
21:5 *172, 210*
21:6 *133*
22:2 *81*
22:13 *133*

TEXTOS APÓCRIFOS/DEUTEROCANÔNICOS

SABEDORIA DE SALOMÃO
1:13 *184*
2:23,24 *184*
2:24 *183*
6:12 *100*
7—9 *97*
7:20 *118*
7:21,22 *98*
7:25,26 *97*
7:26 *100*
8:1 *97*
8:13 *100*
8:21 *98*

ECLESIÁSTICO
1:15 *100*
18:10 *133*
24 *98*
24:3-9 *98*
25:24 *184*
33:13 *94*
39:20 *123*

BARUQUE
3:31 *100*

1MACABEUS
1:54 *229*

2MACABEUS
7:28 *164*

4ESDRAS
3:7 *184*
3:21,22 *186*
7:118,119 *186*

4MACABEUS
5:8,9 *118*
5:25 *118*

OUTRAS FONTES ANTIGAS

AGOSTINHO, *A CIDADE DE DEUS*
XI: 6 *123*

AGOSTINHO, *CONFISSÕES*
XI: 1 *123, 131*
XI: 11 *131*
XI: 13,14 *123*
XI: 14 *32*
XI: 31 *131*

AGOSTINHO, *ENCHIRIDION*
84—92 *233*

AGOSTINHO, *QUESTIONUM IN HEPTATEUCHUM*
2:73 *108*

2BARUQUE
54:19 *189*

Ciclo de Baal *73, 92*

1ENOQUE
6—36 *191*
14 *139*
48 *101*
69:11 *184*

Enuma Elish *59, 73, 92*

GÊNESIS RABBAH
I: 4 *124*
III: 7 *123*
IV:2 *69*

IRENEU, *CONTRA AS HERESIAS*
III: 23.1 *207*
IV: pref. 3 *107*
IV: 38 *206*
IV: 38.4 *207*

JOSEFO, *ANTIGUIDADES*
II: 16.5 *120*

JUBILEUS
4:29,30 *183*

ÍNDICE REMISSIVO

A
ação divina 18, 221, 229, 248
acaso 40, 45, 46, 248
Adão e Eva 16, 45, 92, 104, 176,
180, 183, 184, 186, 187,
189, 190, 193, 206, 207
Eva africana/mitocondrial
180
modelo neolítico de Adão
(*homo divinus*) 181
Agostinho 32, 78, 80, 108, 123,
130, 132, 182, 186, 190,
194, 208, 233, 252
Alexander, D. R. 180
amor 90, 106, 142, 248
Aquino, T. 155
argumento do design 20, 21,
51, 54
ateísmo 20, 46, 54, 112, 154
novo ateísmo 20
autor/fonte sacerdotal 24, 58

B
Barbour, I. G. 21, 49, 156, 157,
203, 220, 227
Barker, M. 73, 163
Barr, J. 70, 82
Barrow, J. 20
Barton, S. C. 24, 27, 100
Berkeley, G. (Bispo) 33
Berry, R. J. 177, 179, 180, 181,
187, 188, 194
Big Bang 41, 42, 47, 62
Blocher, H. 176, 181, 182
Brown, R. P. 207
Brown, W. P. 16, 74, 78, 93, 95,
96, 120, 237
Brueggemann, W. 17, 86,
107, 211
Bultmann, R. 141
Burge, T. 65

C
Caird, G. B. 141, 225
céu e céus 19, 76, 123
ciclos de Criação, Queda e
redenção 235
ciência antiga 64, 67, 69, 72, 73,
74, 75, 79

Collins, C. J. 83, 189
contingência 47, 55, 151, 172
Conway Morris, S. 51, 52, 54
Copan, P. 34, 155, 157, 158, 162,
163, 164, 165, 168
Copérnico, N. 19, 115, 141
Corner, M. 119
cosmologia 42, 59, 65. *Veja tb.*
Big Bang.
modelo em três camadas 65
cosmovisão 34, 83, 88, 116
Craig, W. L. 34, 155, 157, 158,
162, 163, 164, 165, 168
creatio continua (criação contínua) 150, 155
creatio ex nihilo (criação a partir do nada) 43, 150, 151,
152, 155, 156, 157, 158,
159, 160, 161, 162, 163,
171, 172, 231, 243, 244
creatio ex vetere (criação a partir
do antigo) 173, 231, 244
criacionismo 15, 27, 29, 210
Cristo e Filho de Deus 16, 97,
126, 210
crítica bíblica e academicismo
bíblico 17, 58, 220
criticamente auto-organizado
237, 238, 239, 240
Cross, F. M. 145
crucificação e cruz e morte (de
Cristo) 102, 112, 241
Cullmann, O. 126, 127, 132

D
Darwin, C. e o darwinismo 27,
43, 44, 45, 46, 47, 55,
95, 176, 177, 178, 190,
197, 198, 199, 202, 203,
204, 215
Davies, P. 38, 117
Davis. E. F. 210
Day, J. 59, 69, 92, 93, 97
deísmo e a crença deísta 20,
48, 147
Descartes, R. 19
design. *Veja tb.* argumento do
design e ordem.

determinismo 36, 48, 53,
121, 159
Deus
Artífice 154
Criador 18, 26, 75
das lacunas 248
e a Bíblia 17
e as leis da natureza 248
e o sofrimento 157, 203
relacionamento com a criação 17, 54, 112, 132
retratos antropomórficos 60,
71, 76, 80
Trindade 16, 87, 105, 106
Diabo. *Veja tb.* mito do caos para
dragão mitológico.
Satanás 191
dias (de Gênesis 1) 15, 26, 73
Dilúvio, o 22, 23, 63, 68, 69, 87,
105, 127, 134, 135, 139,
151, 185, 191, 215
doutrina da Criação 18, 55, 86,
110, 165, 177
dualismo 109, 154, 188, 191, 206
Dunn, J. D. G. 101, 102, 106,
190, 227
Dyson, F. J. 219, 239

E
Einstein, A. 21, 32, 33, 34, 41,
70, 217, 218. *Veja tb.* relatividade.
emergência 47, 49, 50, 65, 157,
206, 237, 244, 249
encarnação (de Cristo) 103, 205
energia escura 218
entropia 125, 216
escatologia 26, 54, 102, 112,
127, 170, 219, 221, 226,
240, 241
e a Queda 192
escatologia apocalíptica. *Veja*
tb. fim do mundo e
nova criação.
escatologia profética 127
espaço 32, 61, 123, 152
espaço-tempo 32, 33, 34, 43,
130, 158, 217, 226

Espírito Santo 20, 104, 105, 106, 107, 109, 145, 153, 157, 170, 224
estado caído. *Veja tb.* mal natural.
eternidade 125, 126, 127, 130, 132, 133, 134, 164, 231, 232
ética 26, 99, 170, 210, 223, 235, 241
  ambiental 209
  escatológica 241
evolução e modelos de ciência evolucionária 43, 51, 165, 196
  evolução humana 179, 193
  teologias evolucionárias 112, 196
Exílio 58, 87, 90, 91, 222, 223, 236, 239
Êxodo 23, 73, 82, 87, 88, 89, 90, 91, 93, 94, 120, 125, 129, 135, 136, 138, 143, 144, 145, 168, 197, 221, 222, 236, 248

F
Farrer, A. M. 44, 141
Fílon 23
fim do mundo e último dia 103, 104, 121, 211, 214, 221, 224, 225, 226, 229, 231, 239, 240, 241
Finlay, G. 187
Fretheim, T. E. 16, 58, 60, 76, 86, 87, 125, 131, 144, 163, 167, 171, 184
Friedmann, A. A. 217, 218
fundamentalismo 16

G
Galileu (Galileu Galilei) 19
gnosticismo e tendências gnosticistas 177, 181, 188
Gödel, K. F. 49
Gould, S. J. 40, 46, 51, 52, 54
Grande Colapso (*Big Crunch*) 217
Grande Congelamento (*Big Freeze*) 218
guerreiro divino e teofania da tempestade 93, 117
Gunkel, H. 72, 92
Gunton, C. E. 206, 207, 241

H
Harrison, P. 37, 38, 209, 210, 251

Hawking, S. W 21, 38, 42, 43
Heisenberg, W 35
  princípio da incerteza 35
hermenêutica e interpretação teológica 15, 64, 74, 108, 110, 166, 209, 210, 227, 234
Hills, P. 178
hipótese documental 23, 58, 76
Hutton, J. 44

I
igreja 17, 24, 105, 106, 108, 120, 162, 177, 226, 232
  Igreja Católica Romana 178
  Igreja da Inglaterra 120
Iluminismo 19, 22
imagem de Deus 66, 74, 75, 94, 181, 183, 200, 202, 252
imanência divina 134, 138, 144, 145, 146, 155, 157, 166, 169, 170, 171, 204, 244, 246
Ireneu 107, 162, 163, 177, 206, 207, 212

J
Jackelén, A. 126, 127, 133, 134, 220, 233, 240, 241
Jaki, S. L. 67
Jastrow, R. 62, 217
javista 24, 58, 76, 80, 176
Jeans, J. 216
João Paulo II, Papa 179
Josefo 120

K
Kant, I. 19
Kepler, J. 19
Kraus, H. J. 166
Krauss, L. M. 42, 218

L
Lamoureux, D. O. 26, 54
Laplace, P. S. 19
Leibniz (von Leibniz), G. W. 38, 201
leis da natureza 33, 37, 39, 40, 45, 47, 51, 54, 95, 98, 109, 116, 160, 198, 233, 248, 251, 252
Lei (Torá) 88
Lemaître, G. H. J. E. 42, 217
Levenson, J. D. 143, 145
Lévy-Bruhl, L. 118
Lloyd, S. 178, 189
logos 99, 100, 101, 102, 109, 251

louvor e adoração 59, 60, 88, 89, 90, 111, 112, 132, 144, 154, 166, 197, 221, 247
  por toda a criação 89
Lyell, C. 44

M
Mackey, J. 107, 159
mal 18, 77, 121, 177, 190. *Veja tb.* teodiceia; estado caído.
  humano 193, 194, 196
  natural 182, 188, 193, 194, 198, 201
  sobrenatural 191
Mascall, E. L. 141, 232, 233
matéria escura 217, 218
mecânica quântica 34, 36, 48, 53, 153
"mentalidade" antiga/pré-científica 119
milagre 103, 116, 153, 220, 230, 232, 253
mito do caos (ou a vitória sobre o mar) 97, 99
  dragão mitológico (e cobra, serpente, Tiamat, Leviatã, Raabe) 92, 93
mito e mitologia 27, 59, 65, 72, 73, 79, 92, 97, 99, 119, 122, 138, 140, 163, 176
Moltmann, J. 125
Moore, A. 159
Morris, H. M. 63, 68
morte 77, 116, 182, 183, 186, 196
  como causa do pecado 185, 186, 189, 190
  espiritual 187, 188, 192
multiverso 36, 72, 124, 158, 233

N
naturalismo 109, 112
Nevin, N. C. 178
Newton, I. e a física newtoniana 19, 32, 33, 34, 35, 40, 48, 122, 141, 153
Noble, T. A. 177, 192, 193
nova criação 104, 106, 127, 170, 188, 231

O
ordem (criação como ordem) e ordenação 62, 94, 122, 168
  ordem por meio da desordem (na ciência) 94, 122, 125, 164, 237, 238
Orígenes 23

ÍNDICE REMISSIVO

P
Paley, W. 112
panenteísmo 151
Pannenberg, W. 103, 132, 133, 155, 156, 214, 252
panteísmo 151
Pattemore. S. 187
Paulo e a teologia paulina 103, 104, 145, 182
Peacocke, A. 21, 45, 100, 156, 159, 160, 201, 203, 227
Pearce, E. K. V. 181
pecado original 179, 181, 186, 189, 190, 194, 199, 200, 209
Pelágio e o pelagianismo 186, 194, 208
Penrose, R. 38, 218
pensamento apocalíptico e a literatura apocalíptica 101, 139, 224
perspectiva ecológica e ambiental 210
Peters, T. 125, 200, 204, 206, 250
platonismo 38
Polkinghorne, J. 34, 41, 45, 157, 159, 227, 231, 234
princípio antrópico 36, 45, 51, 61, 252
profecia e a literatura profética 145, 146, 223, 251
propósito (a questão do, na evolução). *Veja tb.* teleologia.
providência 18, 46, 88, 117

Q
Queda 19, 176, 177, 182, 187
seguir a carreira apesar da 197

R
realidade e realismo 209, 227, 228, 230
redenção e salvação 20, 26, 28, 89, 91, 92, 102, 104, 121, 124, 126, 127, 142, 177, 189, 196, 203, 224, 232, 241
Reforma 17, 28, 209, 210
relatividade (na física) 33, 41, 43
ressurreição 102, 103, 188, 231
Rogerson J. W. 72, 83, 116, 121, 122, 171
Rolston, H. 204, 250
Ruse, M. 199, 200, 201, 202

S
Sabbath e o sétimo dia 59, 61, 71, 73, 74, 125
sabedoria 95, 96, 99, 120
Sagan, C. E. 21
Schleiermacher, F. D. E. 155
Schroeder, G. L. 62, 70, 71
Schweitzer, A. 225, 226
segunda vinda (de Cristo) 224, 230
Seminário Jesus 226
sintonia fina. *Veja tb.* princípio antrópico.
sofrimento 20, 104, 181, 188, 194
Southgate, C. 103, 197, 199, 201, 202, 203, 204, 205, 207
Stoeger, W. R. 43, 124, 151

T
Teilhard de Chardin, P. 22, 203
teísmo 122, 151, 152, 153, 154, 161
teleologia (espec. em vista da evolução) 54, 206, 207
tempo 32, 61, 95, 146
bloco de tempo 34, 130
cíclico 126, 129, 237
de Deus 63, 70, 125, 130
linear 129, 235
seguinte 128, 130
teodiceia e o problema do mal 30, 176, 194, 201, 203, 212, 246
teofania 92, 93, 117, 143, 144, 145, 146
Teófilo de Antioquia 134, 162
teologia do processo 156
teologia natural 111
teoria de tudo 38, 49
teoria do caos 48, 153
terremoto 117, 144, 145, 198, 228
Tertuliano 107, 162
Tipler, F. J. 219, 220, 221, 239, 241
transcendência divina 66, 144, 157

U
uniformitarismo 44, 215
unitarismo 20
universo. *Veja tb.* cosmologia.
Ussher, J. 22, 23, 134, 135, 136, 215

V
van Wolde, E. 139, 168
Voltaire 201
von Rad, G. 96

W
Walton, J. H. 73, 168, 189
Ward, K. 34, 37, 38, 101, 121, 130
Webster, J. 109, 110, 246
Wellhausen, J. 24, 58, 76
Wells, H. G. 214
Westermann, C. 28, 29, 60, 72, 77, 80, 81, 116, 123, 161, 165, 167, 168, 169, 171, 184, 185
Whitcomb, J. C. 63, 68, 79
White, L. 209
Wilkinson, D. 27, 70, 111, 126, 127, 131, 219, 221, 223, 234, 235, 240, 247
Willis, W. W. 119
Wright, N. T. 225, 226, 227

Este livro foi impresso pela Ipsis, em 2023, para a Thomas Nelson Brasil. A fonte do miolo é Minion Pro. O papel do miolo é pólen natural 80g/m^2, e o da capa é cartão 250g/m^2.